水电厂岗位模块培训教材

水电自动装置检修

东北电网有限公司　编

中国电力出版社
CHINA ELECTRIC POWER PRESS

内 容 提 要

本书是按照《国家电网公司生产技能人员职业能力培训规范》的要求，结合一线生产实际需求，采取模块化模式编写而成的。全书分三个分册共二百七十一个模块，分别适用于水电自动装置检修Ⅰ、Ⅱ、Ⅲ级人员培训学习，主要内容包括水电自动装置、励磁系统设备、调速系统设备、监控系统设备、同期系统设备、水力机械自动化系统设备的维护、检修、故障处理，以及水电自动装置的更换。

本书可作为水电厂生产技能人员职业能力的培训用书，也可供相关职业院校教学参考使用。

图书在版编目(CIP)数据

水电自动装置检修/东北电网有限公司编. —北京：中国电力出版社，2014.1

水电厂岗位模块培训教材

ISBN 978-7-5123-4252-1

Ⅰ.①水… Ⅱ.①东… Ⅲ.①水力发电站-自动装置-检修-技术培训-教材 Ⅳ.①TV736

中国版本图书馆 CIP 数据核字(2013)第 060474 号

中国电力出版社出版、发行

(北京市东城区北京站西街 19 号 100005 http://www.cepp.sgcc.com.cn)

航远印刷有限公司印刷

各地新华书店经售

*

2014 年 1 月第一版 2014 年 1 月北京第一次印刷

710 毫米×980 毫米 16 开本 55.625 印张 995 千字

印数 0001—3000 册 定价 **138.00** 元（上、中、下册）

编　写　人　员

主　　编　李宝英　李跃春

副主编　韩　臣　雷　岩　李　华　刘多斌　郑旭民

李　侠

参编人员　张吉刚　独健鸿　于守仁　刁继振

主　　审　杨　克

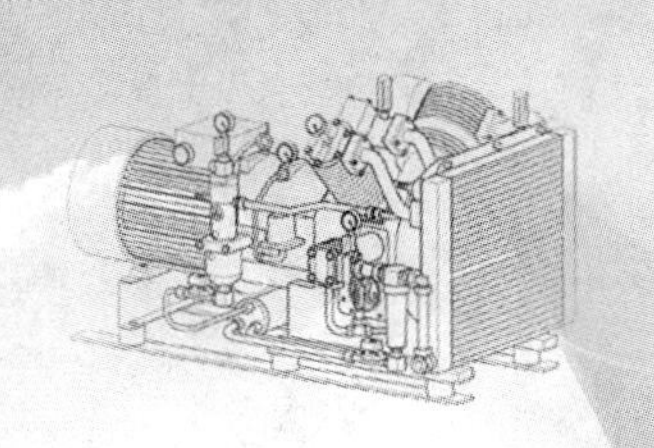

前　言

随着电力企业的快速发展，大量的新设备投入到生产现场，新技术、新工艺也不断地产生，使得企业对高技能人才的需求越来越高。为此，企业已将大力开展员工培训作为人力资源开发的一项重要任务。

岗位培训教材建设是企业培训开发体系中一项重要的工作，是促进培训工作科学发展，全面提升员工队伍的综合素质，不断提高生产技能人员培训系统性和针对性的最有效的手段。

本教材坚持以提升能力为核心，强调知识够用、技能必备，力求贴近一线生产和员工培训的实际需要。贯彻“求知重能”的原则，在保证知识连贯性的基础上，充分结合《国家电网公司生产技能人员职业能力培训规范》，注重标准化作业、危险点预控分析，突出安全理念、规范工艺，强调优化作业流程，着眼于技能操作，运用生产现场的实际案例，力求内容浓缩、精练，突出教材的针对性、典型性、实用性，体现了科学性、先进性与超前性。

编者在编写过程中多次深入企业调研，征求企业的意见，收集了大量的现场资料，并多次组织有关专家对编写内容进行了充分的讨论，用了近两年的时间，完成了书稿的编写及审定。

本书为《水电厂岗位模块培训教材　水电自动装置检修》，全书分三个分册共二百七十一个模块，分别适用于水电自动装置检修Ⅰ、Ⅱ、Ⅲ级人员培训学习，主要内容包括水电自动装置、励磁系统设备、调速系统设备、监控系统设备、同期系统设备、水力机械自动化系统设备的维护、检修、故障处理，以及水电自动装置的更换。其中，科目二、八、十五由张吉刚编写，科目三、九、十六由于守仁编写，科目四、十、十七由独健鸿编写，科目六、十二、十九由刁继振编写，科目一、五、七、十一、十三、十四、十八、二十由李侠编写。全书由李侠统稿。

限于编者的经验和水平以及东北电网的局限性，书中难免存在不足之处，恳请广大读者和同行批评指正。

编　者

2013 年 5 月

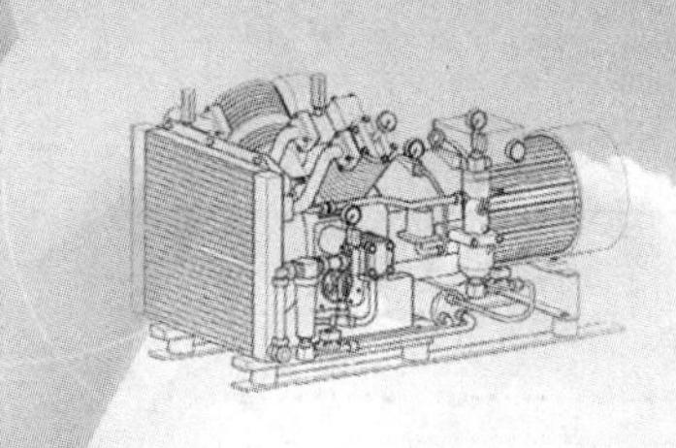

目　录

Ⅱ　级

Ⅲ 级

Ⅰ 级

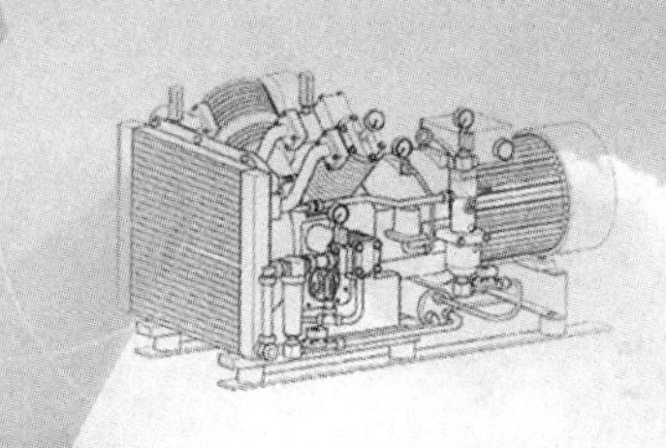

科目一

水电自动装置的常规维护和检修

水电自动装置的常规维护和检修培训规范

科目名称	水电自动装置的常规维护和检修	类别	专业技能
培训方式	实践性/脱产培训	培训学时	实践性 112 学时/ 脱产培训 56 学时
培训目标	1. 掌握水电自动装置的技术图纸。 2. 掌握水电自动装置电流、电压及电阻的测量方法和测量标准。 3. 掌握水电自动装置基本元件检查的操作技能和标准。 4. 掌握水电自动装置基本元件及单元维护、检修的操作技能和标准。 5. 掌握水电自动装置基本元件安装的操作技能和标准。 6. 掌握水电自动装置及二次回路导线选择及连接的操作技能和标准。		
培训内容	模块 1　水电自动装置及二次回路的读图 模块 2　水电自动装置及二次回路的清扫 模块 3　使用指针式万用表测量直流（交流）电压、电流 模块 4　使用数字式万用表测量直流（交流）电压、电流和电阻 模块 5　使用绝缘电阻表测试水电自动装置及二次回路绝缘电阻 模块 6　水电自动装置单元板件的检查 模块 7　使用指针式万用表测量水电自动装置及二次回路电阻 模块 8　水电自动装置及二次回路继电器的检查 模块 9　使用数字式万用表辨别二极管的极性及质量 模块 10　使用数字式万用表辨别三极管的极性及质量 模块 11　水电自动装置及二次回路熔断器的安装和更换 模块 12　水电自动装置及二次回路热继电器的安装 模块 13　水电自动装置及二次回路刀开关的安装 模块 14　水电自动装置及二次回路导线的选择及连接		
场地、主要设施、设备和工器具、材料	1. 场地：现场设备所在场地、自动培训室。 2. 主要设施和设备：水电厂自动装置及二次回路等。 4. 主要工器具：指针式万用表、数字万用表、绝缘电阻表、验电笔、电工工具、计算器、温度计、湿度计等。 5. 主要材料：二极管、三极管、熔断器、热继电器、刀开关、导线、清洁工具包、爬梯、照明器具。		
安全事项、防护措施	1. 检修前交代作业内容、作业范围、危险点告知、安全措施和注意事项。 2. 戴安全帽，穿工作服（防静电服），穿绝缘鞋，高空作业需佩戴安全带。 3. 加强监护，严格执行电业安全工作规程。 4. 对于需停电检修的设备，要认真进行验电检查，确保无电及安全措施完善后才能开始检修工作。		
考核方式	笔试：120 分钟 操作：120 分钟 完成维护和检修任务后，针对模块技能操作评分标准进行考核。		

水电自动装置维护和检修概述

现代的水电厂中，自动装置的种类很多，其二次回路也十分复杂，各种自动装置之间有的通过二次回路连接在一起，有的在逻辑上相互关联，有的相互各自独立。由于水电自动装置的复杂性和分散性，各水电厂对各种类型自动装置的归属划分也不尽相同。随着电力科学技术的发展，现代水电厂中自动装置按功能划分较为合理，即分为励磁系统、调速系统、监控系统、同期系统、水力机械自动化系统。

使用自动装置对大型发电机组进行控制是满足电力系统运行的要求，实现电厂自动化的主要技术手段，电力系统的正常运行对自动装置有极严格的要求。自动装置在运行中发生的问题，若处理不及时或不正确，必将影响整个电力系统的安全稳定运行，甚至造成设备损坏、大面积停电，或对重要用户长时间中断供电。

随着单机容量、电网容量的不断扩大，对自动装置运行水平的要求越来越高。这就需要水电厂从事自动装置维护和检修的人员在工作中，掌握有关自动专业的规程、技术图纸，运用熟练的操作技能，按照正确的方法、步骤对自动装置进行安装、检查、维护、检修和故障处理。

在励磁系统、调速系统、监控系统、同期系统、水力机械自动化系统自动装置的安装、检查、维护、检修和故障处理工作中，有很多共同的技能操作项目。这些项目的技能操作标准、方法及步骤基本相同，如自动装置及其元件的清洁，二次回路的配盘，控制电缆的连接，自动装置电流、电压和直流电阻的测量，自动元件、单元板及自动装置的绝缘检查等操作项目。为此，本科目把各系统自动装置在安装、检查、维护、检修和故障处理工作中共同的技能操作项目集中提炼在一起，进行独立的培训和讲解。

水电自动装置维护和检修的准备工作如下：

（1）作业前组织作业人员学习相关标准化作业指导书、技术资料、检修规程，根据运行及试验中发现的设备缺陷及上次检修的情况，确定施工方案及重点检修项目。

（2）准备有关维护、检修技术资料（技术图纸、设备说明书等），记录（原始记录、缺陷及故障记录、巡回记录）及报告（上次检修报告、上次试验报告、上次技改报告）。

（3）工作负责人填写标准化作业卡，办理工作票，并核对现场安全措施是否正确和完善，必要时予以补充。

（4）检查工作组成员健康状况，安全帽、工作服（或防护服）、绝缘鞋、安全

工器具是否完备和合格。

（5）准备并检查工器具、材料、备品配件、试验和检测设备是否满足要求，并运至现场。

（6）分析现场作业危险点，提出相应的防范措施。

（7）确认维护和检修的设备编号、位置和工作状态。

（8）工作负责人由高级工及以上等级人员担任，工作组成员若干名。

模块1　水电自动装置及二次回路的读图

一、操作说明

图纸是工程技术界的共同语言。设计部门用图纸表达设计思想，施工部门用图纸编制施工计划、准备材料、组织施工，生产部门用图纸指导加工与制造，使用部门用图纸指导使用、维护和管理等。

1. 二次设备

为了保证一次设备运行的可靠性和安全性，需要许多辅助设备为之服务，以达到如下目的：

（1）由于电看不见、摸不着、听不见，因此一次设备是否带电，往往无法从设备外表分辨，需要有各种指示仪表、视听信号等。

（2）为了监视二次设备的运行情况，需要各种仪表来测量设备与电路的各种参数，如电压、电流、频率、功率、电能等。

（3）一次设备在运行中有时会发生故障，有时也会超过允许范围和限度，这就需要有一套检测这些故障信号并对一次设备的工作状态进行自动调整（断开、切换）的保护设备。

（4）小型低压开关可以手动操作，而水电厂中的高压大电流开关设备手动操作很困难，特别是出了故障时，需要断路器切断电源，手动操作已不可能，因此需要一整套能进行自动控制的设备。

综上所述，凡对一次设备进行监视、测量、保护与控制的设备均称为二次设备，或者称为辅助设备。二次设备的工作电流较小，工作电压也较低。

2. 电气二次系统电路图（二次接线图）

将二次设备按照一定次序连接起来以表示某一特定功能，反映其工作原理的电路图，称为电气二次系统图，或称电气辅助系统图，俗称二次接线图。二次接线图无论采用集中表示法，还是分开表示法（俗称展开图），其实质都是电路图。二次接线图也是水电厂的重要图纸，与主接线图相比，往往显得复杂得多，其复杂性主

要表现在：

(1) 水电厂中，二次设备的种类和数量大大超过一次设备。

(2) 连接导线多，而且比一次设备之间的连接复杂。通常一次设备只作相邻连接，连接导线不外有单相两根线、三相三根线、三相四线制供电系统四根线，而二次设备之间的连接导线往往跨越较远的距离，而且交错相连。另外，某些二次设备的接线端子很多，如有些自动装置元件有主回路电路外，还有多达10多对触点，这就意味着可以有20余根导线从中引出。

(3) 在某一确定的系统中，一次设备的电压等级很少，而且全部是交流的（直流输电系统除外）。但是，二次设备工作电源就不那么单纯了，既有交流，又有直流，电压等级也多，如380、220、100、36、24、12V等。

二次接线图主要是描述二次设备的全部组成和连接关系，表示电路工作原理的简图。但要把二次设备的实体真正在空间连接起来，达到二次接线图所要求的功能，仅靠二次接线图还是不够的，特别是在布置、安装、调试和检修时。因此，还需要与之配套的屏面布置图、端子排接线图、屏背面安装接线图等。

1) 屏面布置图。屏面布置图是表明二次设备在屏面屏内具体布置的图纸。它是制造厂用来作屏面设计、开孔及安装的依据，施工现场则用这种图纸来核对屏内设备的名称、用途及拆装维修等。

2) 端子排接线图。为便于接线和查线，屏内设备与屏外设备之间的连接是通过接线端子来实现的。接线端子（简称端子）是二次设备在连接时不可缺少的配件。许多端子组合在一起构成端子排。表示端子排内各端子与内外设备之间的电线连接关系的图纸，称为端子排接线图，简称端子排图。

3) 屏背面安装接线图。屏背面接线图（又称盘后接线图）是根据二次接线图、屏面布置图、端子排图为主要依据重新绘制的图纸。它是屏内设备走线、接线、查线的重要参考图，也是安装接线图中最重要的图纸。

总之，水电厂中使用最多的电气图纸是系统概略图、电路图和接线图，也就是前述的电气主系统图、电气二次系统图与二次设备接线图。电气主系统图好像是人的肌体，二次系统图好像是人的内脏，互为依存，同样重要。主系统图表示的是宏观的设备，便于现场对照读图；二次系统图比较抽象，不便于现场对照读图。读图者应具有一定的逻辑思维能力和想象能力。二次设备接线图供二次设备不带电时安装、接线、维修，便于对照设备读图。调试是在二次设备带电情况下进行的，应注意人身及设备的安全。

3. 电子器件电气图

在水电厂从事自动专业的各项工作中，有许多电子元器件，要掌握这些电子元器件的性能和工作状态，就必须读懂电子元器件电气图。电子元器件电气图可分为电力电子电路图和电子电器电路图。

电力电子电路是由电力电子器件（主要以晶闸管为代表）组成的电子电路，具有对大功率电能进行变换和控制的功能。现阶段的主要电力电子器件是晶闸管（俗称可控硅）及其派生器件。目前，这类器件正沿着功率化、快速化和组合化的方向发展，新的派生器件还会不断出现。还有一些电力电子器件，如双极型大功率晶体管和大功率场效应管等，就控制性能和频带宽度等方面都优于普通的晶闸管，是很有发展潜力的器件。本书主要讨论晶闸管电力电子电路。电力电子电路的变换功能可分为以下五个方面的应用：

（1）可控整流。把交流电压变成可调的直流电压，代替变流机组（采用由交流电动机带动直流发电机获得可调的直流电压）。

（2）交流电压与调功。交流调压实现交流与可变交流之间的变换，从而代替老式的接触调压器、感应调压器和饱和电抗器调压，较多用于灯光控制、温度控制和交流电动机的调压调速。为了消除晶闸管交流调压所产生的高次谐波的影响，现在有一种过零触发、实现负载交流功率的无级调节，即晶闸管调功器。

（3）无源逆变。将直流电经逆变器转换为负载所需要的不同频率和电压值的交流电，在交流电动机变频调速、中频感应加热、不停电电源等方面应用十分广泛。一般较大功率的无源逆变器的直流电是由变流电整流得到的，故称其为交—直—交变频器。

（4）斩波调压（脉冲调压）。斩波调压是直流上可变直流之间的变换，广泛应用于直流电源的车辆调速传动，如城市电车、电气机车、电瓶运输车、铲车（叉车）等。

（5）无触点功率静态开关。晶闸管作为功率开关元件，代替接触器、断路器用于频繁操作与开关频率高的场合，具有无声、无触点磨损、开关频率高及电磁干扰小等优点。

电子电器通常是指由半导体器件构成的，在功能上与传统的有触点电器相近或相当的装置，因此电子电器电路也称为无触点电路。

要在水电厂中从事电气部分的维护和检修工作，对二次设备及回路熟练地进行操作、维护检修及故障排查，就要求读懂二次系统电路图。在现代的水电厂中，水电自动装置二次系统电路图往往十分复杂，一时难以读懂。为此，首先需要学习理论知识，提高技术水平，其次还要掌握读图的方法和技巧。水电自动装置二次系统电路图在结构方面具有许多特点，只要掌握这些特点，就能获得识图的要领。

二、操作步骤

（一）识别不同种类的技术图纸

1. 电气技术文件

电气技术文件是交（直）流电气技术信息的载体，它包括技术人员熟知的概略图、逻辑图、电路图、接线图等电气简图，也包括接线表、元件表、说明书等设计文件。电气技术文件是电气工程的语言。电气技术信息包括反映设备的功能、位置、技术数据、连接等，它可以通过简图、表格、图样等表达方式形成电气技术文件。过去，电气技术文件都是以纸张作为媒体而被记录的，现在还可以记录在缩微胶片、磁盘或光盘上，可以将静态的变为动态的显示在图像显示装置上。电气技术文件通常按照信息的种类和表达方式来命名，如概略图、布置图、功能表图、接线表等。

2. 电气技术文件的分类

电气技术文件可以分为功能性文件、位置文件、接线文件、项目表、安装说明文件、试运转说明文件、使用说明文件、维修说明文件、可靠性和可维修性说明文件及其他文件等十类。

(1) 功能性文件的分类。功能性文件可分为概略图、框图、网络图、功能图、逻辑功能图、等效电路图、功能表图、顺序表图（表）、时序图、电路图、端子功能图、程序图等十二类。

(2) 位置文件的分类。位置文件可分为总平面图、安装图（平面图）、安装简图、装配图、布置图等五类。

(3) 接线文件的分类。接线文件可分为接线图（表）、单元接线图（表）、互连接线图（表）、端子接线图（表）、电缆图（表/清单）等五类。

(4) 项目表的分类。项目表可分为元件表、设备表及备用元件表。

(5) 说明文件和其他文件：

1）安装说明文件：给出有关一个系统、装置、设备或元件的安装条件，以及供货、交付、卸货、安装和测试说明或信息。

2）试运转说明文件：给出有关一个系统、装置、设备或元件试运转和启动时的初始调节、模拟方式、推荐的设定值，以及对为了实现开发和正常发挥功能所需采取措施的说明或信息。

3）使用说明文件：给出有关一个系统、装置、设备或元件的使用的说明或信息。

4）维修说明文件：给出有关一个系统、装置、设备或元件的维修程序的说明或信息，如维修和保养手册。

5）可靠性和可维修性说明文件：给出有关一个系统、装置、设备或元件的可靠性和可维修性方面的信息。

6）其他文件：可能需要的其他文件，如手册、指南、样本、图纸和文件清单。

（二）熟读电气图形符号、连接线、项目、端子、注释和标注及使用规则

1. 电气图形符号

图形符号是指通常用于图样或其他文件，以表达一个设备或概念的图形、标记或字符。电气图形符号包括符号要素、限定符号、一般符号、方框符号和组合符号。

（1）符号要素。符号要素是一种真有确定意义的简单图形，不能单独使用。符号要素必须同其他图形组合后才能构成一个设备或概念的完整符号。例如：灯丝、栅极、阳极、管壳等符号要素可共同组成电子管的符号。符号要素组合使用时，其布置可以同符号所表示的设备的实际结构不一致。

（2）限定符号。限定符号是用以提供附加信息的一种加在其他符号上的符号，通常不能单独使用。有时一般符号也可用作限定符号。例如，电容器的一般符号加到传声器符号上即构成电容式传声器符号。

（3）一般符号。一般符号是用以表示一类产品和此类产品特征的一种很简单的符号。

（4）方框符号。方框符号是用以表示元件、设备等的组合及其功能的一种简单图形符号。它既不给出元件、设备的细节，也不考虑所有连接。方框符号通常使用在单线表示法的图中，也可用在示出全部输入和输出接线的图中。

（5）组合符号。组合符号是指通过以上已规定的符号进行适当组合派生出来的、表示某些特定装置或概念的符号。为适应不同图样或用途的要求，组合时可以改变彼此有关的符号尺寸。

我国规定的电气简图的图形符号形式、内容、数量等全部与IEC国际标准相同。由于本书篇幅所限，常用的图形符号可在有关书籍中查找。

2. 电气图形符号规则

（1）图形符号的大小和方位可根据图面布置确定，但不应改变其含义，而且符号中的文字和指示方向应符合读图要求。采用计算机辅助绘图时，应按特定的模数网格设计。这可使符号的构成、尺寸一目了然，方便人们正确掌握符号各部分的比例。

（2）在绝大多数情况下，符号的含义由其形式决定，而符号大小和图线的宽度一般不影响符号的含义。有时为了强调某些方面，或者为了便于补充信息，允许采用不同大小的符号，改变彼此有关的符号的尺寸，但符号间及符号本身的比例应保

持不变。

(3) 最好采用“推荐形式”或“简化形式”图形符号。

(4) 在满足需要的前提下，尽量采用最简单的形式；对于电路图，必须使用完整形式的图形符号来详细表示。

(5) 在同一张电气图样中只能选用一种图形形式，图形符号的大小和线条的粗细亦应基本一致。

(6) 符号方位不是强制的。在不改变符号含义的前提下，符号可根据图面布置的需要旋转或呈镜像放置，但文字和指示方向不得倒置。

(7) 图形符号中一般没有端子符号。如果端子符号是符号的一部分，则端子符号必须画出。

(8) 导线符号可以用不同宽度的线条表示，以突出或区分某些电路、连接线等。

(9) 图形符号一般都画有引线。在不改变其符号含义的原则下，引线可取不同方向。在某些情况下，引线符号的位置不加限制；当引线符号的位置影响符号的含义时，必须按规定绘制。

(10) 图形符号均是按无电压、无外力作用的正常状态表示的。

(11) 图形符号中的文字符号、物理量符号，应视为图形符号的组成部分。当这些符号不能满足时，可再按有关标准加以充实。

(12) 电气图中若未采用规定的图形符号，必须加以说明。

3. 连接线

(1) 连接线的标记。导线电缆符号、信号通路及元器件、设备的引线统称为连接线。为了突出或区分某些电路、功能等，连接线可采用不同粗细的图线来表示。电源电路用加粗实线表示，而三相电力变压器以及与之有关的开关装置和控制装置的连接线仍用一般实线表示。无论是单根的或成组的连接线，其识别标记一般注在靠近连接线的上方，也可将连接线断开标注。标记也可以用来表示其去向。

(2) 中断线。将连接线断开后的连接线称为中断线。中断线只是为制图和读图方便采用的一种技巧，并不表示在实际中该连接线从这里断开。中断线一般用于以下几种情况：

1) 当穿越图面的连接线较长或穿越稠密区域时，允许将连接线中断，并在中断处加相应的标记。

2) 去向相同的线组也可以中断，并在图上线组的末端加注适当的标记。

3) 连到另一张图纸上的连接线应该中断，并在中断处注明图号、张次、图幅分区代号等标记；若在同一张图纸上有若干中断线，则需用不同的标记将其区分

开，可用不同的字母表示，也可用连接线功能的标记来区分。

（3）围框。当需要在图上显示出图的一部分所表示的是功能单元、结构单元或项目组（如电器组、继电器装置）时，可以用点画线围框表示。围框的形状是否规则无关紧要。

围框线不应与元件符号相交，但插头插座和端子符号除外，它们可以在围框线内，或恰好在单元围框线上，或者省略。当用围框表示一个单元时，若在围框内给出了可查阅更详细资料的标记，则其内的电路可用简化形显示。

若在表示一个单元的围框内的图上含有不属于该单元的元件符号，则必须对这些符号加双点画线的围框，并加注代号或注解。

4. 项目与项目代号

（1）项目：在电气图上通常用一个图形符号表示的基本件、部件、组件、功能单元、设备、系统等，如电阻器、连接片、集成电路、端子板、继电器、发电机、放大器、电源装置、开关设备等，都可称为项目。

（2）项目代号：项目代号在我国是一个新的概念，它和原国家标准中的文字符号在结构上有很大区别。项目代号是以识别图、图表、表格中和设备上的项目种类，并提供项目的层次关系、实际位置等信息的一种特定代码。为便于维护，在设备中往往把项目代号的全部或一部分表示在该项目的上方或附近。不同的图、图表、表格、说明书中的项目和设备中的该项目均可通过项目代号相互联系。完整的项目代号包括 4 个具有相关信息的代号段，每个代号段都用特定前缀符号加以区别。

（3）完整项目代号的组成：完整项目代号包括 4 个具有相关信息的代号段。每个代号段都用特定的前缀符号加以区别。每个代号段的字符都包括拉丁字母或阿拉伯数字，或者由字母和数字构成。大写字母与小写字母具有相同的意义并用正体书写，但优先采用大写字母。项目代号的组成如表 1-1 所示：

1）第 1 段为“高层代号”，用前缀符号“＝”表示。例如：T＝2，表示 2 号变压器系统。

2）第 2 段为“位置代号”，用前缀符号“＋”表示。例如：＋D12，表示该设备位置在柜列 D 的 12 号屏。

3）第 3 段为“种类代号”，用前缀符号“－”表示。例如：－K5，表示设备种类为继电器的第 5 个继电器。

4）第 4 段为“端子代号”用前缀符号“:”表示。例如：X1：13，表示端子排 X1 的第 13 号接线端子。

各段代号可以由拉丁字母（如 K）或数字组成（如 13），也可以由字母和数字组合而成（如D12、K5），字母一般采用大写。4段代号段的作用是不同的，通常第3段种类代号使用最多，因此更为重要。种类代号的作用是识别项目的种类，一般由代号项目种类的文字符号和数字组成，其形式为

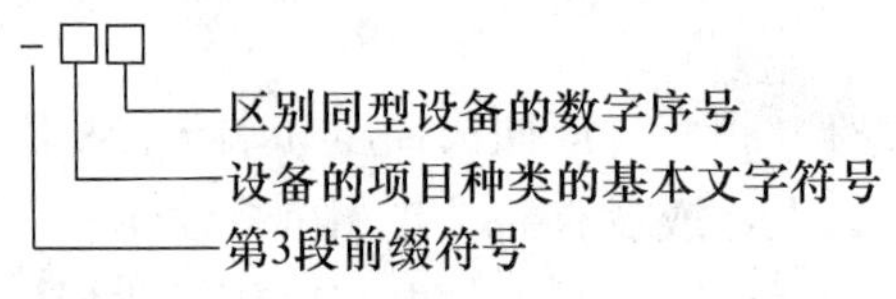

例如：－K5，K表示项目种类为继电器、接触器的基本文字符号，5表示同种设备的数字顺序号。

表1-1　完整项目代号的组成

代号段	名称	定　义	前缀符号	示例
第1段	高层代号	系统或设备中任何较高层次（对给予代号的项目而言）项目的代号，如发电厂中包括泵电动机、启动器和控制设备的泵装置	等号“＝”	＝T2
第2段	位置代号	项目在组件、设备、系统或建筑物中的实际位置的代号	加号“＋”	＋D126
第3段	种类代号	主要用以识别项目种类的代号	减号“－”	－K5
第4段	端子代号	用以同外电路进行电气连接的电器导电件的代号	冒号“:”	:13

（4）项目代号的标注方法。当图形符号用集中表示法和半集中表示法表示时，项目代号只在符号旁标注一次，并与机械连接线对齐，如图1-1所示。当图形符号用分开表示法表示时，项目代号应在项目每一部分的符号旁标出。

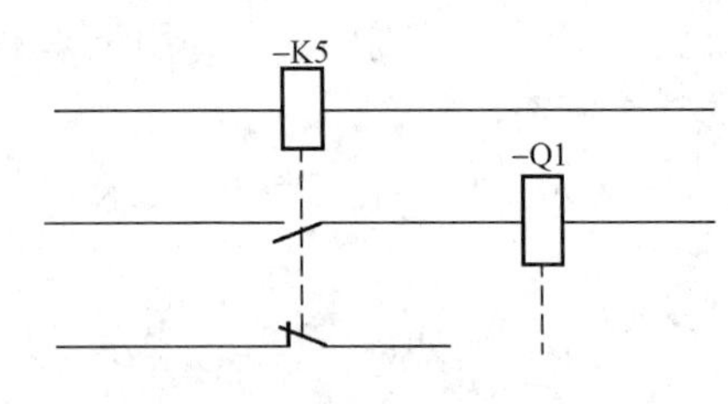

图1-1　项目代号的标注方法

5. 项目代号的组合及应用原则

（1）高层代号的构成。一个完整的系统或成套设备通常可分成几个部分，其中每个部分都可分别给出第1段高层代号。由于第1段高层代号同各类系统或成套设备的划分方法有关，因此没有种类代号所提供的、规定的种类字母代码和功能字母代码。例如：图1-4中的第2号泵装置可以表示为＝P2。如果高层代号由几部分组成，则每个由一个代号组表示的项目总是前一代号组所表示的项目的一部分。例如：＝S5＝P2表示泵装置P2是属于第5部分的，或者说第5部分的泵装置P2，此代号可简化为＝S5P2。

（2）位置代号的构成。图1-2为设备的位置代号示意图，包括4列开关柜和控

制柜的开关室，其中每列都由若干个机柜构成。在该位置代号中，各列用字母表示，各机柜用数字表示，如＋C＋3 表示开关柜列 C 的机柜 3。必要时在位置代号中可增加更多的内容，如上述设备是安装在 106 室的，可表示为＋106＋C＋3。

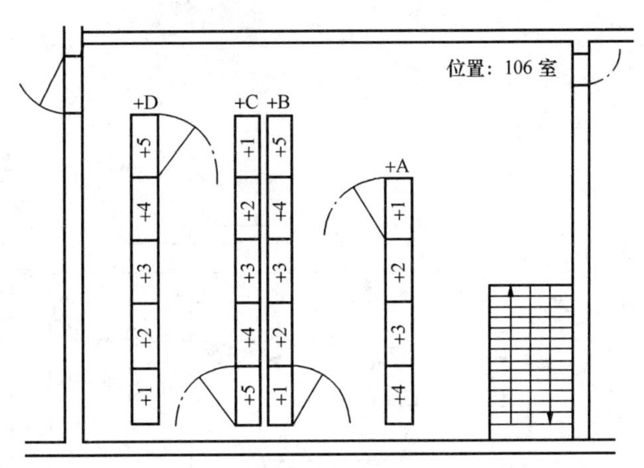

图 1-2　设备的位置代号示意图

设备中的机柜又可以分成分柜。图 1-3 表示的就是图 1-2 中控制柜列 A 的 4 号机柜分成 A 和 B 两个分柜，每个分柜由包含印制电路板的各种抽屉组成。此时，位置代号就由第 2 段前缀符号加上表示位置的字母和数字交替组成。例如，分柜 A 中的一块印制电路板的位置代号的完整形式为：＋106＋A＋4＋A＋8＋A＋5；如不致引起混淆，代号中间的前缀符号可省略，表示为：＋106A4A8A5。

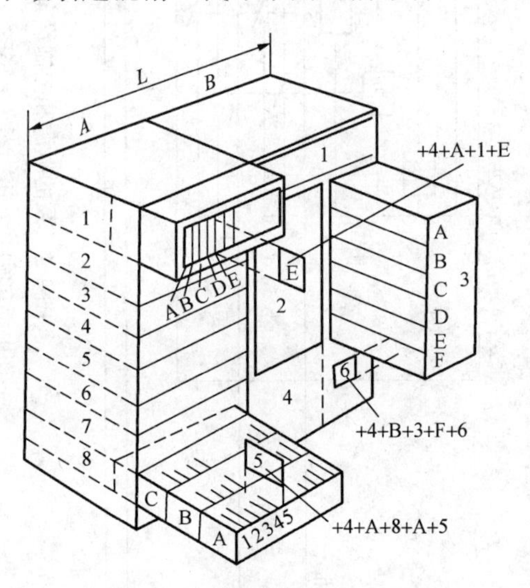

图 1-3　控制柜列 A 的 4 号机分柜

泵的电源和控制设备的电路图如图 1-4 所示。

（3）种类代号的构成。通常，在绘制电路图或逻辑图等电气图时就要确定项目的种类代号。确定项目的种类代号的方法有 3 种，3 种方法得到的种类代号等同。最常用的方法是采用字母代码，其后加上每个项目规定的数字。按这种方法选用的种类代号还可以补充一个后缀，该后缀是代表特征动作或作用的字母代码，称为功能代号，或在图上或在其他文件中说明该字母代码及其表示的意义。例如：－K3M表示功能为 M（监视或测量）的序号为 3 的继电器。大部分情况下不必增加功能代号；如需增加，为避免混淆，位于复合项目种类代号中间的前缀符号不可省略。在一个由若干项目组成的复合项目（如部件）中，种类代号都采用这种方法构成。图 1-4 中的断路器 Q2 就是一个这样的部件。

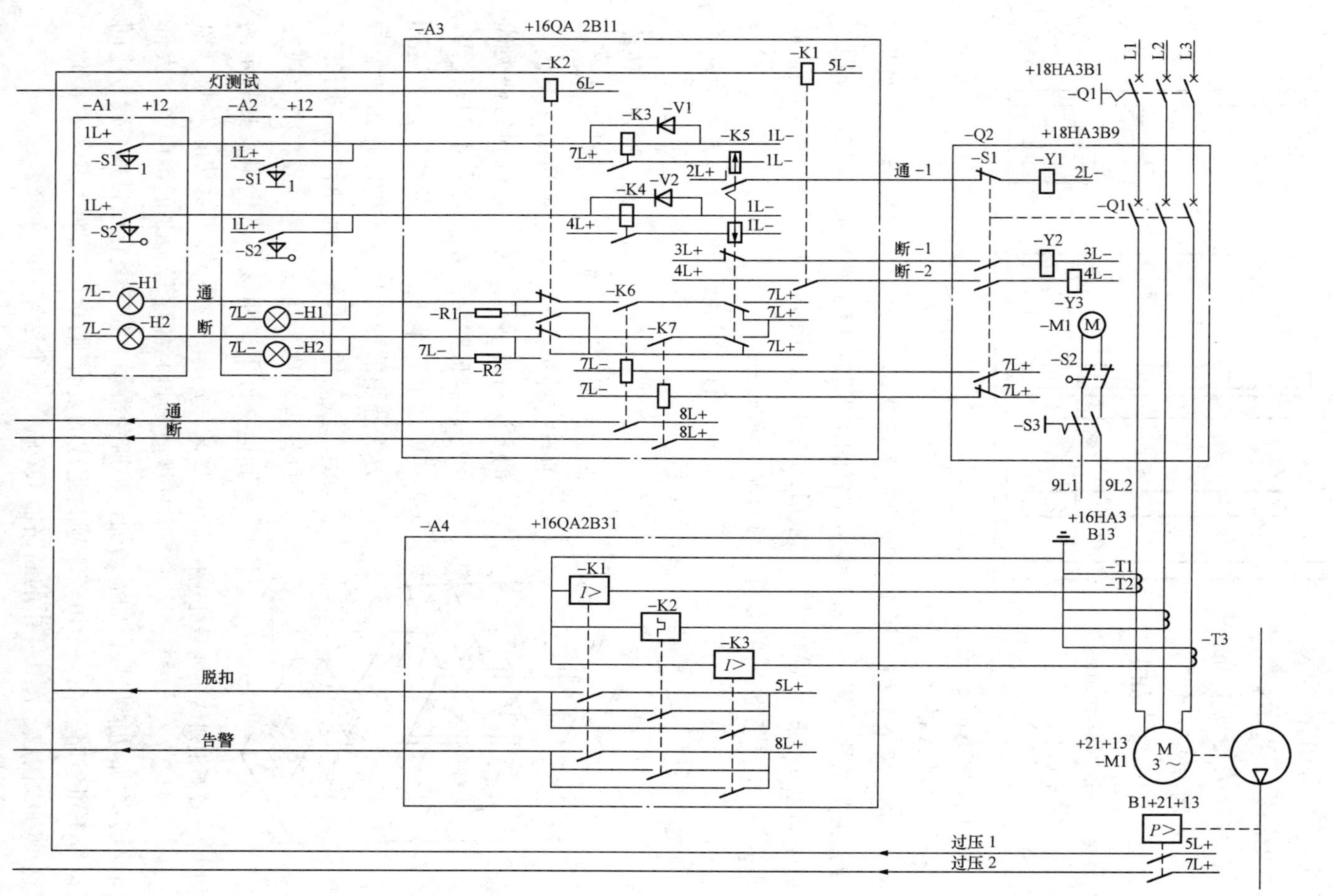

图 1-4　泵的电源和控制设备的电路图

注：图中所有项目的高层代号为=S5P2，各部件都有位置代号。

断路器 Q2 由下列项目组成：主触点组 Q1，辅助触点组 S1，辅助触点组 S2（当闭合和释放机构的储能单元需要储能时闭合），通—断开关 S3，拉紧弹簧机构用的电动机 M1，闭合线圈 Y1，脱扣线圈 1Y2，脱扣线圈 2Y3。上述每个项目的种类代号都由第 3 段前缀符号，一个字母代码和一个数字构成。如果主触点组和与主触点联动的辅助触点组构成一个单元，它们可以采用同一个种类代号。

在断路器 Q2 中的电动机 M1 的种类代号为－Q2－M1。当每个种类代号仅由前缀符号加一个字母代码和一个数字构成时，如不致引起混淆，可省略代号中间的前缀符号。因此，电动机 M1 的种类代号可简化为：—Q2M1。

图 1-4 中还标出了下列项目：操作者控制台 1A1，操作者控制台 2A2，控制继电器组 A3，量度继电器组 A4。设定了这些部件的标志之后，便有可能对每一个部件的项目分别给出种类代号，而与其他部件中的项目无关。当必须将某些项目先进行预装配，再装入整套设备时，就要采用这种方法。例如，图 1-4 中有如下一些种类代号：—A1—S1 或简化形式—A1S1 表示部件 A1 的按钮 S1；—A2—S1 或－A2S1 表示部件 A2 的按钮 S1；—Q2—Q1 或－Q2Q1 表示断路器 Q2 的主触点组 Q1。

构成项目种类代号的第三个方法是仅用数字组，即按不同种类的项目分组编号。例如：继电器为 1、2、3、…，电阻器为 11、12、13、…，电容器为 21、22、23、…，将这些编号和它代表的项目排列成表置于图中或附在图后。

6. 端子代号、端子和导线的标记

（1）端子代号的组成。端子代号是完整的项目代号的一部分。当项目的端子有标记时，端子代号必须与项目上端子的标记相一致；当项目的端子没有标记时，应在图上设定端子代号。端子代号通常采用数字或大写字母，特殊情况下也可用小写字母。例如，＝S5P2－Q1：3 表示第 5 部分 S5 的泵装置 P2 的隔离开关 Q1 的第 3 号端子；＝S5P2－Q2A2X1：2 表示第 5 部分 S5 的泵装置 P2 的断路器 Q2 的部件 A2 的端子板的第 2 号端子；＋C＋5＋BL237－A1K3：A1 表示开关柜列 C 机柜 5 部件 B1237 继电器组 A1 上的继电器 K3 的 A1 号端子。

（2）对于电路图，端子代号的标注除了必须使用完整形式的图形符号外，端子及其代号也必须详细表示。电阻器、继电器、模拟和数字硬件的端子代号应标在其图形符号的轮廓线外；轮廓线内的空隙留作标注有关元件的功能和注释，如关联符、加权系数，如图 1-6 所示。

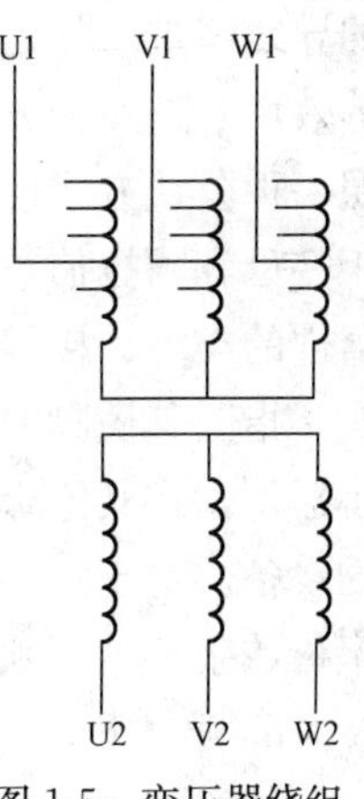

图 1-5　变压器绕组端子代号表示方法

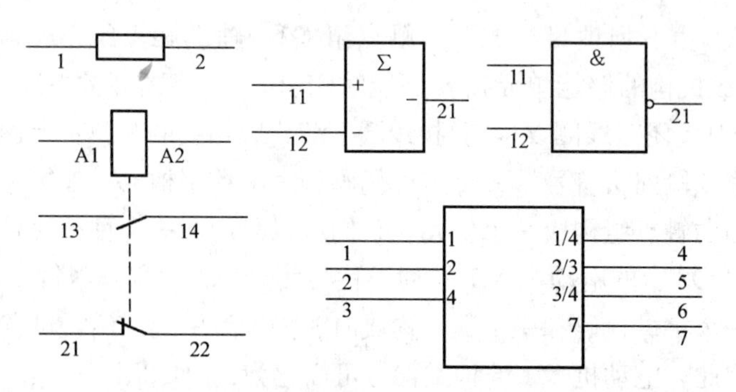

图 1-6　电阻器、继电器、模拟和数字硬件端子代号表示方法

对用于现场连接、试验或故障查找的连接器件（如端子、插头座等）的每一个连接点，都应给出一个代号。

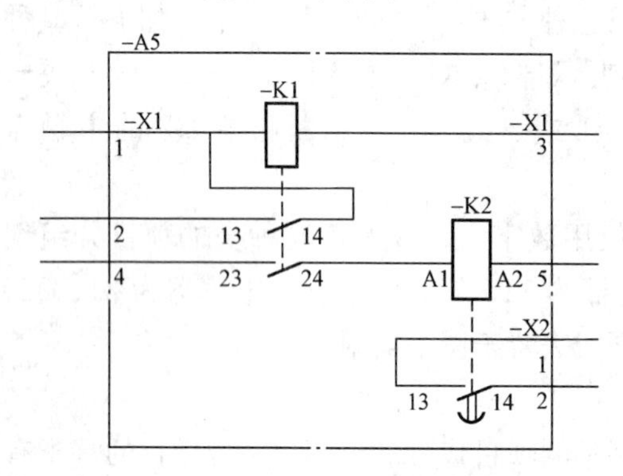

图 1-7　画有围框单元的端子符号表示法

在画有围框的功能单元和结构单元中，端子代号必须标在围框内，以免被误解，如图 1-7 所示。在该图中，端子代号为－A5－X1：1～－A5－X1：5 和－A5—X2：1、－A5－X2：2。

7. 电器接线端子的识别

基本电气器件（如电阻器、熔断器、继电器、变压器、旋转电机等）和这些器件组成的设备（如电动机控制设备等）的接线端子，以及执行一定功能的导线线端（如电源、接地、机壳接地等）的识别方法有 4 种，这 4 种方法具有同等效用。这 4 种方法分别是：①按照一种公认方式明确接线端子的具体位置；②按照一种公认方式使用颜色代号；③按照一种公认方式使用图形符号；④使用大写拉丁字母和阿拉伯数字的字母数字符号。在实际中选用哪一种方法，主要取决于电气器件的类型、接线端子的实际排列以及该器件或装置的复杂性。一般来说，对于插头，指明其插脚的真实位置或相对位置及其形状即可。对应用于无固定接线端子的小器件，在其绝缘布线上标明颜色代号即可。图形符号最适用于标志家用电器之类的设备。对于复杂的电器和装置，需要用字母数字符号来标志。颜色、图形符号或字母数字符号必须标志在电器接线端子处。

8. 端子排的识别

接线端子（以下简称端子）是二次接线中不可缺少的配件。屏内设备和屏外设备之间的连接是通过端子和电缆来实现的。在自动装置和控制屏的左右两侧侧面，装设了接线端子排（也称端子板），如图 1-8 所示，它由各种形式的接线端子组合而成，是二次接线中专用来接线的配件。凡屏内设备与屏外设备及屏顶小母线接连时，必须经过端子排，同一屏内不同安装单位的设备互相连接时，也要经过端子排；而同一屏内同一安装单位的设备互相连接时，不需经过端子排。

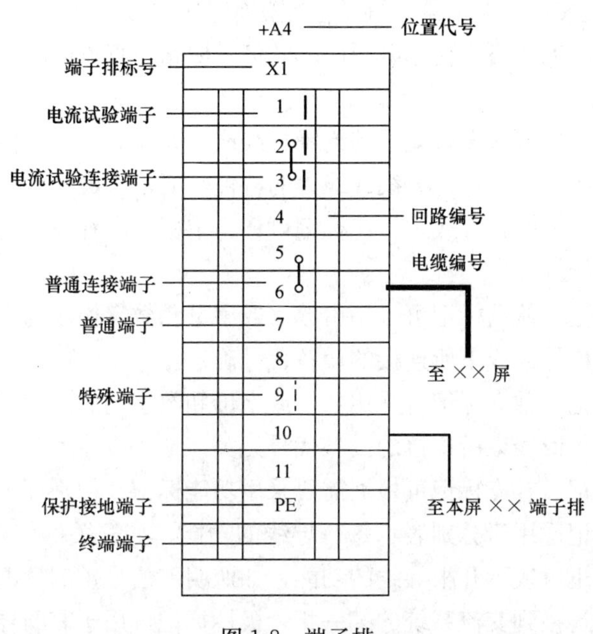

图 1-8　端子排

（1）接线端子的类型。接线端子的结构形式很多，根据回路的用途，可以分成下列类型：

1）一般端子。供一个回路的两端导线连接用，是用得最多的端子。

2）连接端子。通过绝缘座上部的中间缺口，用导电片把两个端子连在一起，使各种回路并头或分头。

3）试验端子。用于接入电流互感器的回路中，可不必松动原来的接线就能接入试验仪表，保证电流互感器的二次侧在工作过程中不会开路。

4）连接型试验端子。它同时具有试验端子和连接端子的作用，和试验端子相似。所不同的是，其绝缘座上部的中间有一缺口，应用在彼此连接的电流试验回路中。

5）特殊端子。用于需要很方便断开回路的连接端子中。

6）终端端子。用于固定或分离不同安装单元的端子。

在端子排中，每个端子按排列顺序进行编号。各种类型端子如图 1-8 所示。

(2) 端子排的排列原则：

1) 不同安装单位的端子应分别排列，不得混杂在一起。

2) 端子排一般采用竖向排列，且应排列在靠近本安装单位设备的那一侧。

3) 每一个安装单位端子排的端子应按一定次序排列，以便于寻找端子。其排列次序为：交流电流回路、交流电压回路、信号回路、直流回路、其他回路。

9. 导线标记

电气接线图中连接各设备端子的绝缘导线或线束应有标记。标记可分为主标记和补充标记。主标记可仅标记导线或线束的特性，而不考虑电气功能。主标记又分从属标记和独立标记两种方式。补充标记可作为主标记的补充，用于表明每一导线或线束的电气功能。

(1) 从属标记。从属标记可采用由数字或字母和数字构成的标记，此标记由导线所连接的端子代号或线束所连接的设备代号确定。

(2) 独立标记。独立标记可采用数字或字母和数字构成的标记，此标记与导线所连接的端子代号或线束所连接的设备代号无关。

(3) 补充标记。补充标记可根据需要采用功能标记、相别标记和极性标记等标记方式。功能标记适用于分别表示每一导线的功能，如开关的闭合和断开，电流、电压的测量等；也可表示几根导线的功能，如照明、信号、测量电路等。相别标记可用于表明导线连接到交流系统的某一相。极性标记可用于表明导线连接到直流电路的某一极。

10. 注释和标注

(1) 注释。当含义不便于用图示方法表达时，可采用注释。有些注释应放在它们所要说明的对象附近，或者在其附近加标记，而将注释置于图中的其他部位。当图中出现多个注释时，应把这些注释按顺序放在图纸边框附近。如果是多张图纸，一般性的注释可以注在第一张图上，或注在适当的张次上，而所有其他注释应注在与他们有关的张次上。

(2) 标注。如果在设备面板上有人一机控制功能的信息标志，则应在有关图纸的图形符号附近加上同样的标注。

(3) 技术条件和说明。“技术条件”或“说明”的内容应书写在图样的右侧，当注写内容多于一次时，应按阿拉伯数字顺序编号。

(4) 技术数据。技术数据（如元件数据）可以标在图形符号的旁边，项目代号下方；也可以把数据标在像继电器线圈那样的矩形符号内，如继电器线圈的电阻值等。数据也可以用表格的形式给出。

（三）电气图读图方法

1. 读图的基本要求

（1）应具有电工学的基础知识。除电磁场外，电工学讲的主要就是电路和电器。主电路一般包括发电机、变压器、开关、熔断器、接触器主触头、电容器、电力电子器件和负载（如电动机、电灯）等。辅助电路也称二次回路，是对主电路进行控制、保护、监测及指示的电路。辅助电路一般包括继电器、仪表、指示灯、控制开关、接触器辅助触头等。

电器是电路的不可缺少的组成部分。在供电电路中，常用隔离开关、断路器、负荷开关、熔断器、互感器等；在水电自动装置控制电路中，常用各种继电器、接触器和控制开关等；在电力电子电路中，常用各种晶体二极管、三极管、晶闸管和集成电路等。读者应了解这些电器元件及器件的性能、结构、原理、相互控制关系，以及在整个电路中的地位和作用。

（2）图形符号和文字符号要熟记会用。电气简图中使用的图形符号和文字符号，以及项目代号、接线端子标记等是电气技术文件的“词汇”。“词汇”掌握得越多、记得越牢，读图就越快捷、越方便。

图形符号和文字符号很多，要做到熟记会用，可从个人专业出发，先熟读背会各专业共用的和本专业专用的图形符号，然后逐步扩大，掌握更多的符号，就能读懂更多的不同专业的电气技术文件。

（3）掌握各类电气图的绘制特点。各类电气图都有各自的绘制方法和绘制特点，掌握了这些特点，就能提高读图效率，进而也有助于设计制图。大型的电气图纸往往不只一张，也不只是一种图，因而读图时应将各种有关的图纸联系起来，对照阅读。如通过概略图、电路图找联系，通过接线图、布置图找位置，交错阅读，达到事半功倍的效果。

（4）将电气图与其他技术图等对应起来读图。电气施工往往与主体工程（土建工程）及其他工程、通信线路、机械设备安装配合进行。电气设备的布置与土建平面布置、立面布置有关；线路走向与建筑结构的梁、柱、门窗、楼板的位置和走向有关，还与管道的规格、用途、走向有关；安装方法又与墙体结构、楼板材料有关；特别是一些暗敷线路、电气设备基础及各种电气预埋件，更与土建工程密切相关。所以，阅读某些电气图时，还要与有关的土建图、管路图及安装图对应起来看。

（5）了解涉及电气图的有关标准和规程。读图的主要目的是用来指导施工、安装，指导运行、维修和管理。有一些技术要求不可能都一一在图纸上反映出来并标注清楚，因为这些技术要求在有关的国家标准或技术规程、技术规范中已作了明确的规定。因此，在读电气图时还必须了解这些相关标准、规程、规范，这样才能真正读懂图。

2. 读电气回路图的一般步骤

(1) 详看图纸说明。拿到图纸后，粗略地了解图纸的名称、设备明细表、各设备、元件符号和编号，可参看二次回路、电气设备等专业理论书籍，阅读与二次电路相关的主电路图，从而比较准确地把握装置的设计思想。

仔细阅读图纸的主标题栏和有关说明，如图纸目录、技术说明、元件明细表、施工说明书等，结合已有的专业知识，对该电气图的类型、性质、作用有一个明确的认识，从整体上理解图纸的概况和所要表述的重点。

(2) 看概略图和框图。由于概略图和框图只是概略表示系统或分系统的基本组成、相互关系及其主要特征，因此紧接着就要详细看电路图，才能清楚系统的工作原理。概略图和框图多采用单线图，只有某些 380/220V 低压配电系统概略图才部分采用多线图表示。

(3) 阅读电路图是读图的重点和难点。电路图是电气技术文件的核心，也是内容最丰富、也最难读懂的电气图纸。看电路图时，首先要看有哪些图形符号和文字符号，了解电路图各组成部分的作用，分清主电路和辅助电路、交流回路和直流回路；其次，按照先看主电路再看辅助电路的顺序进行读图。

看主电路时，通常要从下往上看，即先从用电气设备开始，经控制元件，顺次往电源端看；看辅助电路时，则自上而下、从左至右看，即先看主电源，再顺次看各条回路，分析各条回路元件的工作情况及其对主电路的控制关系，注意电气与机械机构的连接关系。

通过看主电路，搞清电气负载是怎样取得电源的，电源线都经过哪些元件到达负载和为什么要通过这些元件。通过看辅助电路，则应搞清辅助电路的回路构成、各元件之间的相互联系和控制关系及其动作情况等。同时，还要了解辅助电路和主电路之间的相互关系，进而搞清整个电路的工作原理和来龙去脉。

(4) 为了看图的方便，在绘图练习纸中将原图的一部分改成设备运行的正常状态，也就是某种带电状态下的图样，这种图叫做状态分析图。这是为方便、加深对图纸的理解的一种方法，注意不要改动原图。

(5) 在二次回路图中，同一设备的各个元件位于不同回路的情况较多，有些元件往往画在不同的回路，甚至不同的图纸上，看图时应从整体观念上了解各个设备的作用。例如，辅助触点的开合状态就应从主断路器的开合状态去分析，继电器触点是执行元件，因此应从触点看线圈的状态，不要看到线圈去找触点。

(6) 任何一个复杂的电路都是由若干个基本电路、基本环节构成的。复杂的电

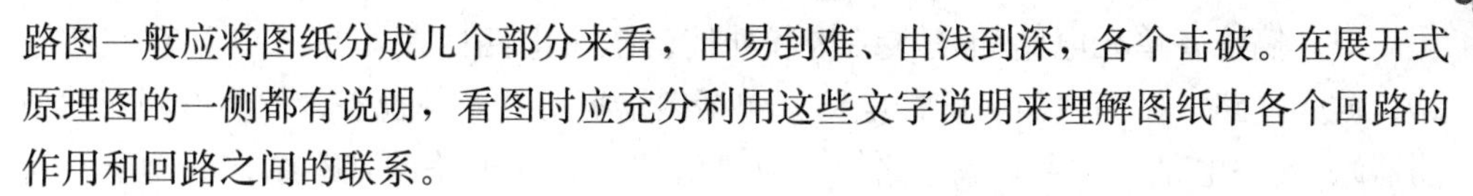

路图一般应将图纸分成几个部分来看，由易到难、由浅到深，各个击破。在展开式原理图的一侧都有说明，看图时应充分利用这些文字说明来理解图纸中各个回路的作用和回路之间的联系。

（7）某一系统、某一装置往往有很多种图纸，这些图纸实际上是从不同角度、不同侧面并且是各有重点，对同一对象采用的不同描述手段，虽然图样、细节相差很大，但内部有着很强的联系。因此，读二次回路图时应将各种图联系起来阅读，并且掌握从原理接线图到安装接线图，或从安装接线图到原理接线图的互换。

（8）电路图与接线图对照起来看。接线图和电路图互相对照读图，有助于读懂接线图。读接线图时，要根据端子标志、回路标号从电源端顺次查下去，搞清楚线路走向和电路的连接方法，以及每个回路是怎样通过各个元件构成闭合回路的。

配电盘（屏）内外线路相互连接必须通过接线端子排。一般来说，配电盘内有几号线，端子板上就有几号线的接点，外部电路的几号线只要在端子板的同号接点上接出即可。因此，看接线图时，要搞清配电盘（屏）内外的线路走向，就必须搞清端子排的接线情况。

（9）阅读某一个水电厂的二次回路图时，要了解该厂在二次回路图绘制当中的一些特殊规定、约定等。

（10）做二次回路图的阅读笔记：

1）记录分析设备动作原理、顺序。

2）记录不在同一图纸上、同一回路的元件动作过程。

3）记录从整体观念上各个设备的作用。

4）记录技术图纸的缺陷及错误。

3. 读电子器件电路图的步骤

在实际工作中，经常会见到一些电子器件的原理图。这些图初看起来往往感到错综复杂，好像很难理解各部分的作用和性能。但是，若能从如下几个方面着手，定会看懂电子器件电路图：

（1）了解该电子器件使用在什么地方，起什么作用；其次，将总图化整为零，分成若干基本部分，弄清每一部分由哪些基本单元组成，各部分的主要功能是什么。

（2）找出单元电路中的直流电路、交流电路、反馈电路等。最后，综合上述三个步骤的内容，搞清楚从输入到输出，各组成部分之间是如何联系起来的。

（3）了解各个元器件的作用和特点。电子器件电路是由若干个单元电路组成的，每个单元电路又由若干个元器件及网络组成，因此要熟悉这些元器件和网络的图形符号以及它们的性能、特点、在电路中的作用。

(4) 搞清各单元电路的基本结构和功能。电子电路的基本单元电路有整流电路、放大电路、振荡电路、脉冲电路（包括多谐振荡器及单稳态、双稳态和间歇振荡器）、开关电路、数字集成电路等，应搞清这些单元电路的基本结构和功能。这样，在分析电子器件电路图时就可以依据这些知识，分析该电路的各单元电路属于哪种基本单元电路，从而有助于了解整个电路的原理。

(5) 搞清各单元电路的相互联系和信号变换过程。由几个单元电路可组成一个电子电路。要搞清它们之间的联系，前级电路的输出信号是后级电路的输入信号，但前级输出信号经后级处理后，后级的输出信号与前级的输出信号就可能不一样，这就是信号变换。

注意上述几个问题，再依据前述步骤，就能读懂电子电气图。

4. 未接触过的图纸的读图方法

实际工作中往往会碰到许多从未接触过的图纸，一般来说，这类图纸的读图难度较大。图 1-9 所示为某电加热蒸汽炉的接线图，这种图往往都画在厂家的产品说明书上，它不注重讲述工作原理，而着重介绍产品的用途和安装、使用、维护的方法及注意事项，但这些内容与读图是密切相关的。一定的水位和一定的蒸汽压力是保证其正常工作的重要条件，因此水位和压力一定会反映到电气控制中。所以说，

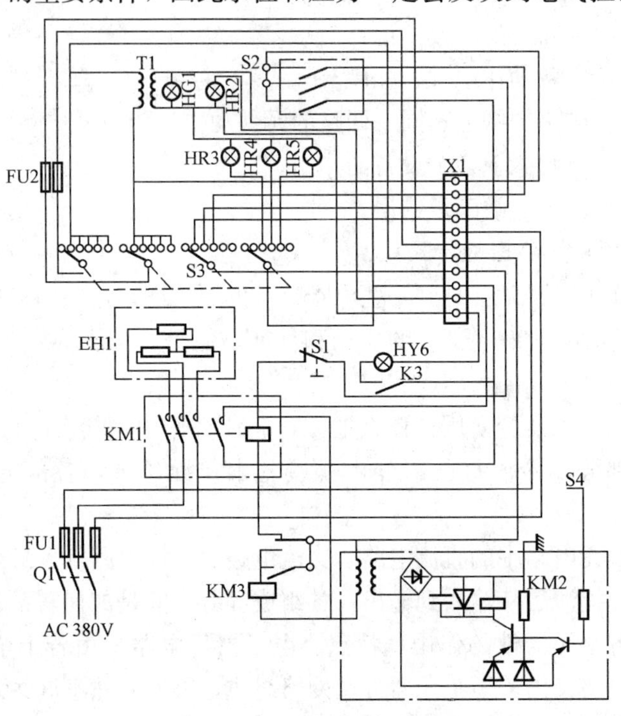

图 1-9　某电加热蒸汽炉接线图

遇到类似这样的图纸不宜先看图，而应先看说明，与电气有关的内容更应仔细领会，并做出标记。

有了大概了解后，就要对照图纸阅读元件明细表，这对读图很有帮助。我们可以从元件的用途、参数等知道它是一次元件还是二次元件，进而判别元件所在的电路是主电路还是辅助电路。电加热蒸汽炉元件明细见表1-2。

表1-2　　电加热蒸汽炉元件明细

序号	项目代号	名称	数量	产品型号及规格
1	S1	低水位复位按钮	1	LA-119
2	T1	指示灯电源变压器	1	380/6.3V
3	C1	电容器	1	0.04μF
4	KM1	电热控制接触器	1	CJ-20A380V
5	KM2	低水位控制继电器	1	JGB380V
6	KM3	低水位连锁继电器	1	JYB380V
7	X1	接线端子排	1	
8	S2	压力控制限制开关	3	LX4
9	S3	电源压力选择开关	1	4层6层
10	S4	低水位导电柱开关	1	
11	FU1	熔断器	3	
12	FU2	熔断器	3	
13	EH1	电热管	3	
14	HL1	电源指示灯	1	6.3V绿色
15	HL2	加热指示灯	1	6.3V红色
16	HL2、HL4、HL5	压力选择指示灯	3	6.3V红色
17	HL6	低水位指示灯	1	6.3V黄色

最后一步是将接线图改画成电路图。接线图比较直观，为接线、查线提供了方便，这正是产品说明书采用接线图的原因。但接线图线条很多，令人眼花缭乱，通过接线图搞清电器的工作原理十分不便和烦琐，而改画成电路图就一目了然。

将接线图改画成电路图的方法是首先分清主电路和辅助电路，然后根据导线的编号一条支路一条支路依次画出，最后进行整理。接线图和电路图相对照读图就很方便了。

（1）读主电路。电加热蒸汽炉的主电路很简单，如图1-10所示。交流380V三相电源—熔断器FU1—交流接触器KM1的主触点—负载（三相电阻丝）EH1。接触器KM1是控制主电路的核心元件。

（2）读辅助电路。辅助电路的工作电源取自交流380V，信号电源又经380/6.3V变压器T1降压而来。辅助电路主要包括正常工作（加热）环节、停止环节、保护环节和信号环节。前三个环节都是围绕接触器这一核心元件而展开的。

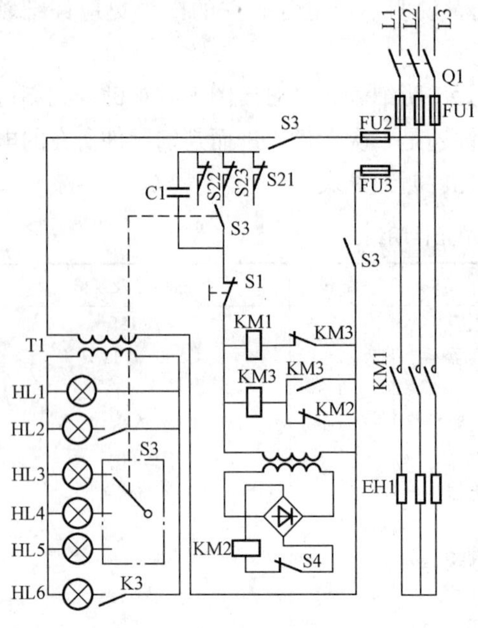

图 1-10　由接线图绘制的电路图

1）加热。送上电源后，只要接触器线圈 KM1 的支路接通，电热炉便能加热。KM1 的支路是：FU2—S3—S2—S3—S1—KM1—KM3—S3—FU3。只要电热炉中的水位正常，低水位连锁继电器 KM3 的动断触点闭合，转动压力选择开关 S3 至其中一个压力位置，KM1 接通，KM1 主触点闭合，电热炉通电加热。

S3 是一个四层六位开关，即有 4 层触点，每层有 6 个位置。从图 1-9 中可以看出，第一、二层触点是辅助电源开关。置于第一位置时，断开电源；置于第二～六位置均接通电源。第三层触点的其中 3 个位置对应于压力控制限制开关 S21～S23，对应的最高压力分别是 137293、107873Pa 和 68646Pa（产品说明书中给出）。S3 的第四层触点分别对应于信号灯 HL3～HL5。由于电源压力选择开关触点多，且各层触点互相联动能同时作为电源控制、压力选择、信号选择的开关，完成了需要多个继电器和开关才能完成的功能，从而使这一控制电路显得简练。

拉开电源开关 Q1，主电路电源切除，同时辅助电路失电，接触器断开，加热停止。

2）保护。若加热炉内部蒸汽压力超过所选择的压力范围，则限制开关 S2 断开，KM1 支路被切断，加热停止。若加热炉内水位过低，低水位导电柱开关 S4 断开，三极管不导通致使继电器 KM2 失电，其动断触点闭合接通连锁继电器 KM3，使 KM3 的动断触点断开，于是切断了接触器线圈 KM1 支路，加热停止。

3）信号。从图面上看出，控制电路设有辅助电路电源指示（绿色指示灯 HL1）、加热指示（红色指示灯 HL2）、选择的压力指示（红色指示灯 HL3～HL5）、低水位指示（黄色指示灯 HL6）。

（四）电气二次技术图的阅读举例

1. 发电厂同期回路原理图

图 1-11 所示为发电机与发电机电压母线经发电机出口断路器并列时及两组母线经母线联络断路器进行并列时，同期电压引入的接线图。图中，SS 和 SS1 分别

为母线联络断路器 QF 和发电机出口断路器 QF1 的同期开关，它有“工作”和“断开”两个位置，当在工作位置时，其对应每对触点均接通，断开位置时则均断开。图中，母线 WA1 和 WA2 是断路器控制回路中的同期合闸小母线。

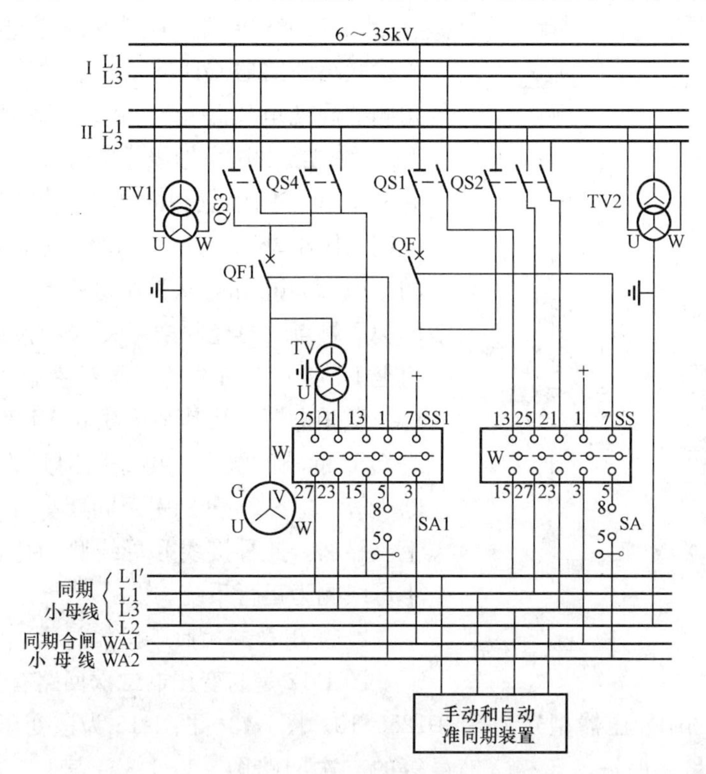

图 1-11　发电机出口断路器和母线联络断路器同期电压的引入（三相接线）

（1）根据发电机出口断路器同期电压的引入工作原理，阅读接线原理图。当利用发电机出口断路器 QF1 进行并列时，待并发电机同期电压是由发电机出口处电压互感器 TV 的二次绕组 U、W 相电压，经同期开关 SS1 触点 25～27、21～23 分别引至同期小母线 L1、L3，而对于运行母线侧，由于是双母线，其同期电压是由Ⅰ母线电压互感器 TV1 或Ⅱ母线电压互感器 TV2 的二次 U 相电压，该电压从电压小母线Ⅰ L1（或ⅡL1）经母线隔离开关 QS3（或 QS4）的辅助触点切换，再经同期转换开关 SS1 的触点 13～15 引至同期小母线 L1′。两侧电压互感器二次线圈均采用 V 相接地方式，V 相经接地后与同期小母线 L2 连接。经过 QS3 或 QS4 切换的目的，是为了确保引至同期电压小母线上的同期电压与所操作断路器两侧系统的电压完全一致。即当断路器 QF1 经隔离开关 QS3 接至Ⅰ母线时，应将Ⅰ母线的电压互感器 TV1 的二次电压从电压小母线Ⅰ L1 引至 L1′上；当断路器 QF1 经过

QS4 接至Ⅱ母线时，应将Ⅱ母线的电压互感器 TV2 的二次电压从其电压小母线ⅡL1 引至 L1′上。由此可见，利用隔离开关的辅助触点，在进行倒闸操作的同时，二次电压的切换也自动地完成了。

（2）根据母线联络断路器同期电压的引入工作原理，阅读接线原理图。当利用母线联络断路器 QF 进行同期并列时，断路器两侧的同期电压是由母线电压互感器 TV1 和 TV2 的二次电压小母线，经母线隔离开关 QS1 和 QS2 的辅助触点和同期开关 SS 触点，引至同期电压小母线上的。Ⅰ母线电压互感器 TV1 的二次 U 相电压，从其小母线ⅠL1，经过 QS1 的辅助触点，再经同期开关 SS 的触点 13～15，引至 L1′上；Ⅱ母线的电压互感器 TV2 的二次 U、W 相电压，从其小母线Ⅱ L1 和Ⅱ L3，经过 QS2 的辅助触点，再经同期开关 SS 的触点 25～27、21～23 分别引至同期小母线 L1 和 L3 上。显然，此种接线Ⅱ母线侧为待并系统，而Ⅰ母线侧为运行系统。

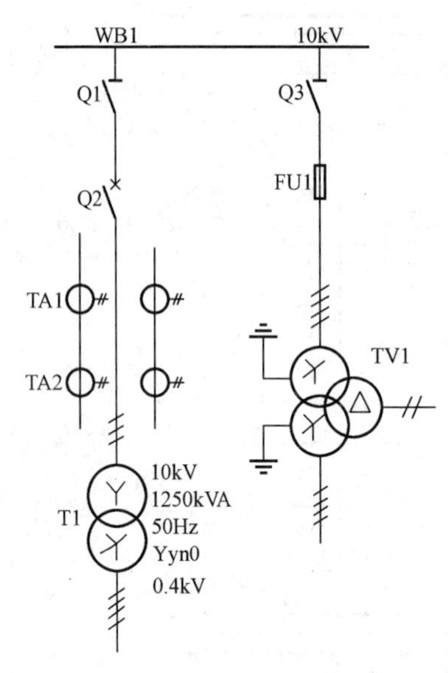

图 1-12　变压器一次设备系统图

2. 变压器二次回路图的阅读

图 1-12 是与变压器二次回路有关的一次设备系统图，图中变压器型号为 SL9-1250/10。图1-13～图 1-15 为该变压器的 10kV 进线侧的测量、保护、监视、信号等的二次回路图。表 1-3～表 1-5 为对应的图 1-13～图 1-15 的设备明细表。

表 1-3　　图 1-13 中二次设备明细

项目代号	名称	产品型号及规格	数量	备　注
PV2	电压表	1T1-V	3	
PV1	电压表	1S1-V-10 000/100V	1	
KV10	电压继电器	DJ-131/60C	1	
KS14	信号继电器	DX-11	1	
S1	转换开关	LW2-S5/F4X	1	Q3 的附件
Q4	辅助开关	F1-6	1	
FU1	熔断器	R-10	3	
PJ3	有功电能表	DS-8	1	

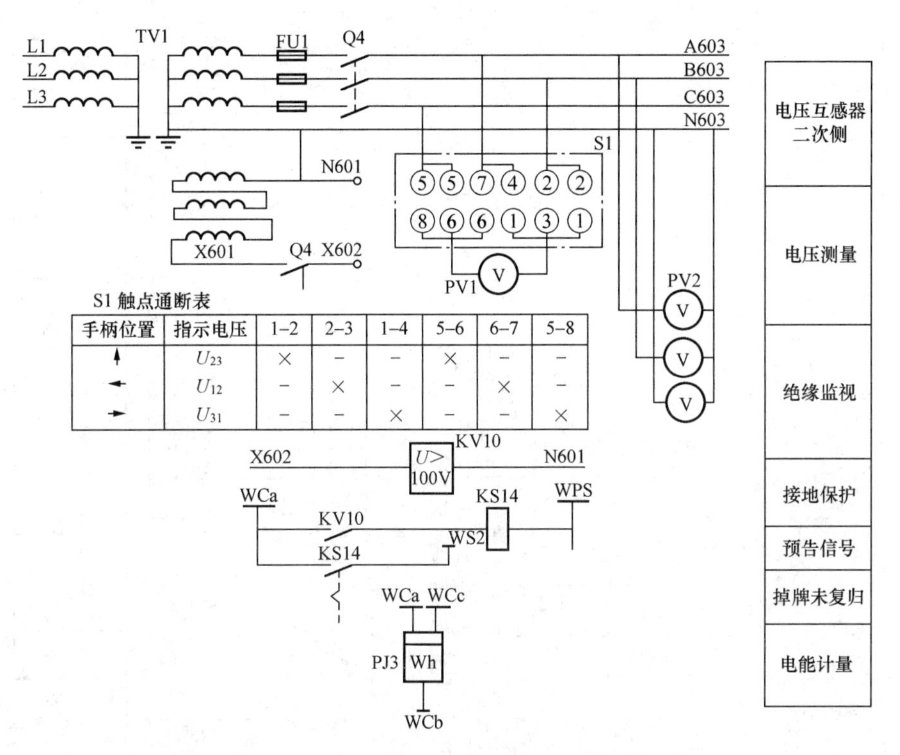

手柄位置	指示电压	1–2	2–3	1–4	5–6	6–7	5–8
↑	U_{23}	×	–	–	×	–	–
←	U_{12}	–	×	–	–	×	–
→	U_{31}	–	–	×	–	–	×

图 1-13　电压互感器二次设备电路图（二次回路图）

表 1-4　　**图 1-14 中二次设备明细**

项目代号	名　称	产品型号及规格	数量	备　注
PA4	电流表	1T1-A	1	
Y1	跳闸线圈	CS2-400	1	Q2 附件
KS6～KS9	信号继电器	DX-11	4	
KM5	中间继电器	DZ-50	1	
Q21	辅助开关	F1-6	1	Q2 操动机构附件
Q22	辅助开关	CS2	1	
X1	连接片	YY1-S	1	
HL1	红信号灯	XD5	1	
HL2	绿信号灯	XD5	1	
KA3、KA4	过电流继电器	GL-11	2	安装在变压器上
KG1	气体继电器		1	
KT2	温度继电器	QJ-80	1	

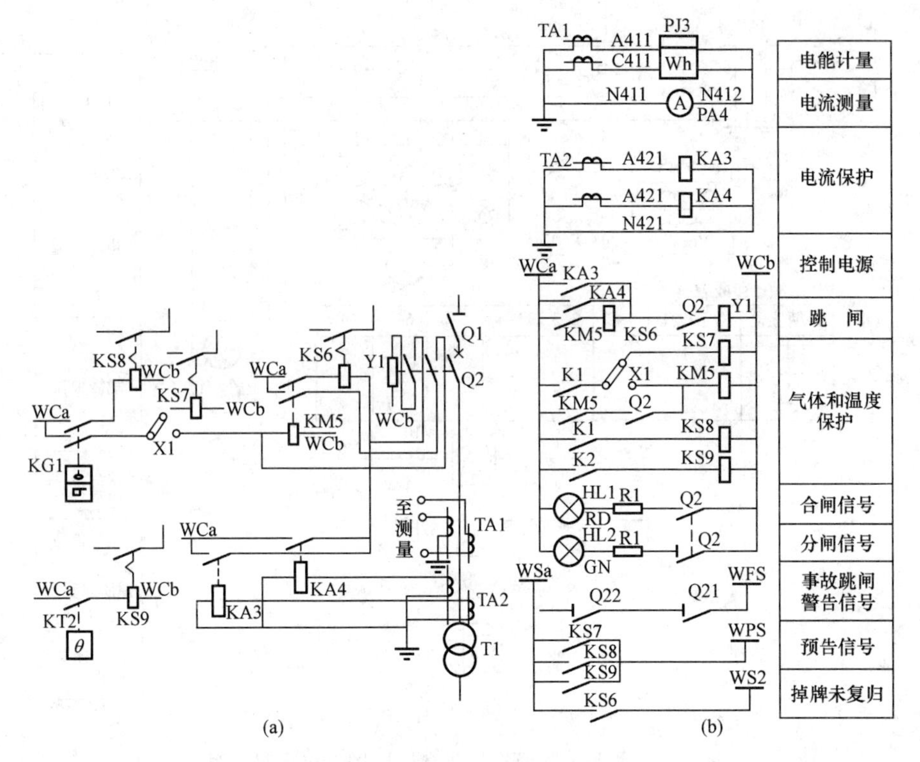

图 1-14 变压器保护电路图

（a）整体式电路图；（b）展开式电路图

表 1-5　　　　图 1-15 中二次设备明细表

项目代号	名　称	产品型号及规格	数量	备注
HA3	警铃		1	
HA4	蜂鸣器	FM1	1	
HL5	光字牌	ZSD	1	
HL6	电源信号灯	XD5	1	
KM10～KM13	中间继电器	DZ-50	4	
S2、S4	试验按钮	LA12	2	
S3、S5	音响解除按钮	LA12	2	

从图 1-12 可知，由 10kV 母线 WB1 引下经隔离开关 Q1、断路器 Q2、电流互感器 TA1 和 TA2 接至变压器 T1。TA1 供电气测量用，TA2 供继电保护用，两者精确度等级不同。三相五柱式电压互感器 TV1 供测量、绝缘监视及接地保护用，它是经熔断器 FU1、隔离开关 Q3 接至 WB1 的。

粗读图 1-13～图 1-15 可知，变压器二次回路图的主题是变压器的保护与测量。当变压器及其引线出现严重故障时，有关的继电器动作，作用于断路器 Q2 使之跳闸，切断变压器 T1 的供电电源，不致使事故扩大到母线 WB1，同时发出事故信号。当变压器出现了一般性故障时，有关的继电器动作，发出预告信号。另外，由于变压器从电力系统受电，需计量电能以确定电费金额；同时还应测量电流，监视负荷大小。

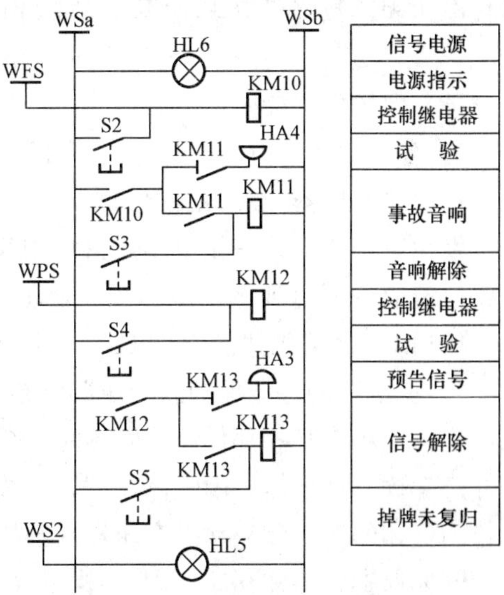

图 1-15　变压器保护信号指示电路图

该变压器保护全部采用交流电源作为控制、操作及信号回路电源。

（1）电气测量与绝缘监视电路读图。复杂电气图的读图往往是先从简单的部分开始。电气测量与绝缘监查电路比较简单，因此先从该电路开始读图。

电气测量电路如图 1-13 和图 1-14 所示，测量电路分别由电压互感器 TV1 和电流互感器 TA1 提供电压和电流。

1）电压测量。测量三相电压一般都采用一个转换开关和一个电压表的接线方式。从图 1-13 可以看出，三相五柱式电压互感器二次侧 Y 接法绕组经熔断器 FU1、辅助开关 Q4 分别引出 A603、B603、C603，接至转换开关 S1，电压表 PV1 的两个接线端子也与 S1 相连接。转动 S1 手柄可分别测量线电压 U_{12}、U_{23}、U_{31}。转换开关 S1 的触点通断情况已在图 1-3 中表示出来。

2）电流测量。看图 1-14，电流互感器 TA1 接成不对称星型接法。电流表 PA4 接在 N412 与 N411 之间，测量的是第一相与第三相电流之和，即为第二相电流。

3）电能计量。PJ3 是一个三相二元件有功电能表，其两个电流线圈分别接在电流互感器 TA1 的二次电路 A411 与 N412 和 C411 与 N412 之间。两个电压线圈分别接在电压互感器 TV1 的二次电路的三相母线 WCa、WCb、WCc，即 A603 与 B603、B603 与 C603 之间。

4）绝缘监视。该变压器的绝缘监视是通过分别跨接在 TV1 二次侧 A603、B603、C603 与 N603 之间的 3 个电压表 PV2 来实现的。正常情况下 3 个电压表反映的是 3 个相电压读数相同；当高压侧线路一相绝缘击穿造成单相接地故障时，故

障相电压表读数降低，其他两非故障相电压表读数则升高，从而监视线路绝缘情况。

（2）保护电路读图：

1）变压器的过电流保护。看图 1-13 和图 1-14，过电流继电器 KA3、KA4 分别接在电流互感器 TA2 二次电路 A421、C421 与 N421 之间。当变压器内部及其进线发生第一相或第三相单相短路及相间短路（第二相单相短路不能反映），而且短路电流值分别达到 KA3、KA4 的动作值时，KA3、KA4 动作，其动合触点闭合，接通 Q2 的跳闸线圈 Y1 电路，Q2 自动跳闸切断电源，保护变压器。

2）变压器的气体保护。变压器绕组发生相间、层间或匝间短路时，将伴随电弧产生；油箱内某些部件严重发热时，会使油箱内的绝缘油及其他有机绝缘材料分解并产生挥发性气体，因气体比油轻，故将迅速上升并向油枕流动。因此，变压器油箱内气体的产生和流动是变压器内部故障的重要特征，利用这一特征构成的保护称为气体保护（俗称瓦斯保护）。构成气体保护的基本元件是气体断电器（俗称瓦斯继电器）。图 1-14 中气体继电器 KG1 有两对动合触点。当气体较多或油面下降时，其中一对触点闭合接通信号继电器 KS8，发出信号；当气体流速达到一定值（一般为 1.2m/s）时，另一对触点接通作用于跳闸。前者称轻气体保护，后者称重气体保护。重气体保护的动作过程是：KG1 闭合接通中间继电器 KM5，通过 KM5 的动合触点与 Q2 的辅助动合触点使 KM5 线圈能自保持接通；KM5 的另一对动合触点，经信号继电器 KS6、Q2 辅助触点跳闸线圈 Y1 接通，Q2 跳闸。

3）变压器的温度保护。温度继电器 KT2 的感温元件安装在变压器油箱顶盖上，当温度升高到一定值后，其触点闭合接通信号继电器 KS9 而发出变压器超温信号。

4）10kV 线路的接地保护。接地电流 $I_c \leqslant 30$A 的 10kV 高压电网采用中性点不接地方式。因此，当有一相接地时不会形成单相短路，线路及其接在线路上的变压器和其他设备仍可继续运行，但不允许长期工作。为此，在这种系统中装设专门的绝缘监察装置或接地保护装置，当发生单相接地时，发出信号通知工作人员，以便采取措施，尽快找出故障点并迅速消除。图 1-13 中电压互感器 TV1 的开口三角形绕组出线 X602 和 N601 之间接电压继电器 KV10，当 10kV 线路一相接地时，在开口三角形绕组出线端产生约 100V 电压，KV10 动合触点闭合作用有关信号。

（3）信号指示电路读图。信号指示电路图在二次接线图中往往是单独的一张图或几张图。信号接线与保护接线、控制接线之间是通过电缆与信号母线沟通其联系的。读图时可先从保护接线、控制接线看接点接通了哪一根信号母线，然后再到信号接线图中找对应的信号母线，从而判断出信号的类型。

1）断路器通断位置指示。看图 1-14，当 Q2 合闸时，其辅助动合触点闭合，红色信号灯 HL1 亮；当 Q2 分闸时，其辅助动断触点闭合，绿色信号灯 HL2 亮。

2）气体保护及温度保护预告信号。看图 1-14，轻气体保护触点 KG1 和温度继电器 KT2 的触点闭合后，与之分别串联的信号继电器 KS8、KS9 分别动作，KS8、KS9 的触点又接通了预告信号母线 WPS，于是发出警铃音响信号。图 1-15 中 KS12 接通其动合触点闭合，警铃 HA3 发出音响。

为了不致在调试气体继电器时使其触点闭合作用 Q2 跳闸，将连接片 X1 转接到信号继电器 KS7 电路上。这样，重气体保护触点闭合后只通过 KS7 触点同样可得到警铃的音响信号。

3）断路器事故跳闸信号。在断路器 Q2 的手动操作机构上安装有 2 个辅助开关 Q21 和 Q22。其中，Q21 与 Q2 主触点对应，Q21 动断触点在 Q2 跳闸后闭合。Q22 与操动机构的手柄位置对应，手柄拉下时其动断触点断开；但事故跳闸时手柄并不掉下，其动断触点仍然闭合。断路器事故跳闸后就是利用手柄位置与断路器主触点通断位置不对应构成事故音响电路。

由于 KG1、KA3 或 KA4 动作，Q2 事故跳闸。从图 1-14 中“事故跳闸警告信号”电路可以看出：辅助开关 Q21 的动断触点闭合，辅助开关 Q22 的动断触点因为是事故跳闸，操作手柄未掉下仍然闭合。这样信号电源小母线 WSa 与事故音响小母线 WFS 接通。再看图 1-15，WFS 与 WSb 之间的中间继电器 KM10 接通，其动合触点闭合，接通蜂鸣器 HA4 电路，HA4 便发出事故音响信号。但究竟是何故障，值班人员可根据 KA3、KA4 或与有关的信号继电器的“掉牌未复归”信号，判断故障跳闸的原因与事故范围。

4）接地预告信号。由图 1-13 可知，电压继电器 KV10 动作后其动合触点闭合，接通信号电源母线 WSa 与信号预告母线之间的信号继电器 KS14，KS14 的非自动复位动合触点闭合又接通 WCa 与“掉牌未复归母线”WS2。WPS 与 WS2 接通后，再看图 1-15，WPS 通过中间继电器 KM12 与 WSb 连通，KM12 动合触点闭合接通警铃 HA3 电路，警铃响发出事故预告信号。另外，WS2 通过光字牌 HL5 与 WSb 接通，于是 HL5 显示出“10kV 线路接地”字样。信号继电器 KS14 中与触点相连的一带色指示牌掉下，显示出该继电器已动作。如要消除掉牌信号，需拨动信号继电器外盖上一旋钮方能复归成原状态。

图 1-15 中 S2、S4 为试验按钮。按下 S2，中间继电器 KM10 接通，以检验事故音响及其线路是否处于完好状态。按下 S4，中间继电器 KM12 接通，以检验警铃及其线路是否处于完好状态。S3、S5 为信号解除按钮。按下 S3，中间继电器 KM11 动作并自保持，其动断触点断开蜂鸣器电路，故障信号被人为地消除。按下

S5，其信号解除过程同按下 S3。

从上面的分析可以得到读图的一般规律。这就是读图时要有整体观念，不要孤立去读某一个图，否则，即便是简单的图也很难看懂。读二次接线图如此，读其他电气图也如此。

3. 桥式起重机电气图阅读

（1）桥式起重机电气设备部分电路构成。桥式起重机可提升较大重量的货物，并能进行远距离的搬运工作，是水电厂里应用最广泛的一种起重运输设备

桥式起重机一般装有吊钩升降电动机、大车移动电动机和小车移动电动机三台。对于吨位较大的桥式起重机，吊钩升降电动机有两台，即主钩升降电动机和副钩升降电动机。图 1-16 所示为 5t 桥式起重机电路图。

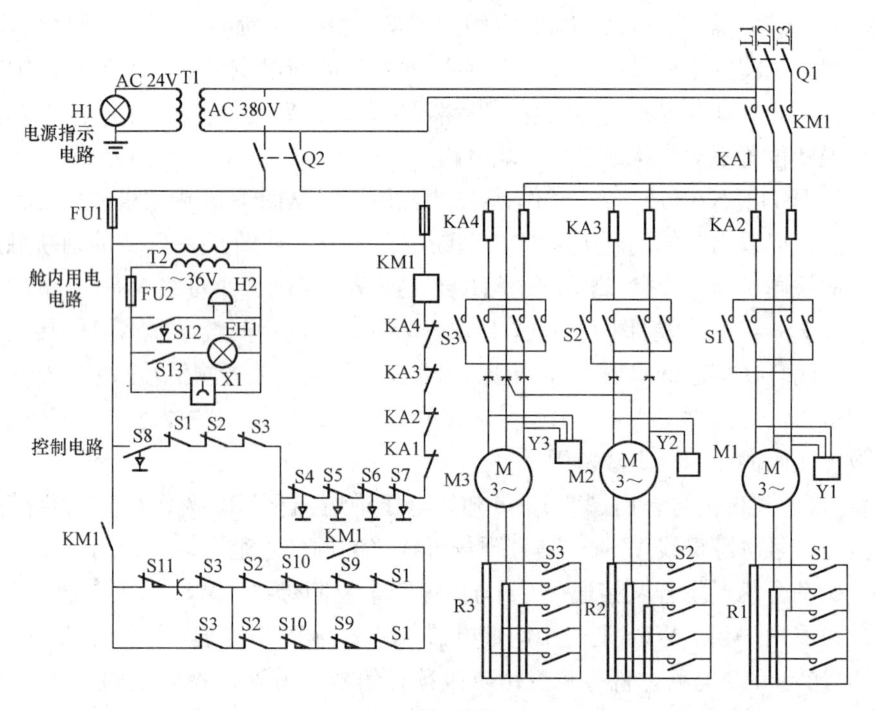

图 1-16　5t 桥式起重机电路图

从图中看出，主电路的三台电动机是绕线型电动机，都是采用转子串接电阻器（R1、R2、R3）的方法进行逐级启动和调速。R1、R2、R3 分别用凸轮控制器 S1、S2、S3 控制。在 M1、M2、M3 上安装有电磁抱闸 Y1、Y2、Y3，以保证快速停车。电流继电器 KA2、KA3、KA4 及 KA1 分别作为各电动机及总电路的过电流保护和短路保护。线路接触器 KM1 的作用是控制电源的接通和切断。

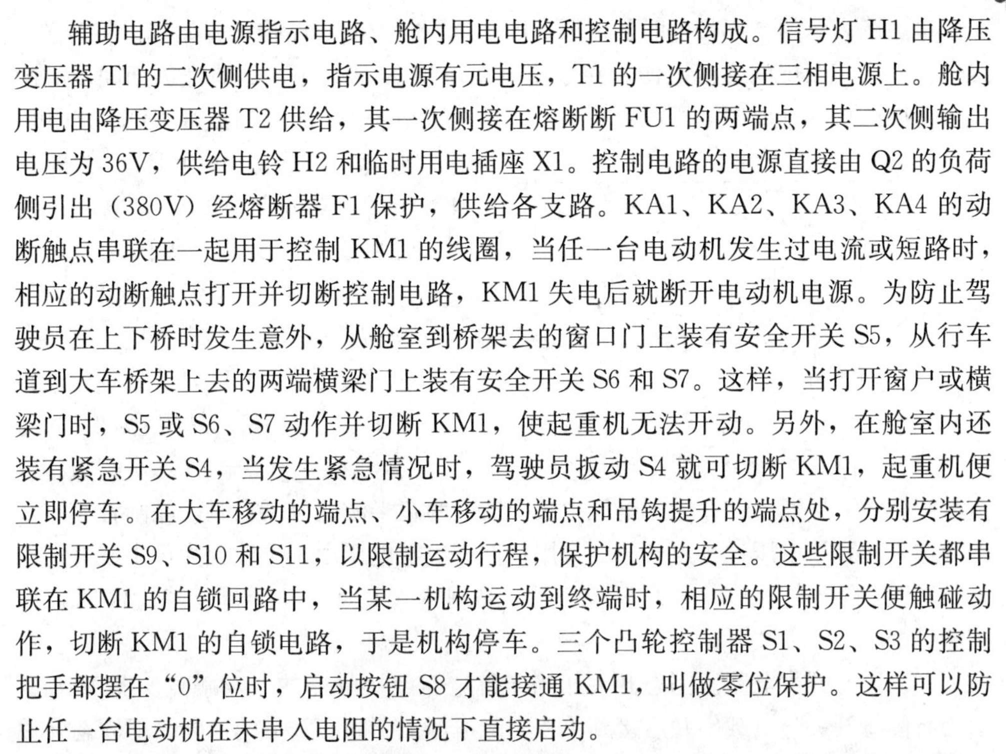

辅助电路由电源指示电路、舱内用电电路和控制电路构成。信号灯 H1 由降压变压器 Tl 的二次侧供电，指示电源有元电压，T1 的一次侧接在三相电源上。舱内用电由降压变压器 T2 供给，其一次侧接在熔断断 FU1 的两端点，其二次侧输出电压为 36V，供给电铃 H2 和临时用电插座 X1。控制电路的电源直接由 Q2 的负荷侧引出（380V）经熔断器 F1 保护，供给各支路。KA1、KA2、KA3、KA4 的动断触点串联在一起用于控制 KM1 的线圈，当任一台电动机发生过电流或短路时，相应的动断触点打开并切断控制电路，KM1 失电后就断开电动机电源。为防止驾驶员在上下桥时发生意外，从舱室到桥架去的窗口门上装有安全开关 S5，从行车道到大车桥架上去的两端横梁门上装有安全开关 S6 和 S7。这样，当打开窗户或横梁门时，S5 或 S6、S7 动作并切断 KM1，使起重机无法开动。另外，在舱室内还装有紧急开关 S4，当发生紧急情况时，驾驶员扳动 S4 就可切断 KM1，起重机便立即停车。在大车移动的端点、小车移动的端点和吊钩提升的端点处，分别安装有限制开关 S9、S10 和 S11，以限制运动行程，保护机构的安全。这些限制开关都串联在 KM1 的自锁回路中，当某一机构运动到终端时，相应的限制开关便触碰动作，切断 KM1 的自锁电路，于是机构停车。三个凸轮控制器 S1、S2、S3 的控制把手都摆在“0”位时，启动按钮 S8 才能接通 KM1，叫做零位保护。这样可以防止任一台电动机在未串入电阻的情况下直接启动。

（2）桥式起重机电气设备部分电路工作过程。首先将 S1、S2、S3 的控制手把都摆在“0”位，接通总开关 Q1，若电源有电，则 H1 指示灯亮。这时合上 Q2，按下 S8，则 KM1 线圈得电，其主触点闭合给主电路送电。同时，KM1 的辅助动合触点闭合，使电路自锁。转动 S1 的控制手把，向右顺次经过“1”、“2”、…、“5”位置时，则 M1 启动，并逐级切除电阻，转速升高。当将 S1 的控制手把向左顺次经过“1”、“2”、…、“5”位置时，则 M1 反向启动。当 M1 在运转过程中发生短路或过载及移到终端位置时，KM1 将被切断，使 M1 停车。若再想启动，必须将 S1 的控制手把扳回“0”位，再按下 S8。M2、M3 的启动运转情况与 M1 相似，只不过是用 S2、S3 控制。

4. 晶闸管交流开关电路图阅读

（1）零点半波开关电路。晶闸管的特性类似于开关，因此很容易用晶闸管组成交流开关或直流开关。晶闸管交流开关可采用双向晶闸管或两个反接并联的普通晶闸管组成一个基本电路，相当于有触点开关中的一个触点。图 1-17 所示为零点半波开关电路。晶闸管 VT 作为无触点开关，总是在电压为零的瞬间开通或关断，因此负载电流不会在瞬间突变，可使电磁干扰减小到最低程度。下面作读图练习。

电路图表示的是不带电时的情形，因此读图时应从电路带电开始读。将开关S接通220V、50Hz的交流电源。在交流电源呈现N端为正、L端为负期间，晶闸管VT因施加的是反向电压而不会导通。此时，电容C1通过二极管VD1被充电；电容C2通过电阻R2、二极管VD2、VD1被充电，充电电压极性可在图上标出，见图1-17；反之，当电源电压变为L端为正、N端为负时，VD1截止。这时，C2经过二极管VD3、双向二极管VD4、电阻R3、晶闸管VT的门极电路、（R2＋R1）//C1放电，使晶闸管VT导通。即在电源电压由负半波变为正半波的过零点时，晶闸管VT立即导通，起到了电压过零点开通的作用；而当电源电压由正半波变为负半波过零点时，VT又自动关断。当开关S断开后，晶闸管VT将在正半周结束过零时自动关断。

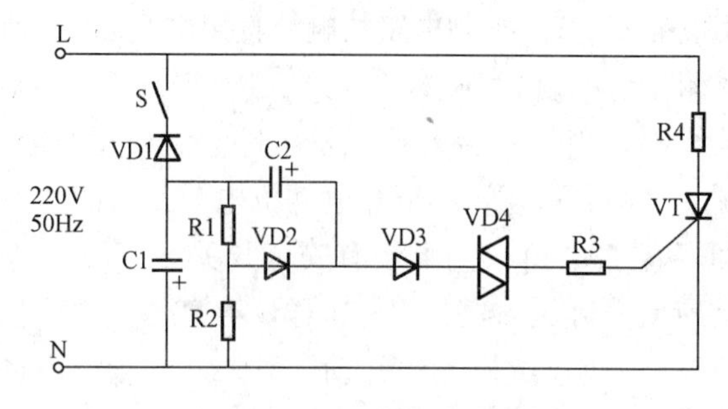

图1-17　零点半波开关电路图

（2）固态开关电路。固态开关相当于继电器或接触器的一对触点。图1-18所示为将固态开关与负载串联后接到单相交流电源上。固态开关的通断，即固态开关输出端3、4的通断受其输入端1、2控制信号的控制。

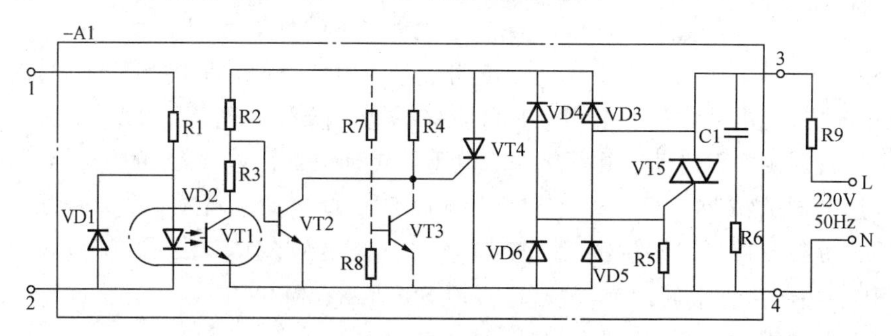

图1-18　固态开关电路图

固态开关采用光电耦合器作为输入输出隔离器，由发光二极管VD2和NPN型光电半导体管VT1组成。当输入端未接上控制信号时，VD2截止，VT1也截止，而晶体管VT2饱和导通，致使晶闸管VT4阻断，输出端3、4开路。当输入端接上交流或直流控制电压时，VD2发光，VT1便导通，其等效阻值减小，于是原来导通的VT2便截止，而阻断的VT4通过R4被激发导通。这样，交流电源通过负载R9，二极管VD3、VT4，二极管VD6，电阻R5构成通路，在电阻R5上产生的电压降作为双向三极晶闸管 VT5 的触发信号使 VT5 导通，负载得电。由于 VT5 的触发信号的极性与输出端 3 的极性相同，因此双向晶闸管 VT5 工作在 I_{+}、III_{-} 工作状态（双向晶闸管有 I_{+}、I_{-}、III_{+}、III_{-} 四种触发方式实际应用中只采用 I_{-}、III_{+} 与 I_{+}、III_{-} 两组触发方式）。适当选取 R2、R3，使该开关可具有零电压开关性质，即在交流电压零值附近导通，在电流过零时关断。

图 1-18 中虚线所示 R7、R8、VT3 的作用是：由 R7、R8 提供的分压在电源电压过零并升至较小辐值后，可确保 VT3 处于导通状态，以旁路 R4 中的电流来保证在非零期间可靠地封锁 VT4。因此，控制了 VT5 的导通起始点必然处在交流电压的零点附近，达到零压开关的目的。

5. 晶闸管整流装置电路图阅读

（1）三相桥式半控整流装置。采用集成电路 KC11 作为触发源的三相桥式半控整流装置电路图如图 1-19 所示。主电路由晶闸管 VT1、VT2、VT3 和半导体二极管 VD1、VD2、VD3 组成三相桥式半控整流电路，输入三相交流电源 L1、L2、L3，输出直流电源 L+、L−。

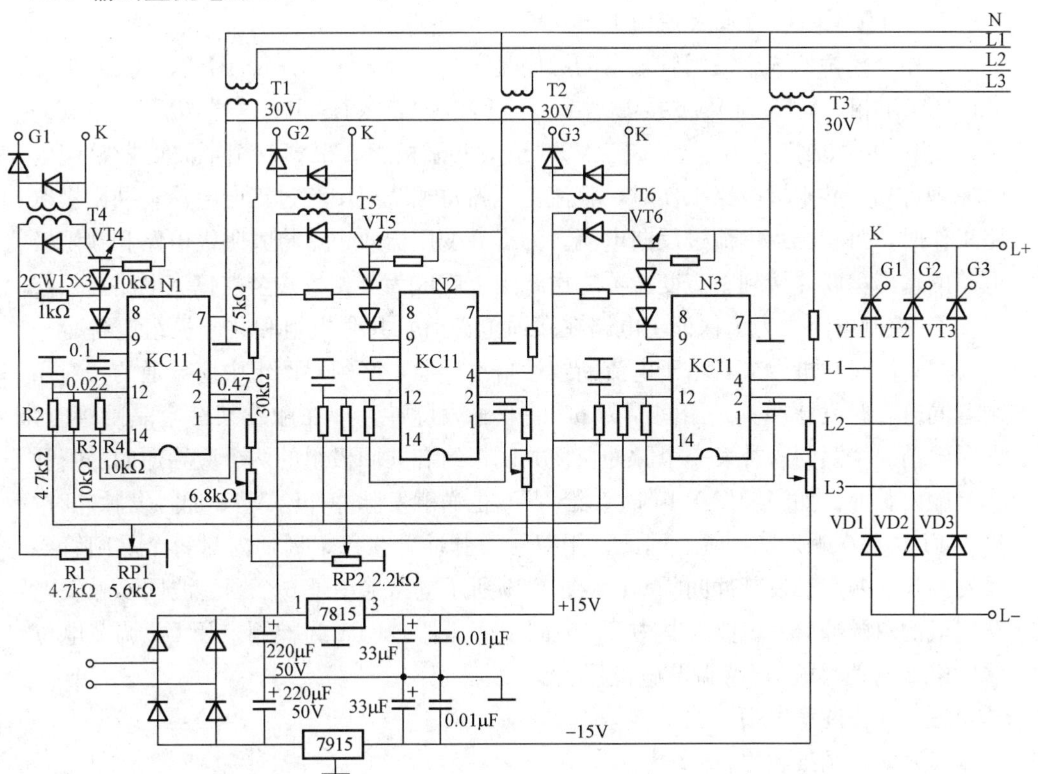

图 1-19　采用 KC11 作触发源的三相桥式半控整流器电路图

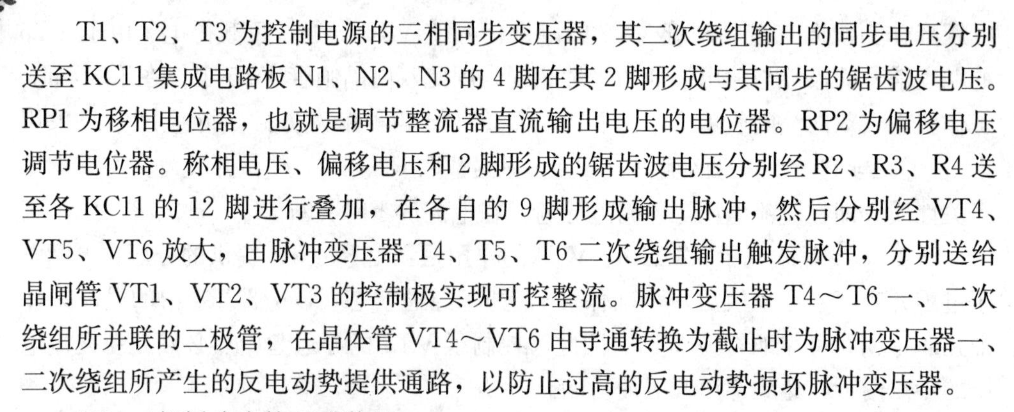

T1、T2、T3 为控制电源的三相同步变压器，其二次绕组输出的同步电压分别送至 KC11 集成电路板 N1、N2、N3 的 4 脚在其 2 脚形成与其同步的锯齿波电压。RP1 为移相电位器，也就是调节整流器直流输出电压的电位器。RP2 为偏移电压调节电位器。称相电压、偏移电压和 2 脚形成的锯齿波电压分别经 R2、R3、R4 送至各 KC11 的 12 脚进行叠加，在各自的 9 脚形成输出脉冲，然后分别经 VT4、VT5、VT6 放大，由脉冲变压器 T4、T5、T6 二次绕组输出触发脉冲，分别送给晶闸管 VT1、VT2、VT3 的控制极实现可控整流。脉冲变压器 T4～T6 一、二次绕组所并联的二极管，在晶体管 VT4～VT6 由导通转换为截止时为脉冲变压器一、二次绕组所产生的反电动势提供通路，以防止过高的反电动势损坏脉冲变压器。

（2）三相桥式全控整流装置：

1）主电路。图 1-20 所示为三相桥式全控整流器电路图，T1 为三相整流变压器，晶闸管 VT1～VT6 组成三相桥式全控整流电路。每只晶闸管两端都并联有防止过电压的 RC 吸收回路。整流变压器 T1 二次绕组的三相绕组间和整流电路直流电压输出端都接有防止过电压的压敏电阻。FU4～FU7 为速熔熔丝。直流输出端 L＋、L－可接电阻性负载 R 或由 L 与 R 组成的感性负载。

三相全控桥的 6 个晶闸管触发的顺序是 1→2→3→4→5→6。因此，将 VT1 和 VT4 接 L1 相，VT3 和 VT6 接 L2 相，VT5 和 VT2 接 L3 相。这样，VT1、VT3、VT5 组成共阴极组，VT2、VT4、VT6 组成共阳极组。根据三相半波可控整流电路原理可知，共阳极电路工作时，整流变压器每相绕组中流过正向电流；共阳极电路工作时，每相绕组中流过反向电流。为提高变压器效率，将共阴极电路和共阳极电路的输出串联并接到整流变压器二次绕组上就成为三相桥式全控整流电路。

2）控制电路。为了保证主电路在接通电源后，共阴极组和共阳极组应各有一个晶闸管同时导电，或者由于电流断续后再次导通，必须对两组中应导通的一对晶闸管同时有触发脉冲。采用间隔为 60°的双触发脉冲，即在触发某一个晶闸管时，同时给前一个晶间管补发一个脉冲，使共阴极组和共阳极组的两个应导通的晶闸管都有触发脉冲。如当触发 VT1 时，给 VT6 也送触发脉冲；给 VT2 加触发脉冲时，给 VT1 送一次触发脉冲等。因此，用双触发脉冲，在每个周期内对每个晶闸管要触发两次，两次触发脉冲间隔 60°。图 1-20 所示电路采用了 6 个锯齿波同步触发电路组成的双脉冲触发电路，其中 T2 为同步变压器，RP1 为控制电压 U_C 调节电位器，RP2 为偏移电压 U_B 调节电位器。

三、操作注意事项

（1）防止图纸破损。

（2）严禁在原始图纸上改动或添加文字。

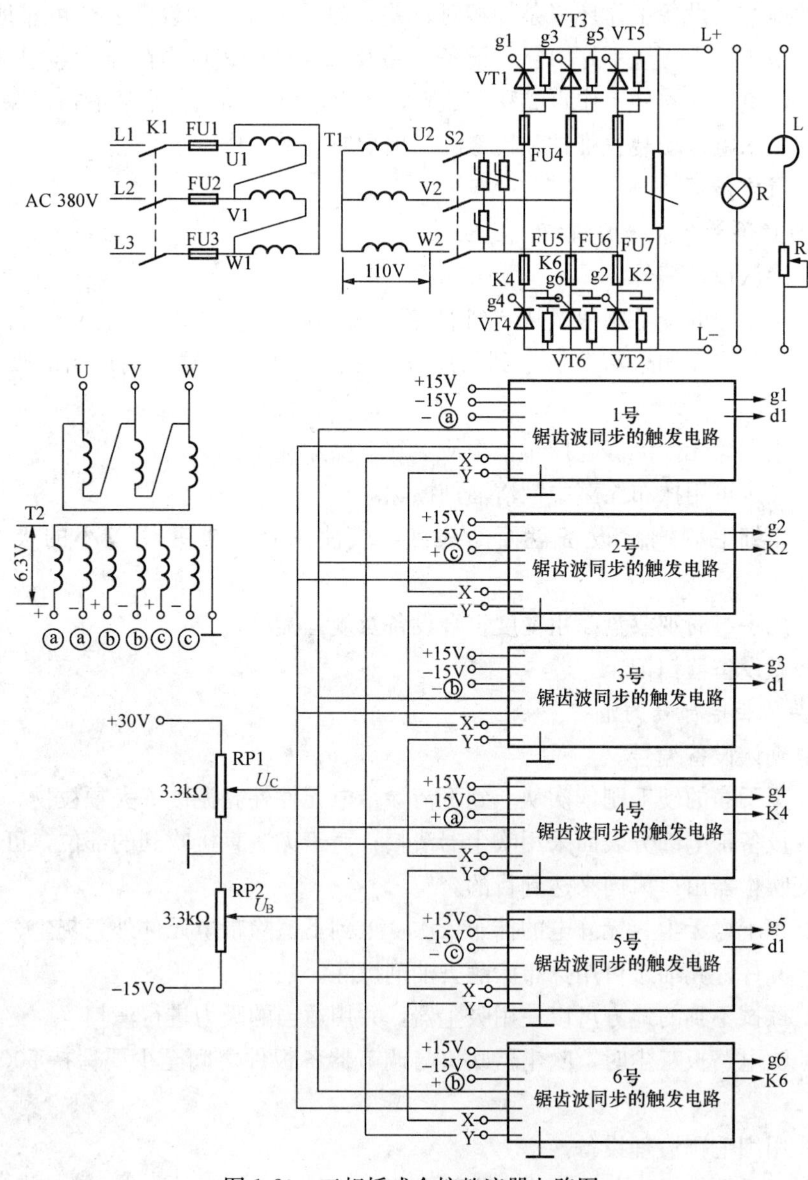

图 1-20　三相桥式全控整流器电路图

模块 2　水电自动装置及二次回路的清扫

一、操作说明

水电自动装置大部分是电力电子元器件，设备安装在温度较低、潮湿度较大、有灰尘的地方，设备工作环境条件相对较差。为了保证自动设备安全可靠地运行，有效避免由于卫生环境不好引起的设备电路及元器件的表面电阻增大、温度过高、电路短路、电子元器件工作点漂移等故障，要求水电自动设备定期清扫，保持设备清洁。这是水电自动装置维护和检修的一项重要基本工作。

二、操作步骤

1. 装置不带电部分的清扫

(1) 确认设备编号。

(2) 用干净的硬毛刷依次从上到下清除泥沙等大颗粒物。

(3) 设备表面如果有擦拭不到的地方，可以使用吸尘器并用适当的吸力进行吸尘。

(4) 用干燥无尘无静电抹布依次从上到下擦除灰尘。

(5) 油迹可用抹布涂蘸中性清油剂擦除。

(6) 用细毛刷刷除设备盘面的线绒，或使用吸尘器并用较小的吸力进行吸尘。

(7) 用手电筒观察盘面粗糙度符合设备及规程标准。

(8) 做设备清扫记录。

2. 装置带电部分的清扫

(1) 确认设备编号。

(2) 用干净的硬毛刷依次从上到下清除带电元件外壳泥沙等大颗粒物。

(3) 设备带电部分表面采用吹尘器清扫；对于无法直接吹到的部位，可以采用弯管改变吹尘器出口风向来达到目的。

(4) 用干燥无尘、无静电的抹布依次从上到下擦除带电元件外壳灰尘。

(5) 元件外壳油迹可用抹布涂蘸去油剂擦除。

(6) 擦拭不到的地方可以使用吸尘器，并用适当的吸力进行清扫。

(7) 吹电路板灰尘时，吹尘器吹口与调节器各板件之间至少要保持 500mm 的距离。

(8) 用细毛刷清理设备。

(9) 用手电筒观察各元件光亮度符合标准。

(10) 做卫生清扫记录。

三、操作注意事项

(1) 杜绝用潮湿的抹布清洁设备。

(2) 不损伤漆面，不造成机械损伤，不损伤元件。

(3) 注意与带电设备的安全距离。

模块3　使用指针式万用表测量直流(交流)电压、电流

一、操作说明

指针式万用表具有多种用途、多种量限，可以用来测量直流电流、直流电压、交流电压、电阻等参量，有的万用表还可以测量电容、电感、电功率及晶体管参数等。指针式万用表是用磁电系列测量机构（表头）与测量电路相配合来实现各种电量的测量的。实际上，指针式万用表是由多量程的直流电流表、多量程的直流电压表、多量程的整流式交流电压表及多量程的欧姆表综合组成的，合用一个表头，并在表盘上绘出几条相应被测电量的标尺，根据不同的被测量，转换相应的开关，达到测量的目的。

指针式万用表主要由表头、测量线路和转换开关组成。如图1-21所示，表头用以指示被测量的数据。通常采用高灵敏度的磁电系测量机构，表头的满偏转电流越小，其灵敏度越高，测量电压时的内阻就越大。实现多电量测量的关键是测量线路的转换，将被测量转换成磁电系表头所能测量的直流电流。构成测量线路的主要元件是各种类型和阻值的电阻元件（如线绕电阻、碳膜电阻及电位器等）。测量时，将这些元件组成不同的测量线路，就可以把各种不同的被测量通过转换开关转换成直流电流，用磁电系表头进行测量。为了测量交流，在线路中还设有整流装置。转换开关又称选择式量程开关。指针式万用表中各种测量功能及其量程的选择都是通过同一个转换开关来完成的。转换开关由许多个固定触点和活动触点组成，用来闭合与断开测量回路。活动触点通常称为“刀”，固定触点通常称为“掷”。万用表中的转换开关都采用多层、多刀、多掷波段开关或专用的转换开关。当转动转换开关的旋钮时，其上的“刀”跟着转动与不同的“掷”闭合，就可以改变和接通所要求的测量线路，每种电路称为一挡。MF-30型万用表板面如图1-21所示。

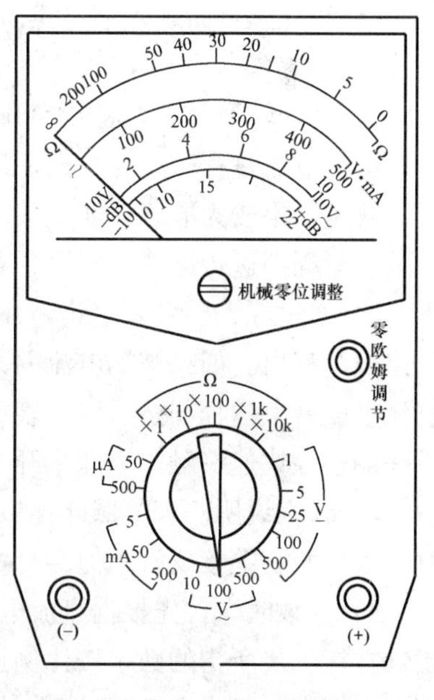

图1-21　MF-30型万用表板面

熟悉万用表每个旋钮、转换开关、插孔及接线柱等。红表笔的连线应接到红色接线柱上或标有“＋”号的插孔内，黑表笔的连线应接到黑色接线柱上或标有

“－”号的插孔内。要掌握表盘上每条标尺刻度所对应的被测量单位。

二、操作步骤

（1）万用表水平放置并检查表的指针是否在机械零位，若不在零位，则应调节面板上的机械零件调节螺栓，使指针指零。

（2）使用时，要手握万用表测试表笔绝缘部分，不要接触金属部分，以确保安全和测量的准确度。在测试较高电压和较大电流时，不能带电转动开关旋钮，否则会在开关触点上产生电弧，严重的会烧毁开关。

（3）直流电流的测量操作：

1）将红、黑表笔的连线分别插入“＋”、“－”接线插孔中，或分别接在“＋”、“－”接线柱上。有的万用表有直流5A（或直流2.5A）测量插孔或接线柱，专门用来测量较大的电流。使用时，黑表笔连线仍插在“－”插孔中，或接在“－”接线柱上，而红表笔连线插在5A（或2.5A）专用插孔中，或接在其专用接线柱上。

2）旋动转换开关，将转换开关旋钮尖端（或有标记的端）对着～A区间内某一合适的电流量程。选择量程，最好使指针指在满偏转刻度的1/2或2/3以上，这样的测量结果较为准确。如果被测电流的范围预先估计不到，则先应将量程开关旋至最大量程挡进行试测，然后观看试测结果，逐渐变换成合适的量程。

3）通过红、黑两表笔将万用表串联在被测电路中，并让电流从红表笔流入，从黑表笔流出。如果被测电流的方向未知，则可以这样来判断：先将转换开关置于直流电流最大量程，然后将红表笔接于被测电路的一端，再将黑表笔在被测电路的另一端轻轻快速一触，立即拿开，观察指针的偏转方向。若指针往正方向偏转（向右偏转），则说明两表笔照此连接是正确的；反之，应将红、黑两表笔对调。测量时，若将两表笔接反，不但会打弯表针，而且会损坏仪表。

4）读数时，首先根据直流电流量程定出标度尺满刻度的电流数值，然后根据指针在标度尺所指的数字按比例折算出被测电流的数值。例如，电流量程选2.5A挡，本挡满刻度为2.5A，读数按1∶1来读。如果指针指在2.0处，则被测电流为2.0A。

（4）交流电流的测量操作：

1）旋动转换开关，将转换开关旋钮尖端（或有标记的端）对着～A区间内某一合适的电流量程。

2）选择量程，最好使指针指在满偏转刻度的1/2或2/3以上，这样的测量结果较为准确。

3）如果被测电流的范围预先估计不到，则先应将量程开关旋至最大量程挡进

行试测，观看试测结果，逐渐变换成合适的量程。

4）根据所选量程，在交流电流标度尺上读取被测电流的数值。

（5）直流电压的测量操作：

1）将红、黑表笔的连线分别插入“＋”、“－”接线插孔中，或分别接在“＋”、“－”接线柱上。有的万用表有直流1500V测量插孔或接线柱，专门用来测量较高的电压。使用时应用专用高压测量表笔，黑表笔连线仍插在“－”插孔中，或接在“－”接线柱上，而红表笔连线插在2500V（或1500V）插孔中，或接在其接线柱上。

2）旋动转换开关的旋钮，选择合适的电压量程。

3）通过红、黑表笔将万用表并联在被测电路两端。注意红表笔接在高电位端，黑表笔接低电位端，红、黑表笔不能接反。如果被测电流的方向未知，则可以这样来判断：先将转换开关置于直流电压最大量程，然后将红表笔接于被测电路的一端，再将黑表笔在被测电路的另一端轻轻快速一触，立即拿开，观察指针的偏转方向。若指针往正方向偏转（向右偏转），则说明两表笔照此连接是正确的；反之，应将红、黑两表笔对调。测量时，若将两表笔接反，不但会打弯表针，而且会损坏仪表。

4）根据所选量程，在直流电压标度尺上读取被测电压的数值。

（6）交流电压的测量操作：

1）将红、黑表笔的连线分别插入“＋”、“－”接线插孔中，或分别接在“＋”、“－”接线柱上。有的万用表有交流2500V测量插孔或接线柱，专门用来测量较高的电压。

2）使用时应用专用高压测量表笔，黑表笔连线仍插在“－”插孔中，或接在“－”接线柱上，而红表笔连线插在2500V插孔中，或接在其接线柱上。

3）旋动转换开关，将转换开关旋钮尖端（或有标记的端）对着～V区间内某一合适的电压量程。

4）根据所选量程，在交流电压标度尺上读取被测电压的数值。

三、操作注意事项

（1）指针式万用表应在干燥、无振动、无强磁场的条件下使用。

（2）指针式万用表收藏时，一般应将开关旋至交流最高电压挡，以防止转换开关在欧姆挡时表笔短路。更重要的是，防止在下一次测量时不注意看转换开关的位置就测量电压而烧坏万用表。

（3）指针式万用表应经常保持清洁干燥，避免振动或潮湿。长期不用时，应将电池取出，以防日久电池变质渗液，使仪表损坏。

(4) 转换开关的位置应符合测量要求，这一点要特别仔细，否则稍有不慎，就可能带来严重后果。例如，若需要测量电压，而误选了电流或电阻挡，测量时就会严重损伤，甚至烧毁表头。因此，在选择测量种类以后，应仔细核对是否正确。

模块 4　使用数字式万用表测量直流(交流)电压、电流和电阻

一、操作说明

数字式万用表具有测置直流电压、直流电流、交流电压、交流电流及电阻等多种功能，其框图如图 1-22 所示。它包括电流—电压变换器（I-V）、交流电压—直流电压变换器（AC-DC）、电阻—电压变换器（Ω-V），这三种电路流经量程选择电路后，传递给 A-D 转换器的均为直流电压。当输入被测量为交流电流时，先经 I-V 变换器变为交流电压，再经 AC-DC 变换器输出。当输入被测量为直流电压时，经功能选择电路、量程选择电路后，直接进入 A-D 转换器。由此可见，数字式万用表是以测量直流电压为基础，配以各种变换器而实现多种电参量测量的。

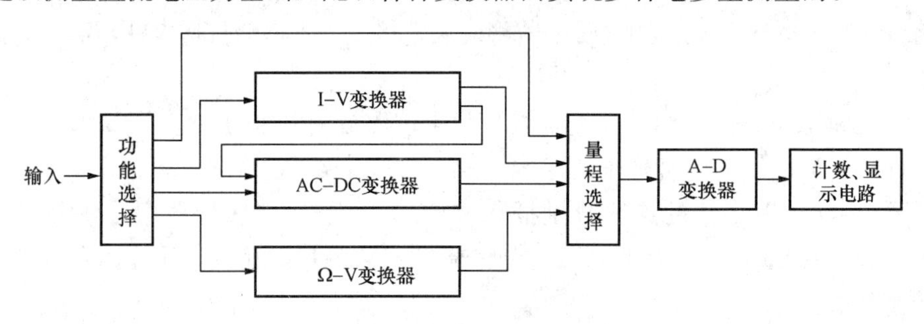

图 1-22　数字式万用表框图

数字式万用表与指针式万用表相比较，具有准确度高、测置种类多（除了用来测置电流、电压、电阻外，还能用来测量频率、周期、时间间隔、晶体管参数和温度等）、输入阻抗高、显示直观、可靠性高、过载能力强、测量速度快、扰干扰能力强、耗电少和小型轻便等优点。但是，数字式万用表也有它的不足之处，主要表现在它不易反映被测电量连续变化的过程以及变化的趋势。例如，用数字式万用表来观察电解电容的充放电过程，就不如指针万用表用得方便。数字式万用表的显示位数一般为 4～8 位，位数越多，精度越高。

二、操作步骤

(1) 测量直流电压：测电压时，应按要求将仪表与被测电路并联，如果误用交流电压挡去测直流电压，或误用直流电压挡去测交流电压，将显示“000”，或在低位上出现跳字。将功能量程选择开关拨到“DC V”区域内恰当的量程挡，红表笔

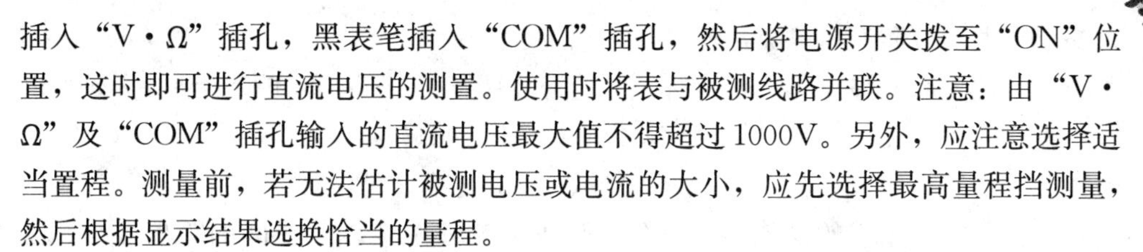

插入“V·Ω”插孔，黑表笔插入“COM”插孔，然后将电源开关拨至“ON”位置，这时即可进行直流电压的测置。使用时将表与被测线路并联。注意：由“V·Ω”及“COM”插孔输入的直流电压最大值不得超过1000V。另外，应注意选择适当置程。测量前，若无法估计被测电压或电流的大小，应先选择最高量程挡测量，然后根据显示结果选换恰当的量程。

（2）测量交流电压：将功能量程选择开关拨到“AC V”区域内恰当的置程挡，两表笔接法同上。将电源开关拨至“ON’的位置，即可进行交流电压的测量。使用时应注意，由两插孔接入的交流电压不得超过750V有效值，且要求被测电压的频率在45～500Hz范围内。

（3）测置直流电流：测电流时，应按要求将仪表串入被测电路，若无显示应首先检查0.5A的熔断丝是否接入插座。将功能量程选择开关拨到“DC A”区域内恰当的量程档，红表笔接“mA”插孔（被测电流小于200mA）或接“10A”插孔（被测电流大于200mA），黑表笔插入“COM”插孔，然后接通电源，即可进行直流电流的测量。使用时应注意，由“mA”，“COM”两插孔输入的直流电流不得超过200mA；由“10A”，“COM”两插孔输入的直流电流不得超过10A。

（4）测量交流电流：将功能量程选择开关拨到“AC A”区域内的恰当量程挡，其余的操作与测量直流电流时相同。

（5）测量电阻：用低挡（如用200Ω挡）测电阻时，为精确测量，可先将两表笔短接，测出两表笔的引线电阻，并根据此数值修正测量结果。将功能量程选择开关拨到“Ω”区域内的恰当量程挡，红表笔接“V·Ω”插孔，黑表笔接“COM”插孔，然后将电源接通，即可进行电阻测量。使用时应特别注意，不得带电测量电阻。进行电阻测置时，应手持两表笔的绝缘杆，以防人体电阻接入而引起测量误差。

（6）测量完毕，关闭电源，将量程选择开关旋到交流电压最高挡，以防下次开始测量时，忘记转换开关的位置就立即用万用表取测量电压，以致万用表被烧坏。

三、操作注意事项

（1）数字万用表显示器件采用的是液晶显示器，因而仪表的使用与保存应特别注意环境条件，不得超出指标中给出的温度和湿度范围，以免损坏液晶显示器。

（2）液晶显示器是利用外界光源的被动式显示器件，所以应在光线较明亮的环境中使用。

（3）仪表使用前，首先应根据所选择的测试功能，核对功能量程选择开关的位置及两表笔所接入的插孔，再将电源开关接通进行测量。严禁在测量高压或大电流

时拨动开关，以防产生电弧，烧毁开关触点。

(4) 测量时应注意欠压指示符号，若符号被点亮，应及时更换电池。为延长电池的使用寿命，在每次测量结束后，应立即关闭电源。

(5) 数字万用表在测量时，应待显示数值稳定后才能读数。

(6) 数字万用表的功能多，量程挡位也多相邻两个挡位之间的距离很小。因此，转换量程开关时动作要慢，用力不要过猛。在开关转换到位后，再轻轻地左右拨打一下，看看是否真的到位，以确保量程开关接触良好。

(7) 严禁在测量的同时旋动量程开关，特别是在测量高压、大电流的情况下，以防止产生电弧烧坏量程开关。严禁用电流挡测量电压。

(8) 如长期不用，应取出电池，以免因电池变质而损坏仪表。

(9) 尽可能养成单手操作的习惯，在电路上进行测量时，预先把一支表笔的金属端固定在被测电路的一端（如公共端），一只手拿着另一支表笔触碰被测电路的另一端，以保证注意力集中。

模块5　使用绝缘电阻表测试水电自动装置及二次回路绝缘电阻

一、操作说明

绝缘电阻表（兆欧表）用来测量电气设备的绝缘电阻，通常使用的绝缘电阻表线路如图1-23所示，其电源电压有500、1000、2500V等。绝缘电阻表有三个端子，即线路端子L、接地端子E和屏蔽端子G，被试绝缘接于L与E间。电压线圈1与电流线圈2绕向相反，并可带动指针旋转。由于没有弹簧游丝，故无反作用力矩。当线圈中无电流通过时，指针可取任一位置。

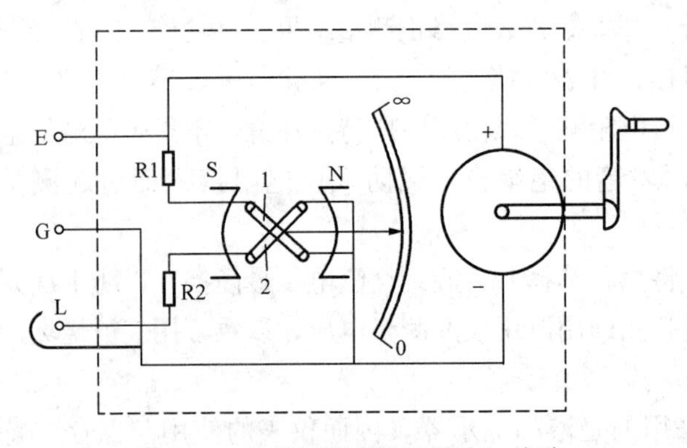

图1-23　绝缘电阻表（兆欧表）线路

绝缘电阻表按电源形式通常可分为发电机型和整流电源型两大类。发电机型一般为手摇（或电动）直流发电机或交流发电机经倍压整流后输出直流电压作为电源的机型；整流电源型为由低压50Hz交流电经整流稳压（或直接采用电池电源）、晶体管振荡器升压和倍压整流后输出直流电压作为电源的机型。

绝缘电阻表测量范围的选择原则是：不要使绝缘电阻表的测量范围（量程）超

出被测电阻的阻值太多，以免产生较大的读数误差；绝缘电阻表应按电气设备的电压等级选用。通常，电压等级高的电气设备要求的绝缘电阻大。因此，电压等级高的设备，必须用电压高的绝缘电阻表来测定。

数字式绝缘电阻表使用方法与绝缘电阻表测试方法相同。

二、操作步骤

（1）被试品接地放电。断开被试品的电源，拆除或断开对外的一切连线，将被试品接地放电。对电容量较大者（如高压电动机、电缆、大中型变压器和电容器等）应充分放电（5min）。放电时应用绝缘棒等工具进行，不得用手碰触放电导线。

（2）选用绝缘电阻表的电压等级和绝缘电阻量程，具体规格参考表1-6。

表1-6　　电气设备绝缘电阻及应选绝缘电阻表规格

被测对象	被测设备额定电压（V）	应选绝缘电阻表电压（V）
线圈的绝缘电阻	＜500	500
	＞500	1000
发电机绕组的绝缘电阻	＜300	1000
电力变压器、发电机、电动机绕组绝缘电阻	＞300	1000～2500
电气设备绝缘电阻	＜500	500～1000
	＞500	2500
绝缘子、母线、开关设备		2500～5000

用于极化指数测量时，绝缘电阻表短路电流不应低于2mA。

（3）检查绝缘电阻表。接线端子“E”接被试品的接地端，“L”接高压端，“G”接屏蔽端。将绝缘电阻表水平放稳，接被测绝缘电阻前，顺时针摇动绝缘电阻表手柄；当绝缘电阻表转速尚在低速旋转时，用导线瞬时短接“L”和“E”端子，其指针应指零。指针无法指到“0”的绝缘电阻表，说明有故障，必须修好后方可使用。绝缘电阻表达额定转速，开路时，其指针应指“∞”；若指不到，对于装有“无穷大”调节器的绝缘电阻表，则可调节绝缘电阻表上的无穷大调节器，使指针指到“∞”处；然后使绝缘电阻表停止转动，“L”和“E”端子对地放电。

（4）用干燥、清洁、柔软的布擦去被试品外绝缘表面的污垢，必要时用适当的清洁剂洗净，以保证测量结果的准确性。一般测量时，屏蔽接线柱不用，只有被测物表面漏电严重时才用；作一般绝缘测量时，可将被测物的两端分别接在绝缘电阻表的“L”和“E”两个接线柱上，接线如图1-24所示（图中被试物为电缆绝缘）。图1-24（a）所示接线用于测量电缆线芯对地的绝缘电阻，端子“L”接电缆线芯，端子“E”接电缆外皮（即接地）；图 1-24（b）所示接线用于测电缆两线芯间的绝缘电阻，端子“L”及“E”分别接于电缆两线芯上。为避免表面泄漏电流对测量造成误差，还应加装保护环，并接到绝缘电阻表屏蔽端子（G）上，以使表面泄漏电流短路，如图 1-24（c）所示。

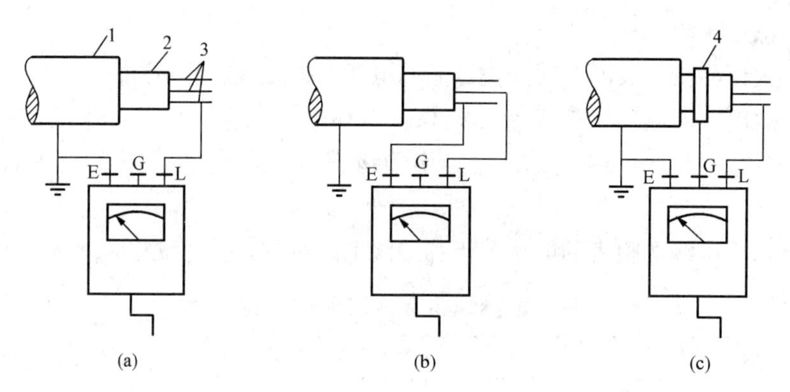

图 1-24　用绝缘电阻表测量电缆绝缘电阻的接线

（a）测对地绝缘；（b）测线芯间绝缘；（c）加保护环测对地绝缘

1—电缆金属外皮；2—电缆绝缘；3—电缆线芯；4—保护环

（5）接地测量时，将被测物的一端接绝缘电阻表的“L”端，而以良好的地线接于“E”端。同样，测电动机绕组绝缘电阻时，将电机绕组接于绝缘电阻表的“L”端，机壳接于“E”端。

（6）进行电缆缆芯对缆壳的绝缘测量时，除将被测缆芯导体接于“E”端外，还应将电缆壳与缆芯导体之间的内层绝缘物接屏蔽端钮“G”，以消除因表面漏电而引起的读数误差。绝缘电阻表的“L”端应接被测物，“E”端应接地（或电缆外壳），不能接反，否则会引起较大的测量误差。

（7）由慢到快顺时针转动发电机手柄，直到 120r/min 左右的恒速。根据指针指在绝缘电阻表标度尺的位置，读取被测绝缘电阻的数值。绝缘电阻随着测量时间长短的不同而不同，一般以 1min 以后的读数为准；遇到电容量特别大的被测物时，应待指针稳定不动时方可读数。摇动手柄时，切记忽快忽慢，以免指针摆动不停，影响读数。如发现指针指零时，不允许继续用力摇动，以防止损坏绝缘电阻表。

（8）读取绝缘电阻后，先断开接至被试品高压端的连接线，然后再将绝缘电阻表停止运转。测试大容量设备时更要注意，以免被试品的电容在测量时所充的电荷经绝缘电阻表放电而使绝缘电阻表损坏。

（9）断开绝缘电阻表后对被试品短接放电并接地。对电容量较大的被试设备，

其放电时间不应少于 2min。

（10）测量时应记录被试设备的温度、湿度、气象情况、试验日期及使用仪表等。

（11）对电气设备所测得的绝缘电阻，应按其值的大小，通过比较进行分析判断。所测得的绝缘电阻和吸收比不应小于一般允许值，若低于一般允许值，应进一步分析，并查明原因。

（12）试验数值的相互比较：将所测得的绝缘电阻与该设备历次试验的相应数值进行比较（包括大修前后相应数值比较），与其他同类设备比较，同一设备各相间比较，其数值都不应有较大的差别，否则必须引起注意，并加以妥善处理。由于温度、湿度、脏污等条件对绝缘电阻的影响很明显，因此在对试验结果进行分析判断时，应排除这些因素的影响，特别应考虑温度的影响。例如一般的绝缘，通常温度每下降 10℃，其绝缘电阻约增加 1 倍。所以，在对绝缘电阻进行比较时，应设法将不同温度下所测得的绝缘电阻换算到同一温度的基础上再进行比较。

三、操作注意事项

（1）不要用输出电压太高的绝缘电阻表去测低压电气设备，否则就有可能把设备的绝缘击穿。

（2）测试前，必须将被测设备的电源切除，并接地短路 2～3min，绝不允许用绝缘电阻表测量带电设备，包括电源切断了，但未接地放电的绝缘电阻。

（3）有可能感应出高电压的设备，在未消除这种可能性之前不得进行测量。例如，测量线圈的绝缘电阻时，应将该线圈所有端钮用导线短路连接后再测量。

（4）绝缘电阻表的接线端与被测设备之间的连接导线不能用双股绝缘线和绞线，应当用单股线分开单独连接，以避免绞线绝缘不良而引起测量误差。

（5）禁止在雷电时或在附近有高压带电导体的场合用绝缘电阻表测量，以防止发生人身或设备事故。

模块 6　水电自动装置单元板件的检查

一、操作说明

现代水电自动装置的电路多数是拔插形式的集成电路板（设备单元板），一般分为电源板、控制板、保护板等。为了保证自动设备安全可靠地运行，有效避免由于集成电路板连接不好、元器件管角开焊或表面电阻过大引起的设备温度过高、电路短路、电子元器件工作点漂移等故障，要求水电自动设备定期检查设备单元板。这是水电自动装置维护和检修的又一项重要基本工作。

二、操作步骤

（1）确认设备及单元板编号。

（2）操作人员使用接地除静电毛刷卸放掉身体上的静电。

（3）对设备验电、放电，确认单元板不带电，匀力拔出单元板。

（4）拆卸的每一个单元插件板用一个专用隔断防护，防止插件板间相互摩擦损坏元件，并防止碰伤印刷线路板上的元器件。

（5）各单元插件板拔下后，用毛刷清扫，并用无水乙醇将板上的尘土擦拭干净，特别是插头、插口部分。

（6）全面检查各插件板上元器件的连接点焊接是否牢固，各单元引出线是否断线或接触不良，各元器件不得有损坏。

（7）当需要对装置的内部引线进行焊接时，电烙铁功率必须小于25W，烙铁头必须接地。

（8）焊接后，重复检查各单元插件板内元件焊接，确保焊接牢固，无虚焊、漏焊和毛刺。

（9）写设备单元板检查记录。

三、操作注意事项

（1）杜绝用功率大于25W的电烙铁焊接单元板。

（2）严禁带电插拔单元电路板。

模块7 使用指针式万用表测量水电自动装置及二次回路电阻

一、操作说明

万用表工作在电阻挡时，就是一个多量程的电阻表，原理电路如图1-25所示，图中电源为干电池，其端电压为1.5V。电源与表头以及固定电阻R1相串联；R_c为表头内阻；ab两端钮中接入被测电阻R_x；R0为电阻表调零电阻，其作用是为了防止因干电池电压下降，导致指针不能满刻度偏转而造成测量误差。

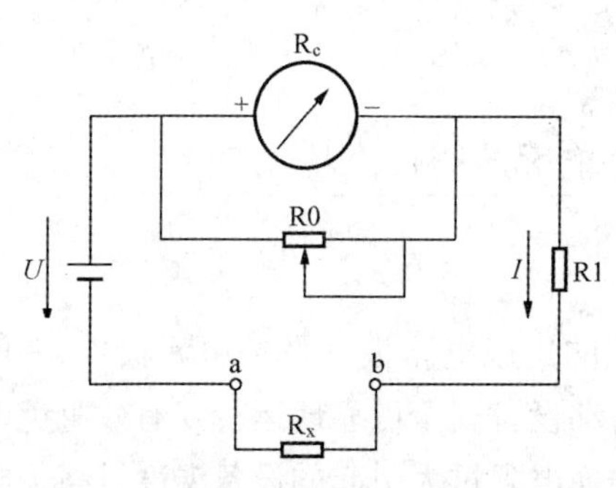

图1-25 万用表原理电路

如果表头标度尺预先设电阻刻度，则可直接用来测电阻。图1-25中R0对表头起分流作用，R1起限流作用。由于工作电流I

与被测电阻 R_x 不成比例，因此测量电阻的标度尺的分度是不均匀的，如图 1-26 所示。

在实际应用中，需要测置各种不同大小的电阻值，因此电阻表通常做成具有不同的欧姆中心值的多量程电阻表。为了共用一条标度尺，使读数方便，各挡欧姆中心值之间是十进式的。例如，$R\times1$ 挡的欧姆中心值为 12Ω，其他各挡就取 120、1200Ω、…，从而构成多量程电阻表的 $R\times10$ 挡、$R\times100$ 挡、…。被测电阻增大后，势必降低线路电流。为不影响表头灵敏度，在保持电池电压不变的情况下，改变测量电流的分流电阻值，低阻挡用小的分流电阻，高阻挡改用大的分流电阻。这样，虽然被测电阻增大，整个电路的电流却减小，通过表头的电流仍可保持不变，相同的指针读数所表示的被测电阻值都扩大了。

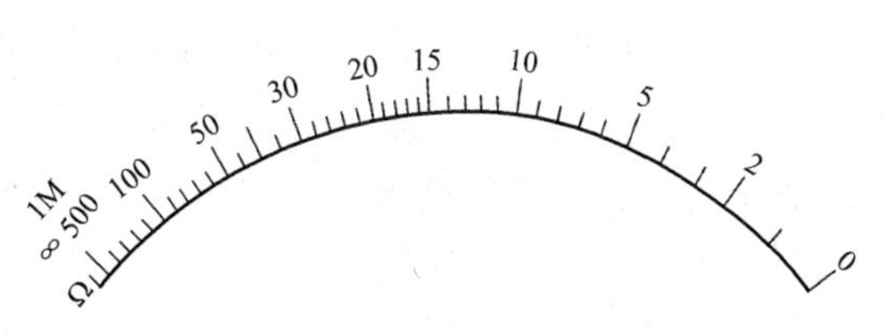

图 1-26 电阻表电阻刻度

二、操作步骤

（1）检查表的指针是否在机械零位，若不在零位，则用表头正面的螺钉调节表针零位。

（2）将万用表放在水平（或垂直）、不易受振动的位置，远离外磁场的环境中。

（3）检查被测对象，不能有并联支路。测量电路中某一电阻值时，如果不能确定是否有其他并联支路存在，就应把被测电阻的一端脱焊下来，然后再进行测量，以保证测量结果的准确度。

（4）测量电阻时，先将转换开关旋钮的鉴定旋至“Ω”挡区间，并选择适当的格率挡，使指针指在欧姆标度尺中间，越靠近中心点位置，读数越准确；越往左，读数越不准确。操作时，不允许手指接触两表笔金属端，也不能用两手分别捏住两表笔的金属端，以免引入人体电阻，使读数减小。

（5）进行欧姆调零，即将两表笔金属端短接，并同时转动欧姆调零旋钮，使指针刚好指在欧姆标度尺右边的零位上。若无法调至零点，说明表内电池电压太低，应重新更换电池。

（6）测量时，右手像拿筷子一样握住两表笔的绝缘部分。左手握住被测电阻中间位置，然后将表笔的金属端短接在电阻的两金属引脚上。

（7）读数时，被测电阻的阻值等于指针在欧姆标尺上所指示的数字乘以倍率挡的倍数。

（8）记录测量数据时，数据应包括试验时间、天气、试验主要仪表及精度、试

验数据、试验人等。

三、操作注意事项

(1) 使用电阻挡时，由于万用表的红表笔是接表内电池的负极，黑表笔是接电池的正极，因此用万用表测量晶体管（包括二极管和三极管及其他一些半导体元件）和电解电容等有正负极性元件时，要注意极性关系。

(2) 不同倍率挡测量时，流经同一被测元件的电流不同。倍率挡越低，电流越大，$R\times1$ 挡最大。最高倍率挡（如 $R\times10K$ 挡）多采用 9、12、15V，甚至 22.5V 的积层电池，电池电压较高。

(3) 不允许用欧姆挡表直接测量微安表表头及检流计内阻，也不能用来测试标准电池，否则都可能因电流过大而损坏被测元件。

(4) 在使用万用表欧姆挡的间歇时，两表笔金属端不允许短接，以免浪费电池。

(5) 严禁在被测电路带电的情况下测量电阻（包括电池的内阻）。带电测量电阻不仅测量结果不准确，还会损坏仪表。用万用表检查仪器上的电解电容时，应先将电解电容正负极短路一下，防止大电容上积存的电荷经万用表泄放，烧毁表头。

模块 8　水电自动装置及二次回路继电器的检查

一、操作说明

继电器是一种自动动作的电器，当控制它的物理量达到一定的数值时，能使它所控制的另一物理量发生突然的变化。例如，一个电流继电器，其控制量为电流互感器二次线圈所提供的交流电流，而被控制量为加到跳闸线圈上的直流电压。正常运行时，继电器的触点断开，跳闸线圈的电压为零。发生故障时，控制电流增大，继电器的触点闭合，跳闸线圈的电压突变为操作电源的电压，于是使断路器跳闸。

继电器是构成水电自动装置各系统的基本元件之一。为了和其他用途的继电器相区别，通常又将用于保护装置中的各种继电器统称为保护继电器。一般来说，在继电器的控制量和被控制量中，应至少有一个是电气量。控制量为电气量时，称为电量继电器，水电自动装置系统中的继电器大都属于此类。此外，还有反映非电量的继电器，如气体继电器、热继电器及压力继电器等。

继电器一般由感受元件、比较元件和执行元件三部分构成。感受元件用来反映控制量（如电流）的变化，并以某种形式传送给比较元件；比较元件将接受的量与预先给定的值（即整定值）相比较，并将比较的结果作用于执行元件；执行元件接受这个作用后动作，使被控量（如电压）发生突变，从而完成继电器所担负的任务。由于此种电器具有接受某一物理量的控制，并且在动作之后又继而控制另一个电路的性能，因此称为继电器。

继电器按在电路中的作用可分为测量继电器和辅助继电器两大类。测量继电器直接反映电气量的变化，按所反映电量的不同，又可分为电流继电器、电压继电器等。辅助继电器用来改进和完善电路的功能，按其作用的不同，可分为中间继电器、时间继电器及信号继电器等。

继电器的触点通常分为动合（常开）和动断（常闭）两大类型。所谓动合触点，是指继电器不通电或通电不足时，处于断开状态的触点。动断触点则指在上述相同条件下，处于闭合状态的触点。因此，给继电器加以所需的电压或电流时，其动合触点将闭合，而动断触点则断开。

目前，整流型及晶体管型继电器均已大量生产和使用。随着大规模集成电路的出现及微型计算机的发展，计算机型继电器已经用于水电自动装置系统中。这种继电器不仅具有速度快、特性好、可靠性高（可以连续不断地进行自检查并采取纠正措施）、灵活性强（通过不同的预编程序存储器模片便可构成不同的继电器）的特点，还可以对故障进行周全的分析和判断。随着微型计算机成本的不断下降，计算机继电器得到了迅速的发展和应用，这是当前控制技术发展的一个重要趋向。

二、操作步骤

1. 继电器内部及机械部分的检查操作

（1）确认设备编号。

（2）检查继电器内部，应确保清洁，无灰尘、油污，否则用镊子夹缠白布或棉花蘸酒精擦拭干净。

（3）检查继电器各可动机构间应清洁，无铁屑等杂物，机构无扭曲、卡涩。

（4）用手动作衔铁模拟继电器动作，释放数次，可动部分应动作灵活，动作范围应适当。

（5）检查各机械部件应完好，螺母螺栓应拧紧。

（6）检查弹簧无变形、弹性良好。

（7）检查触点的固定应牢固，无折伤，触点接触面应光滑明亮；若有发黑或烧损现象，用金相砂纸擦拭或用酒精棉白布带蘸酒精擦拭，严禁使用粗砂纸或挫等。

（8）动合触点一般开距在 2mm 以上，闭合以后要有足够压力，即接触后有明显的共同行程；动断触点的接触应紧密可靠，并有足够的压力，断开开距在 2mm 以上，触点接触时应中心相对无偏移。

(9) 记录检查事项。

2. 继电器电路部分的检查操作

(1) 检查继电器铭牌、规格应符合现场使用要求。

(2) 使用万用表检查继电器内部线圈、导线及辅助元件连接情况。

(3) 检查导线有无折断、绝缘有无破裂等现象。

(4) 检查接线鼻无脱落，焊接头无虚焊或脱焊，否则重新焊牢。

(5) 检查继电器内部相邻端子的接线端之间应有一定的绝缘距离，以免相碰造成短路。

(6) 用对线灯或万用表的二极管挡检查每对触点，在触点接通与断开的瞬间对线灯能即亮即灭，万用表显示从 0 到 1，亮度与对线灯短接相同。

(7) 记录检查事项。

3. 继电器绝缘的检查操作

(1) 检查 500V 绝缘电阻表是否良好。

(2) 全部端子用短路线短接，用 500V 绝缘电阻表检查端子对底座和磁导体的绝缘电阻，全部端子对底座和磁导体的绝缘电阻不小于 50MΩ。

(3) 用 500V 绝缘电阻表检查双线圈继电器各线圈间的绝缘电阻不小于 10MΩ。

(4) 用 500V 绝缘电阻表检查线圈对触点的绝缘电阻不小于 50MΩ。

(5) 用 500V 绝缘电阻表检查各触点间、动合的动静触点间绝缘电阻不小于 50MΩ。

(6) 记录检查事项。

三、操作注意事项

(1) 不损伤元件。

(2) 防止机械事故。

(3) 绝缘电阻不符合要求的继电器要进行更换。

模块 9 使用数字式万用表辨别二极管的极性及质量

一、操作说明

利用数字万用表的二极管挡，可以判定二极管的正负极、管子的类型及质量。当数字万用表拨至二极管挡时，红表笔带正电，黑表笔带负电。

二、操作步骤

(1) 按照图 1-27 所示电路连接测试线路。

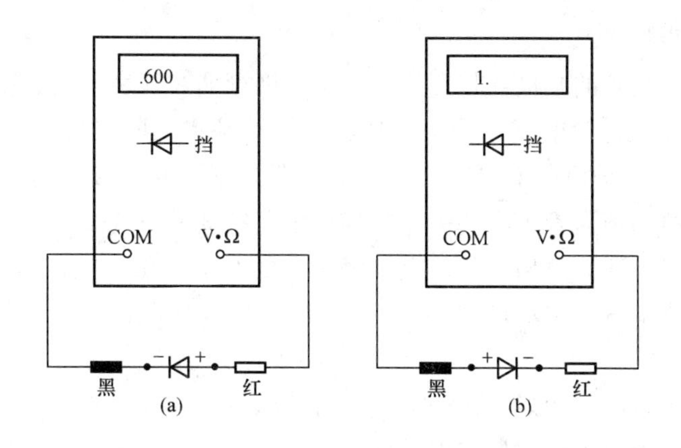

图 1-27　用数字万用表测试二极管的电路连接

(2) 用两表笔分别接触二极管两极，若显示值如图 1-27（a）所示，为 0.6V 或 0.2V 左右，说明二极管处于正向导通状态，红表笔接的为正极，黑表笔接的为负极。显示的数值为二极管的正向导通压降。

(3) 若反接两表笔，显示的结果应如图 1-27（b）所示，为溢出符号“1”。

(4) 当二极管测试线路如图 1-27（a）所示，且显示值为 0.2V 左右时，该二极管为锗管；显示值为 0.6V 左右时，二极管为硅管。

(5) 检查二极管质量。用两表笔接触二极管两极，显示结果为溢出符号“1”，且反接两表笔仍显示溢出符号，说明该二极管内部断路。两次测量结果均显示“000”，说明二极管已击穿短路。

(6) 写测量记录，测量数据应包括试验时间、天气、试验主要仪器及精度、试验数据、试验人等。

三、操作注意事项

(1) 测量二极管电阻时，必须保证被测电路不带电。

(2) 进行电阻测量、检查二极管及线路通断时，红表笔接“V·Ω”插孔，带正电；黑表笔接“COM”插孔，带负电。该种情况与指针式万用表正好相反，使用时应特别注意。

模块 10　使用数字式万用表辨别三极管的极性及质量

一、操作说明

利用数字万用表可判断晶体三极管的电极、管子的类型及测量管子的共发射极静态电流放大系数。

二、操作步骤

（1）判断三极管的基极：将万用表拨至二极管挡，红表笔固定接触一电极，黑表笔依次分别接触另两电极，若两次显示的结果基本相同（均显示溢出符号“1”或均显示1V以下数值），说明红表笔所接的即为管子的基极。两次显示的结果不同，红表笔所接的不为管子的基极，应将红表笔换接另一电极，继续判断。

（2）判断三极管的类型：红表笔接触管子的基极，黑表笔分别接触另两电极，若显示结果均为0.6V左右，则管子为NPN型；若显示结果均为溢出符号“1”，则管子为PNP型。

（3）判断集电极和发射极，测量共发射极静态电流放大系数：根据三极管的类型，将数字万用表拨至相应的三极管挡。如NPN挡，将管子基极插入B孔，另两极分期插入C、E孔，若这时显示的共发射极静态电流放大系数值为几十至几百，说明管子c极、e极判断正确，管子处于正常接法，放大系数较高；若显示的值为几至十几，说明管子c极、e极判断错误，管子无法正常工作，放大系数较低。经过上述两次判断，即可找出三极管的集电极c和发射极e。

（4）记录测量数据。

三、操作注意事项

测量三极管时，必须保证被测电路不带电。

模块11　水电自动装置及二次回路熔断器的安装和更换

一、操作说明

熔断器是水电自动装置二次电路中常用的短路保护电器，安装时要串接在被保护的电路中。常用的熔断器有瓷插式、螺旋式、无填料封闭管式和有填料封闭管式等，其外形如图1-28所示。

二、操作步骤

1. 熔断器的安装

（1）检查熔断器的型号、额定电压、额定分断能力等参数是否符合规定要求。熔断器内所装熔体的额定电流只能小于或等于熔断器的额定电流。

（2）安装位置间有足够的间距，以便于拆卸、更换熔体并保证电气距离。瓷质熔断器在金属底板上安装时，其底座应垫软绝缘衬垫。熔断器安装要牢固，无机械损伤。

（3）当熔体为熔丝时，熔丝长度应按安装位置预留长一些；固定熔丝的螺栓应加平垫圈，将熔丝两端沿压紧螺栓顺时针方向绕一圈；拧紧时要防止平垫圈与熔丝

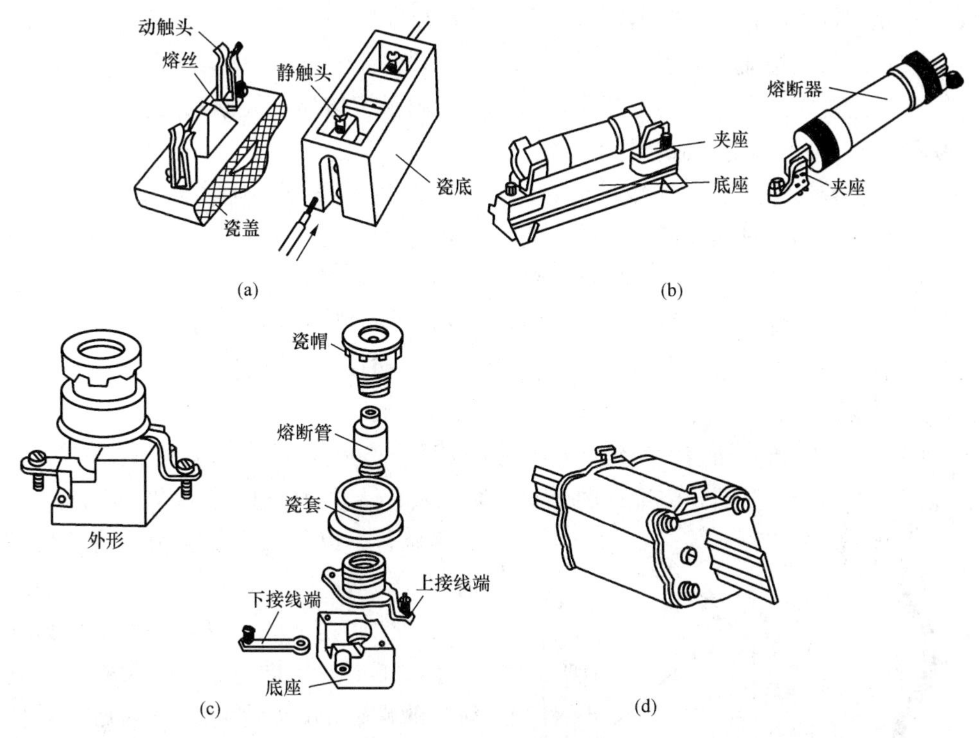

图 1-28　熔断器外形

（a）瓷插式熔断器；（b）无填料封闭管式熔断器；（c）螺旋式熔断器；（d）有填料封闭管式熔断器

随着转动，并且不要拧得太紧或太松，以免损伤熔丝或接触不良，造成正常工作时过热而熔断。

（4）将瓷插式熔断器电源进线接上接线端子，电气设备接下接线端子。安装引线要有足够的截面面积，拧紧接线螺钉，避免接触不良。针孔式接线端子接线如图 1-29 所示。

（5）将螺旋式熔断器的电源进线接在底座中心端的下接线端上，出线接在螺纹的上接线端上，线要压牢，不可松动，以保持良好的接触。熔断管上的熔断器指示器朝外放置，通过瓷帽上的玻璃窗能看到熔体是否熔断的指示。

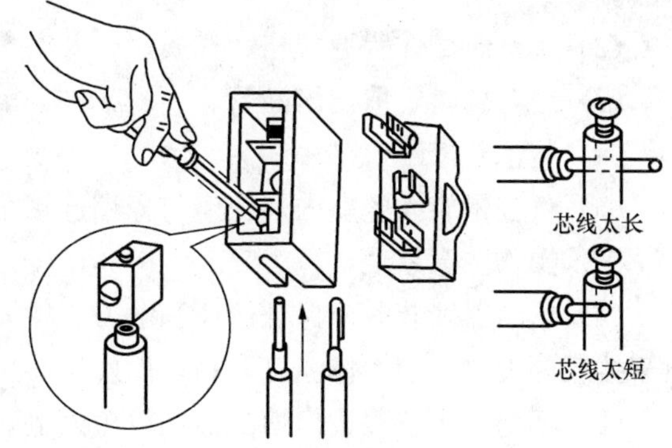

图 1-29　针孔式接线端子接线

2. 瓷插式熔断器熔丝的更换

（1）更换熔丝前，首先断开负

载。不允许带负载拔出熔断器，以免因电弧引起事故。

（2）确认新熔体为原规格、材质。

（3）用规定的把手拔出熔断器，不要直接用手拔熔体（熔断后外壳温度很高，容易烫伤），也不可用不适合的工具插入与拔出。

（4）安装熔体时要保证接触良好，不允许有机械损伤，否则准确性将大大降低。正常使用的熔丝熔断后，不能用几根小熔丝代替原来的一根熔丝，也不能用不同材质的熔丝代替。作为应急措施，多根熔丝并联使用时，不应绞扭在一起，否则散热条件差，会降低熔断电流。使用熔片的熔断器熔断后，必须用相同规格的熔片更换；不能用大电流熔片裁剪后当作小电流熔片使用，否则将改变熔片的熔断特性，同时熔断电流也不能准确掌握，影响保护性能。

（5）在熔断器瓷插盖上安装熔丝的方法是：先旋松瓷插盖上动触头上的螺钉，在螺钉上加一个平垫圈，将选好的熔丝一端按顺时针方向弯过一圈绕在螺钉上，再旋紧螺钉，以保证良好接触。将熔丝顺槽放入，槽两旁的熔丝应凹下，以防插入时被瓷底座上的凸背切断。熔丝另一端也按顺时针方向弯过一圈绕在另一动触头的螺钉上，旋紧螺钉。因熔丝质地较软，故在操作过程中要注意防止压伤或压断熔丝。熔丝安装如图 1-30 所示。

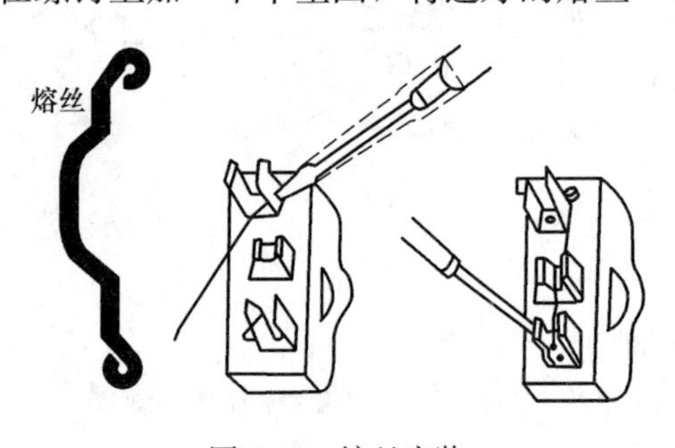

图 1-30　熔丝安装

（6）将瓷插盖插入熔断器，瓷插盖与熔断器连接牢固、不松动。

3. 螺旋管式熔断器的熔体更换

（1）更换熔体前，首先断开负载。不允许带负载旋出熔断器，以免因电弧引起事故。

（2）确认新熔体为原规格、材质。

（3）旋开瓷帽，取出熔断管。

（4）装上新熔断管。

（5）将瓷帽旋入瓷座内，瓷座与瓷帽连接牢固、不松动。

三、操作注意事项

（1）熔断器安装时应保证熔体和触刀、触刀和触刀座之间接触紧密可靠，以免由于接触处发热，使熔体温度升高，而发生误熔断。

（2）不允许带负载拔出熔断器，以免因电弧引起事故。

（3）更换熔断器熔丝前，必须先查清溶丝熔断的原因。排除短路或其他故障后

才能换上原规格的熔丝，再接通电源，否则换上新熔丝后还会熔断。

模块 12　水电自动装置及二次回路热继电器的安装

一、操作说明

通常使用的热继电器是一种双金属片式热继电器，它由热元件、触头系统、动作机构、复合按钮和电流整定装置等组成，其外形和结构如图 1-31 所示。

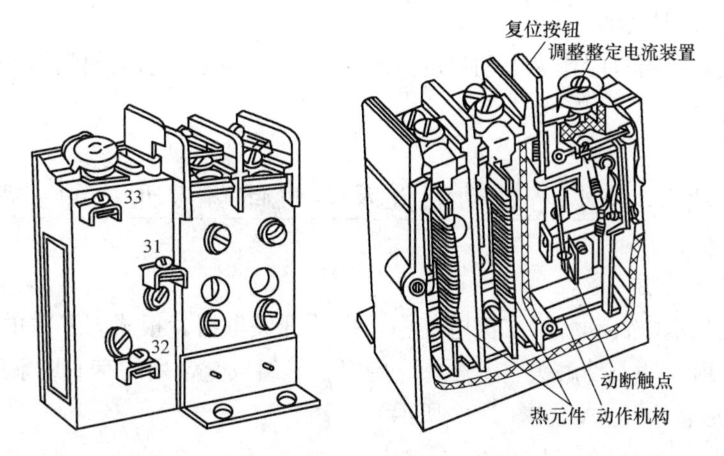

图 1-31　热继电器外形和结构

热继电器主要用来作交流电动机的过载保护，常与交流接触器组合成磁力启动器。电动机的短时过载，只要电动机绕组不超过允许温升，这种短时过载是允许的。但电动机的绕组超过允许温升时，电动机过热会加速绝缘老化，这样就会缩短电动机的使用寿命，严重时还会使电动机绕组烧坏。因此，常用热继电器作为电动机的过载保护。

二、操作步骤

(1) 确认安装地点。

(2) 安装热继电器时，应核对其规格是否符合控制对象的过载保护技术要求，以免误装。

(3) 热继电器的安装方向必须与产品说明书中规定的方向相同，误差不应超过 5°。

(4) 热继电器与其他电器安装在一起时，应注意将其装在其他发热电器的下方，以免动作特性受到其他电器发热的影响。

(5) 将热继电器的热元件串联在主电路中，其动断控制触头应串联在辅助电

路中。

(6) 按电动机的额定电流调整热继电器的整定电流，绝不允许弯折双金属片。

(7) 把热继电器置于手动复位的位置上，若需要自动复位时，可将复位调节螺钉以顺时针方向向里旋足。

三、操作注意事项

(1) 接触器安装牢固。

(2) 接线应连接正确、牢固可靠。

(3) 无机械损伤。

(4) 热继电器只能作为电动机的过载保护，而不能作为短路保护，常与接触器和熔断器组合使用。

模块 13　水电自动装置及二次回路刀开关的安装

一、操作说明

刀开关是水电自动装置二次电路中常用的开关电器。板式刀开关的结构简单、应用广泛，由手柄、动触头、静触头、绝缘板等组成，常用的有 HD 系列刀开关和 HS 系列刀形转换开关，如图 1-32 所示。

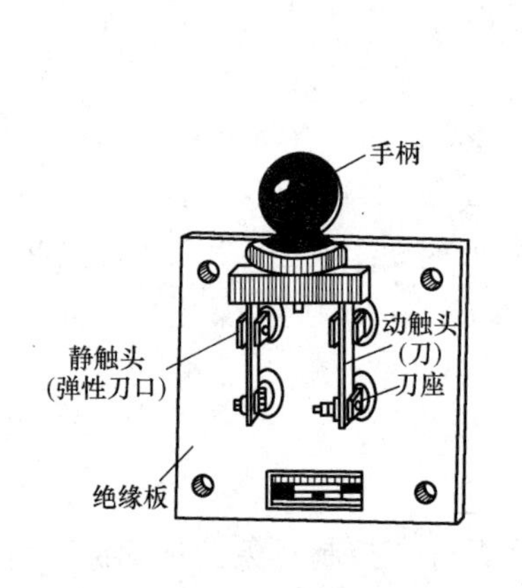

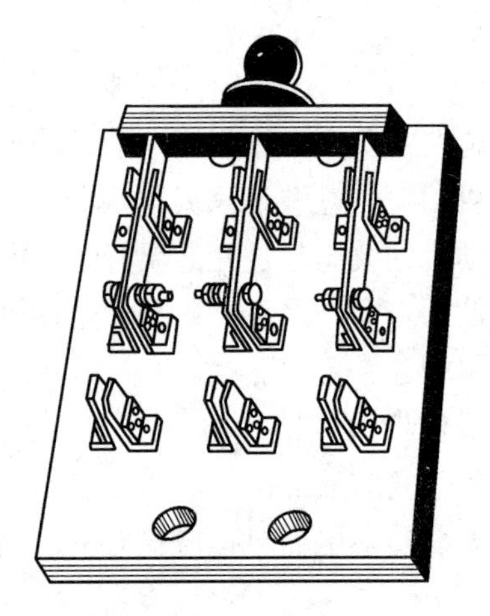

图 1-32　HD 系列刀开关和 HS 系列刀形转换开关

开启式负荷开关由刀开关、熔体、接线座、胶盖和瓷质底座等组成，其外形和内部结构如图 1-33 所示。开关瓷质底座上装有静插座、接熔体的端子、带瓷质手柄的闸刀等，并有上、下胶盖来遮盖电弧，使人手在开关合闸状态下不会触及导电体。

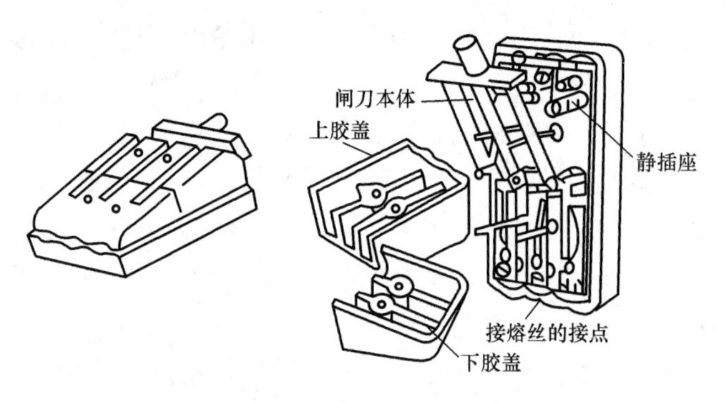

图 1-33　开启式负荷开关外形和内部结构

开启式负荷开关适用于额定电压为交流 380V（或直流 400V）、额定电流不超过 60A 的二次回路和设备中，供不频繁地手动接通和切断负载电路，并具有短路或过载保护作用。负荷开关的底座上部有两个接线端子，它连接静触头，接电源进线用。负荷开关的底座下部有两个接线端子，通过熔丝与闸刀相连，接电源引出线。当闸刀拉下时，刀片（即动触片）和熔丝上都不带电。由于没有灭弧装置，因此适当降低负载容量后，三极开关也可作为小容量异步电动机不频繁直接启动和停止的控制开关。

二、操作步骤

1. 板式刀开关的安装

（1）刀开关垂直布置安装在开关板上，并使动触头在静触头下方。闭合操作时，手柄操作方向应从下向上；断开操作时，手柄操作方向应从上向下。不准横装或倒装，否则当刀开关断开时，若支座松动，闸刀会在自重作用下掉落而发生误合闸动作。

（2）将母线与刀开关接线端子相连接，不应产生过大的扭应力。

（3）安装杠杆操作机构，调节好连杆的长度，以保证操作到位且灵活。

（4）把电源进线接在静触头接线端（即刀开关的上端），把负荷引出线接在动触头接线端（即刀开关的下端），不可接反。刀片和插座接触的地方要成直线，不应扭曲。

2. 开启式负荷开关的安装

（1）垂直安装开启式开关，使闭合操作时手柄的操作方向为从下向上合，断开操作时手柄的操作方向应从上向下分。不允许平装或倒装，以防止操作手柄因重力落下时引起误合闸，造成事故。

（2）把电源进线接在开关上方的进线座接线端子上，用电设备的引线接到下方的出线座接线端上，使开关断开时，闸刀或熔体不带电。这样，当拉开闸刀更换熔丝时就不会发生触电事故。

(3) 将螺钉拧紧，如果接线端孔眼较大，而导线又较细，可将接线线头的塞入部分弯成双根，用钳子夹拢后塞入孔内再拧紧螺钉。若连接处松动，会在该处产生高温，使闸刀过热。

(4) 安装后应检查刀片与夹座是否成直接接触，若刀片与夹座歪扭或夹压力不足，应用电工钳夹住，扳直、扳拢。

(5) 更换熔丝时必须在拉开闸刀的情况下进行，按负载容量计算选配熔丝。

三、操作注意事项

(1) 保持刀开关三相同时合闸而且接触良好，如接触不良，常会造成单相断路；对于三相笼型感应电动机负载，还会发生因电动机缺相运行而烧坏绕组绝缘的事故。

(2) 刀开关的主要部分都是裸露的带电体，它与周围的金属架构（都是接地）应保证规定的安全距离。

(3) 室外安装开启式负荷开关时，应装在木箱或铁箱内，做好防雨措施。

(4) 使用负荷开关时必须装接熔断器。

模块 14　水电自动装置及二次回路导线的选择及连接

一、操作说明

二次设备回路常用的绝缘导线，按其绝缘材料可分为橡皮绝缘线和塑料绝缘线，按线芯材料可分为铜芯线和铝芯线，按线芯根数可分为单股（独股）线和多股线，按绝缘层外有无保护层可分为有保护套线和无保护套线，按绝缘导线的柔软程度又可分为软线和硬线等几种。常用的绝缘导线的形式如图 1-34 所示。

二、操作步骤

1. 导线的选择

(1) 导线种类的选择：潮湿的室内和有腐蚀性气体的厂房内均应采用塑料绝缘导线，以便提高绝缘水平和抗腐蚀能力。比较干燥的屋内可以采用橡皮绝缘导线。但对于温差变化不大的室内，在日光不直接照射的地方，也可采用塑料绝缘导线。端子排间连接线，一般选择独股铜芯塑料硬线；经常移动的导线，如移动电器的引线、吊灯线等，应采用多股软线。

(2) 导线截面面积的选择：室内布线的导线截面面积，应根据导线的允许载流量、线路的允许电压损失值、导线的机械强度等条件进行选择。一般先按允许载流

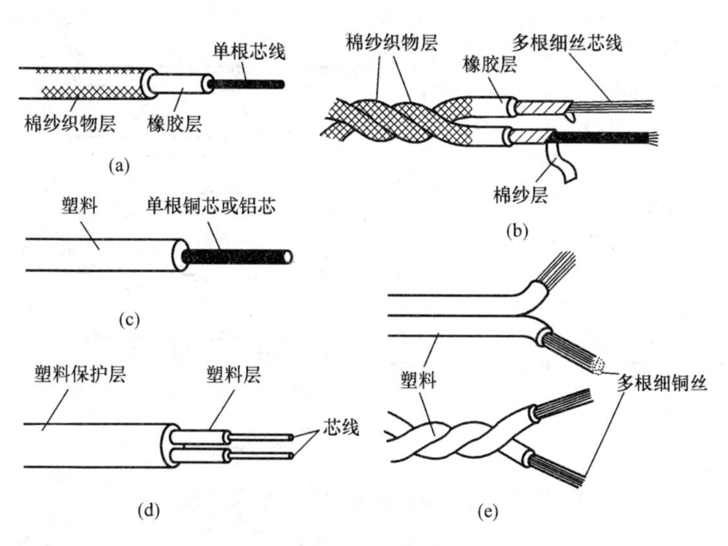

图 1-34　常用的绝缘导线的形式

(a) 皮线；(b) 花线；(c) 独股硬线；(d) 多股硬线；(e) 多芯软线

量选定导线截面面积，再以其他条件进行校验。如果该截面面积满足不了某校验条件的要求，则应按不能满足的该条件的最小允许截面面积来选择。许多导线的外层是耐热性能较差的聚氯乙烯塑料，如果导线不断升温，导线的绝缘层会被烧坏，引起火灾或短路事故。因此，在选择导线时要注意每种导线的安全载流量（安全电流或允许载流量），即指在不超过它们最高工作温度的条件下，允许长期通过的最大电流。同一种材料（如铜）制作的导线，截面面积越大，即导线越粗，安全载流量越大。在选择导线粗细时既要保证安全，又要注意节约，尽量做到物尽其用。具体选择导线时，首先应根据家中用电器的总功率和电压，算出通过电路的总电流；再根据算出的总电流大小，从导线的安全载流量表中查出所需导线的横截面面积，一般应使导线的安全电流稍大于电路中可能出现的最大电流。照明电路中所用的导线较长时，除要考虑安全因素外，还要考虑导线上的电压降和导线的机械强度。

2. 导线绝缘层剥切

导线在连接前必须先将导线端部的保护层和绝缘层锯去。不同的保护层和绝缘层的剥削方法和步骤也不相同。导线端部绝缘层的剥削长度要根据连接时的需要来确定。剥削过长会造成浪费，剥削太短容易影响连接质量。

(1) 独股塑料硬导线线头绝缘层的剥削如图 1-35 所示。用电工刀以 45°角斜切入塑料绝缘层，不可切入芯线。切入后将电工刀与芯线保持 15°角左右，用力要均匀，向线端推削，注意不要割伤金属芯线，否则会降低导线的机械强度并增加导线

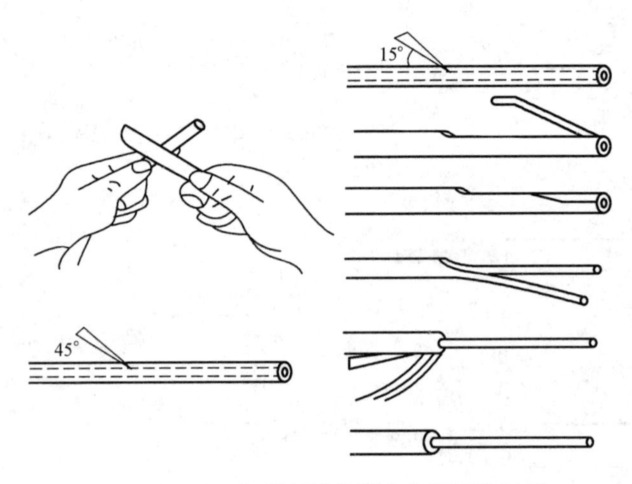

图 1-35　独股塑料硬导线线头绝缘层的剥削

的电阻。削去一部分塑料层，把剩下的塑料层翻下，用电工刀在根部切去这部分塑料层，线端的塑料层全部剥去，露出芯线。

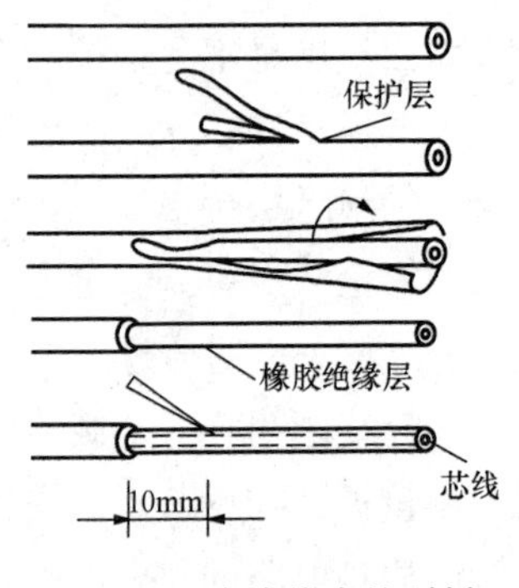

图 1-36　皮线线头的剥削

(2) 皮线线头的剥削如图 1-36 所示。在皮线线头的最外层用电工刀割破一圈，削去一条保护层，将剩下的保护层剥割去，露出橡胶绝缘层；在距离保护层约 10mm 处，用电工刀以 45°角斜切入橡胶绝缘层，并按独股塑料硬线的剥削方法剥去橡胶绝缘层。

(3) 花线线头的剥削：花线最外层棉纱织物保护层的剥削方法和内层橡胶绝缘层的剥削方法类似皮线线端的剥削。由于花线最外层的棉纱织物较软，因此可用电工刀将四周切割下圈后用力拉去。花线的橡胶层剥去后就露出了里面的棉纱层，用手将棉纱松散开，用电工刀割断棉纱，线端的保护层和绝缘层都被除去后，即露出芯线。

(4) 护套线线头的剥削：先用电工刀把护套线的最外层护层划一圈环形深痕，注意不可切破。若是塑料护套线或橡胶护套线，要对准线芯缝隙，用电工刀尖沿导线长度方向把护套层割破，然后翻转护套层并从根部切去。若是铅包线，做环形切口后，要用双手来回扳动切口处铅护层，最后把铅层沿切口折断，就可把铅层套拉出；露出绝缘层后，在距保护套层边绝约 10mm 处，按塑料线的剥削方法剥掉绝缘层。

(5) 塑料多芯软线线头的剥削：这种线不要用电工刀剥削，否则容易切断芯线；可以用剥线钳剥离塑料绝缘层，也可用钢丝钳剥离。用剥线钳时，注意导线必

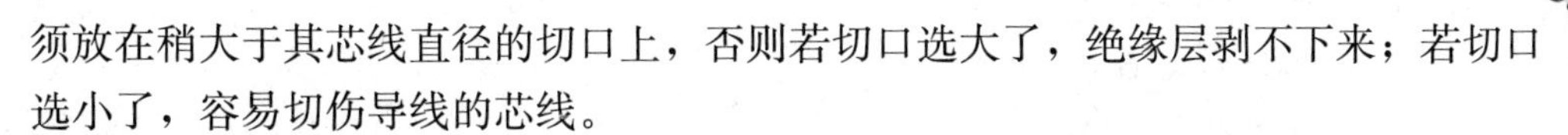

须放在稍大于其芯线直径的切口上，否则若切口选大了，绝缘层剥不下来；若切口选小了，容易切伤导线的芯线。

3. 导线芯线的连接

（1）导线与接线端子的连接：若接线端子是针孔式，且芯线较粗，则只要把芯线插入针孔，旋紧螺钉即可。这时要注意导线的芯线不能太长，也不能太短。如果导线芯线较细，则要把芯线折成双股，再插入针孔。若接线端子是螺钉压接式，在螺钉压接式接线端子头上接线时，若是独股芯线，要先用尖嘴钳的钳口把芯线弯成一个圆圈，套在螺钉上，再旋紧螺钉。圆圈弯曲的方向要与螺钉拧紧的方向一致，否则在拧紧螺钉时，线头圆圈有可能松开。圆圈的大小要适当，最好只比螺钉大一些，圆圈应尽量弯圆，根部长短应适当，圆圈弯成后余下的芯线要剪去。如果是多根细丝的软线芯线，则要先将芯线绞紧后，再顺着螺钉拧紧的方向绕螺钉一圈，再在线头的根部绕一圈，然后旋紧螺钉，最后剪去余下的芯线，如图 1-37 所示。导线端头接到接线柱上或压装在螺母下时，一定要使接触面光洁，连接紧密、牢固，使接触电阻最小。

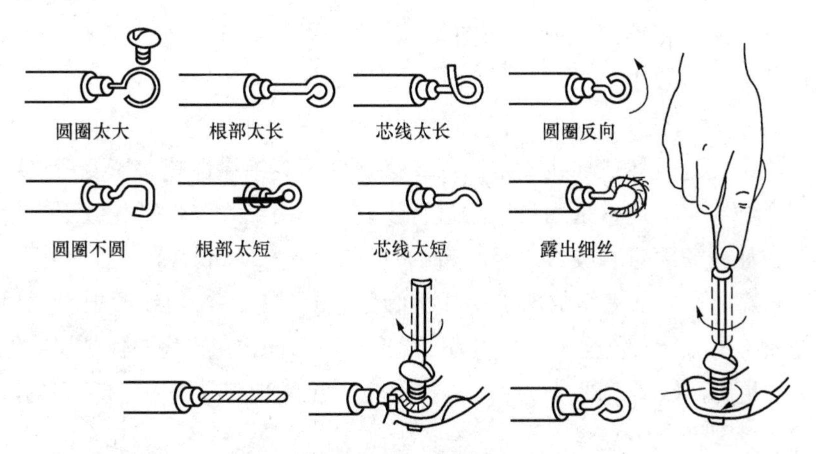

图 1-37　螺钉压接式接线端子接线

（2）独股铜芯硬线芯线的连接：一字形直线连接，如图 1-38（a）所示。连接时，先把两线端 X 形相交，互相绞合 2～3 圈，然后扳直两线端，将两线端分别在另一线上紧密地缠绕 5～6 圈。将多余的线头剪去，使端部紧贴导线，并去掉切口毛刺。采用 T 字形分支连接时，要把支线芯线线头与干线芯线十字相交，使支线芯线根部留出 3～5mm。较小截面面积的芯线先环绕成结状，再把支线线头抽紧扳直，紧密地缠绕 6～8 圈，然后剪去多余芯线，去掉切口毛刺。较大截面面积的芯线绕成结状后不易平服，可在绞接处先用手将支线在干线上粗绕 1～2 圈，再用钢

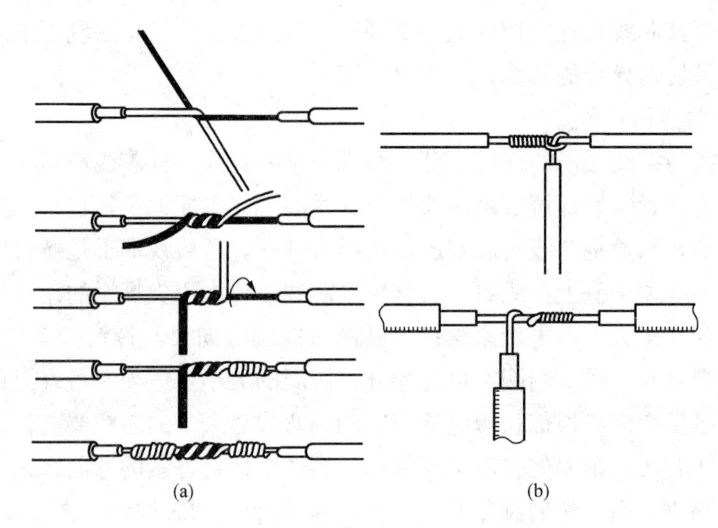

图 1-38　硬线芯线一字形、T 字形分支连接
(a) 一字形直线连接；(b) T 字形分支连接

丝钳紧密绕 5 圈，将余线割掉，如图 1-38（b）所示，连接处应美观，连接紧密、牢固，使接触电阻最小。

4. 导线绝缘的恢复

导线绝缘层被破坏或导线连接以后，必须恢复其绝缘性能。恢复后绝缘强度不应低于原有绝缘层。通常采用包缠法进行恢复，即用绝缘胶带紧扎数层。绝缘材料有黄蜡带、涤纶薄膜带和胶带。绝缘带的宽度为 15～20mm。

（1）包缠时，先从完整的保护层或绝缘层上开始包缠，包缠两根带宽后方可进入连接处的芯线部分。包至连接处的另一端时，也需同样包入完整保护层或绝缘层上两根带宽的距离，如图 1-39（a）所示。包缠时，绝缘带与导线应保持 55°的倾斜角。

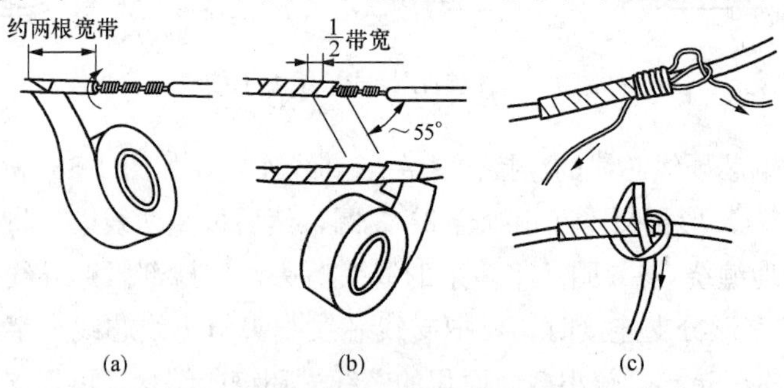

图 1-39　绝缘带的包缠
(a) 初步包缠；(b) 半叠包法缠绕；(c) 包缠后扎紧

（2）缠绕时用半叠包法，如图1-39（b）所示。先从左向右包缠，使每圈的重叠部分为带宽的1/2，包缠一层绝缘胶带后，取同样规格的绝缘胶带接在第一层的尾端，再由右向左按另一斜叠方向包缠一层，也要每圈压叠半幅带宽。

（3）包缠完毕后用绝缘带自身套结扎紧，方法如图1-39（c）所示。

（4）220V线路上的导线恢复绝缘层时，先包缠土层黄蜡带（或涤纶薄膜带），然后再包缠一层黑胶带，或用胶带采用"三叠两次一回头"的方法直接包缠。

（5）380V线路上的导线恢复绝缘层时，先包缠2～3层黄蜡带（或涤纶薄膜带），然后再包缠2层黑胶带，或用胶带采用"三叠两次一回头"的方法直接包缠。包缠绝缘带时应紧密、坚实。带与带之间应粘合在一起，以免潮气侵入。

5. 测量导线电阻

用万用表（或数字万用表）相应的电阻挡粗略测量导线电阻，使之符合要求。

6. 清理现场

以上操作结束后，清理现场。

三、操作注意事项

（1）不损伤绝缘层及线芯。

（2）截面面积在10mm^{2}以下的单股导线、截面面积在4mm^{2}以下的多股导线以及截面面积在2.5mm^{2}以下的软线，可以直接接到用电设备的接线柱上。

（3）单股导线的线头，应按顺时针方向弯成比接线柱直径略大的圆圈，然后套在接线柱上，将螺丝拧紧。

（4）多股导线或软线的线头，必须预先将其绞紧，再焊上焊锡，使线头成为一个整体，像单股导线一样，然后按单股导线的安装办法连接。

（5）截面面积在10mm^{2}以上的单般导线、截面面积在4mm^{2}以上的多股导线以及截面面积在2.5mm^{2}以上的软线，由于线粗，不容易弯成圆圈，同时接头的接触面太小、传导电流大、容易发热，因此应焊装铜接头。

（6）包缠时不从完整的保护层或绝缘层开始，或各圈之间叠得过疏、过密，甚至露出芯线，都是不允许的。失去黏性的黑胶布不可使用，更不可用医用胶布来代替绝缘胶布。

科 目 小 结

本科目就水电自动装置现场维护和检修工作，按照培训目标，以自动装置维护和检修工作中的基本技能操作为主要培训内容，对自动装置技术图纸的识图，自动装置电流和电压的测量，自动装置元器件、单元板及自动装置的绝缘的测试，自动装置及元器件的清洁、检查，二次回路的配盘，控制电缆的连接，热继电器、熔断器的检查、调整、安装和更换，刀开关的安装和更换等常规技能操作项目进行了详细的阐述。

通过本科目的技能操作培训，使水电自动装置检修工能正确运用安全规程和维护检修规程，掌握自动装置维护检修工作中规范的维护检修工艺，标准的测量、检查步骤，正确的安装、调试方法。

练 习 题

1. 二次原理接线图分为几种形式？各有何特点？

2. 在二次回路图中，同一设备的各个元件位于不同回路的情况较多，怎样把它们联系起来？

3. 怎样阅读二次安装图、端子排图？

4. 如何清扫水电自动装置及二次回路？

5. 怎样用指针式万用表测量直流电压、交流电流？

6. 怎样读取交流电压、直流电流和电阻测量值？

7. 使用绝缘电阻表测试水电厂自动装置及二次回路绝缘电阻时应注意什么？

8. 检查水电厂自动装置单元板件的步骤有哪些？

9. 二次回路热继电器的安装步骤有哪些？

10. 水电厂自动装置及二次回路继电器的检查项目有哪些？

11. 怎样使用数字式万用表辨别二极管的极性及质量？

12. 怎样使用数字式万用表辨别三极管的极性及质量？

13. 水电自动装置及二次回路熔断器怎样安装和更换？

14. 水电自动装置二次回路导线怎样选择和连接？

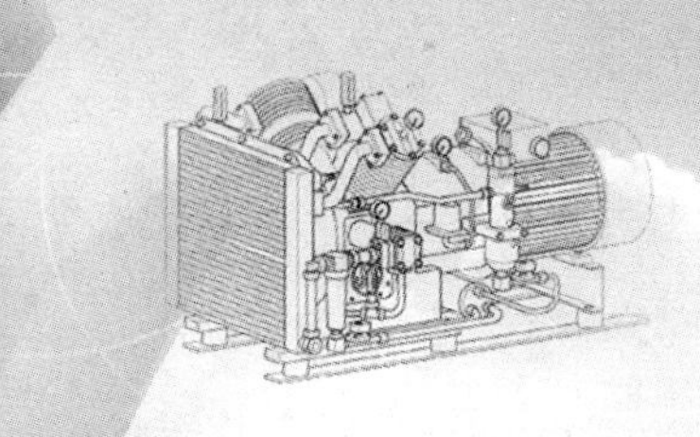

科目二

励磁系统设备的维护、检修及故障处理

励磁系统设备的维护、检修及故障处理培训规范

科目名称	励磁系统设备的维护、检修及故障处理	类别	专业技能
培训方式	实践性/脱产培训	培训学时	实践性 160 学时/ 脱产培训 80 学时
培训目标	1. 掌握励磁系统的组成、设备的结构，熟知技术图纸。 2. 掌握励磁设备运行操作的正确方法和步骤。 3. 掌握励磁设备维护、检修的操作技能和标准。 4. 掌握自动元件、自动单元及励磁设备的检查方法、步骤及标准。 5. 掌握励磁设备中自动元件的基本试验方法、步骤及标准。		
培训内容	模块 1　励磁系统灭磁开关的常规操作 模块 2　励磁系统起励的操作 模块 3　励磁系统零起升压的操作 模块 4　励磁交流电源的操作 模块 5　励磁功率柜风机的操作 模块 6　励磁系统停机逆变的操作 模块 7　增、减磁的操作 模块 8　励磁系统通道切换的操作 模块 9　自动、手动开机时的励磁系统投入操作 模块 10　励磁系统各部件及励磁回路的绝缘测定 模块 11　励磁系统的清扫和检查 模块 12　励磁系统的维护 模块 13　励磁调节器的检查 模块 14　灭磁过压保护装置的检查 模块 15　晶闸管跨接器试验 模块 16　功率整流元件试验 模块 17　电磁元件试验 模块 18　氧化锌非线性电阻试验 模块 19　脉冲变压器输入/输出特性试验 模块 20　电制动检修及试验		

续表

场地、主要设施、设备和工器具、材料	1. 场地：现场设备所在地、培训室。 2. 主要设施和设备：励磁调节器、功率柜、灭磁柜、励磁变压器等。 3. 主要工器具：二次常用的电工工具一套、对线灯一只、行灯、符合试验要求的0.5级交（直）流电流（压）表、滑线变阻器、调压器及整流箱、双线示波器、频率信号发生器、移相器、二相闸刀、三相闸刀及插座板、单臂电桥、绝缘电阻表、数字万用表、指针式万用表、清洁工具包、验电笔、温度计、湿度计等。 4. 主要材料：控制电缆、绝缘软导线、绝缘硬导线、标签、尼龙扎带、抹布等。
安全事项、防护措施	1. 检修前交代作业内容、作业范围、危险点告知、安全措施和注意事项。 2. 戴安全帽，穿工作服（防静电服），穿绝缘鞋，高空作业需佩戴安全带。 3. 加强监护，严格执行电业安全工作规程。 4. 对于需停电检修的设备，要认真进行验电检查，确保无电及安全措施完善后才能开始检修工作。
考核方式	笔试：120分钟 操作：120分钟 完成维护和检修任务后，针对模块技能操作评分标准进行考核。

电力系统有功功率与无功功率

一、电力系统有功功率调节、无功功率调节的作用

电力系统供给用户的电能应具有良好的质量。这样，用电器可以正常工作，并具有最佳的技术经济效果。我国电力系统衡量电能的质量标准是：交流电压、电流的频率为50Hz，波形为正弦波，电压为其额定值。但是，用户负荷的随机变化、电力系统运行方式的改变及各种类型事故的可能发生，都可能对交流电的频率、波形及电压产生不良影响，使得电力系统不能按照理想状态运行。为此，我国对于电能的质量标准规定了容许变动范围。

（1）频率。我国电力系统交流电压、电流的额定频率为50Hz，容许偏移为±（0.2～0.5）Hz。大系统取较小的容许偏移值，小系统取较大的容许偏移值；同时，为了限制频率的累积误差，规定电钟在一天内的误差不得超过30～60s。

（2）电压。电力系统用于控制与调整电压的母线，称为中枢母线。中枢母线上的电压及其偏移范围应符合调压方式的要求，加于各用电器的电压最理想为其额定值。在系统运行中，中枢母线电压容许偏移范围应不超过以下规定：

1）35kV及以上电压供电网：±5%。

2）10kV及以下电压供电网：±7%。

3）低压照明网：+5%、−10%。

4）农村电力网：正常运行+7.5%、−10%；事故运行 +10%、−15%。

（3）波形。良好的交流电压、电流波形应为正弦波形。但是，供电系统中存在引起高次谐波使正弦波形畸变的因素，如日光灯、电弧炼钢炉、电焊机、变压器的励磁电流及整流电路等。上述电器是电压、电流的非线性元件，都是谐波电流源。因此，需要采取措施消除电力系统中高次谐波电流的成分。通常采用的措施如下：

1）增加整流电路的相数。

2）降低铁芯电路中铁芯磁通的饱和程度。

3）采用谐振滤波电路并联电容补偿等。

电力系统综合负荷是随机变化的，如图2-1中曲线P所示。这一曲线可以分解为P_1、P_2、P_3三组曲线。曲线P_1变化快、幅值变化范围小，需依靠系统各发电机组的调速装置自动调节原动机功率，以适应这一变化，称为一次频率调整。曲线P_2变化较慢、幅值变化范围较大，可以遇过手动或自动调整调频器来改变调速装置的整定特性，以适应这一负荷变化，称为二次频率调整。曲线P_3变化最慢、幅值变化范围大，其变化规律根据运行经验可以预测，一般按电力系统各发电机的特性，经济地分配给各电厂。这些按预先制定的负荷预测曲线分担负荷运行的发电厂，称为基载厂。在经济地分配基载厂功率时，等微增率运行准则是重要的一项分配原则。这种调整称为三次频率调整。

二、频率的一次、二次调整

如图2-2所示，图中给出了综合负荷频率静态特性曲线与发电机组功频静态特性曲线。假设系统起始运行点为a点，负荷标幺值为1.0（包括损耗），负荷功率与发电机功率平衡，频率等于f_a（取$f_a = f_N$，f_N为额定频率）。若负荷连接容量增加到1.1，发电机功率因原动机机械惯性来不及增加，频率下降到f_b。机组调速装置动作，开大调速汽门的开度，使机组功率增加到P_c，频率由f_b增加到f_c，这个调节过程称为频率的一次调整。通过图2-2看到，频率的一次调整在很大程度上改变了频率的降低，但没有将频率调整到原来的值。这是由机组调速装置的有差特性决定的。若系统有足够的备用容量，值班人员可以通过调频器b改变调速装置的特性，使机组功率增加到P_d。此时，运行点过渡到d点，频率恢复到原来的f_a，这个调节过程称为频率的二次调整。频率的二次调整一般在主调频发电厂中进行，负荷减少时的分析与此类似。

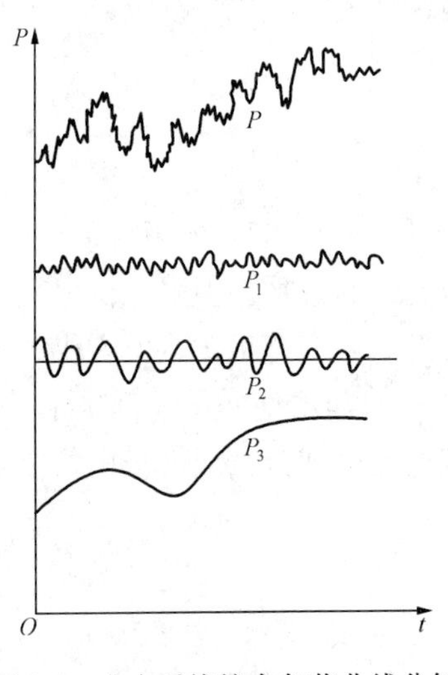

图2-1　电力系统综合负荷曲线分解

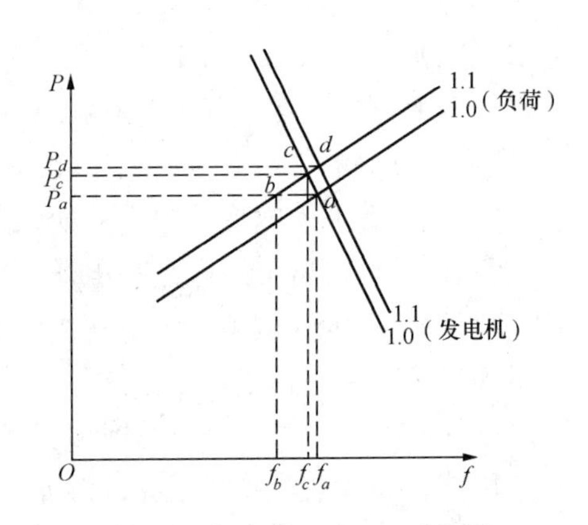

图2-2　频率的一次、二次调整

1. 主调频发电厂的选择

选择主调频发电厂的条件是：

(1) 具有足够的调频容量和调频范围。

(2) 能比较迅速地调整发电厂的出力。

(3) 调整功率时应符合安全及经济原则。

根据上述原则，在水电厂、火电厂并存的电力系统中，一般应选择大容量的水电厂为主调频厂，因为水电厂调整功率时速度快、操作简便、调整范围大。大型火电厂中效率较低的机组可作为辅助调频用，电厂的其余机组宜带基本负荷。

2. 事故调频

如果电力系统的频率突然大幅度地下降，表明发生了电源事故。这时，应迅速投入旋转备用和低频率减负荷装置，这样一般能防止频率的进一步下降。如果事故较严重，采取了上述措施后，频率仍继续大幅度地下降，系统运行人员应迅速采取启动备用发电机组、切除部分负荷、将系统分割为多个较小的系统、分离厂用等措施。上述措施均应在调度的统一指挥下，有分析地按步骤进行。

3. 电力系统低频运行的危害

电力系统运行时，若发电机组功率严重不足，频率就会下降；频率降低超过容许值时，称为低频运行。低频运行具有如下危害：

(1) 影响用户。系统低频运行，用户的交流电动机转速按比例下降，使工农业用户的产品产量和质量降低。如对纺织、造纸等企业，不但产量降低，而且会使纺织品、纸张等产生毛疵和厚薄不均等质量问题，使电子计算机计算工作发生错误，使电视机工作点不稳定、影像不清，使精美印刷深浅不一等。

(2) 影响厂用电及水轮机安全。系统低频运行，使厂用电动机功率降低，影响给水、引风、主油泵等的正常工作；严重时可能使水轮机停机，发电机不能发电，造成频率进一步下降，恶性循环，甚至导致频率崩溃。

低频运行时，可能造成火电厂汽轮机末级叶片共振，影响其寿命，甚至造成断叶片等严重事故。

(3) 影响电压。系统低频运行会引起发电机电动势减小、电压降低、负荷电流增大，使得发电机无功功率减小，促使电压进一步下降，这就可能形成恶性循环，造成电压崩溃。

(4) 影响系统经济运行。系统低频运行，使得汽轮发电机组、水轮发电机组、锅炉等重要设备的效率降低，引起系统中各发电厂不能按预测的经济条件分配功率。所有这些，都影响着电力系统的经济运行。

三、电力系统无功功率平衡与电压调整

电压是电能质量主要指标之一，电压偏移超过容许范围时，对用电设备的运行具有很大影响。随着负荷的变化，特别是某些大容量冲击负荷的急剧变化，造成电力网电压严重波动，严重地干扰了电力系统的稳定运行。现代用电设备中日趋增多的电子设备，也对电压的稳定提出了很高的要求。为此，保证电压质量，即保证用

电设备的端电压偏移在容许的范围之内，是电力系统的主要任务之一。

电压调整比频率调整更为复杂，因为系统中各个节点（母线）的电压各不相同，用户对电压质量的要求也不完全一样，所以，不可能在系统一两处调整电压就能满足每一个节点的电压要求。

1. 电压偏移对用电设备的影响

用电设备最理想的工作电压是其额定电压，运行中允许有一定的电压偏移。容许的电压偏移大小由用电设备的工作对电压偏移的敏感性决定。

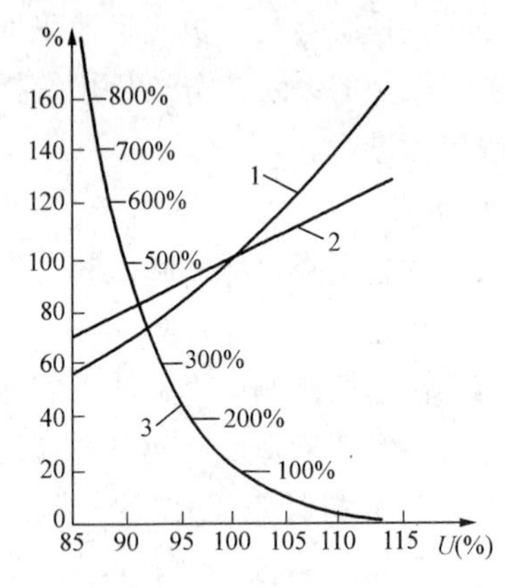

图 2-3　白炽灯特性曲线

1—光通量；2—发光效率；

3—灯泡使用寿命

(1) 白炽灯类设备。白炽灯对电压变动很敏感，图 2-3 所示曲线为当白炽灯端电压变化时，其光通量、发光效率和灯泡寿命的变化曲线。从图中可以看出，当电压较额定电压降低 5%时，其光通量减少 18%；电压降低 10%时，光通量减少 30%，这就使照度显著降低，严重影响生产和工作。而当白炽灯的端电压较额定电压升高 5%时，灯泡寿命要减少 1/2；电压升高 10%时，则灯泡寿命减少 2/3，这就会使灯泡的损坏数量显著增加。

(2) 异步电动机设备。异步电动机的转矩与端电压的平方成正比。如果以额定电压时转矩作为 100%，则电压降低 10%时，转矩就要降低 19%。因此，当端电压降得太低时，电动机可能因转矩太小而停转，重载电动机因此也难以启动。另一方面，当异步电动机带机械荷载工作时，外加电压降低，绕组电流增大，促使电动机温度升高，加速绝缘老化，严重时可能烧毁电动机。如果异步电动机的外加电压超过额定电压过多，对电动机绝缘也不利。

(3) 电子设备。现代电子设备中的电子管与晶体管对电压质量要求更高。电压高于设备额定电压时，会严重缩短管子寿命；电压低于额定电压时，电子管工作点不稳定，失真严重，甚至不能工作。

2. 低电压运行的危害

电力系统无功电源容量不足，不能供给用户足够的无功功率时，往往不得不降低电力系统的电压水平，以减少无功功率的供应。电压低于设备的额定电压并超过容许的偏移范围时，称为低电压运行。在这种情况下，调压问题应该首先从无功平衡着手，迅速投入或添加必要的无功电源容量，以满足无功负荷的要求；否则，用某些方法（如改变变压器分接头）提高系统中某些母线的电压水平，就会增加更多

的无功消耗，结果使电力系统的电压水平更低。低电压运行的主要危害有：

（1）低电压使灯光照明的照度大大降低，影响学习、工作，易出现交通事故，工厂生产效率降低，降低产品质量严重时易出废品。

（2）低电压使异步电动机转差率增大、转速下降，甚至使电动机停转或烧毁。

（3）低电压运行，使发电机、变压器、线路过负荷，严重时引起跳闸，导致供电中断或系统并联运行解列。

（4）低电压运行降低系统并联运行的稳定性，并影响系统的经济运行。

3. 电力系统的无功电源

在电力系统中，同步发电机、同步调相机、大型同步电动机、并联电容器、静止补偿器及输电线等都是重要的无功电源。除发电机外，无功电源的设置不受能源条件的限制，一般是在无功功率就地平衡的原则下按技术经济条件来选择无功电源的设置地点与容量的，限于篇幅，这里不再分析。

4. 改变发电机励磁电流调压

改变发电机的励磁电流，可以调节发电机的电动势或端电压。负荷增大时，电力网的电压损耗增加，用户端电压降低，这时增加发电机励磁电流，提高发电机电压；负荷减小时，电力网的电压损耗减少，用户端电压升高，这时减少发电机励磁电流，降低发电机电压。这种能高能低的调压方式，就是前面提到的逆调压。按规定，发电机运行电压的变动范围为额定值的±5%，而功率因数为额定值，发电机容量不变。改变发电机励磁调压，特别适用于孤立运行的发电机或发电厂。

改变发电机励磁调压简单、经济，是经常采用的调压措施之一，其具有如下特点：

（1）发电机的电压调整，通常是按事先编制好的发电机负荷与电压关系曲线进行的。在改变励磁电流进行调压时，应使发电机电压直配线上所有负荷的端电压不超过容许的偏移。如图 2-4 所示，发电机母线上容许的最高电压由靠近发电厂的用户 1 决定，因为用户 1 的电压比其他用户的电压高；发电机母线上允许的最低电压由直配线末端用户 n 决定，因为用户 n 的电压比其他用户的电压低。当用户性质不同，或用户距电源远近悬殊时，这种调压方法就不易保证所有用户对电压质量的要求。此时，应与其他调压措施配合使用。

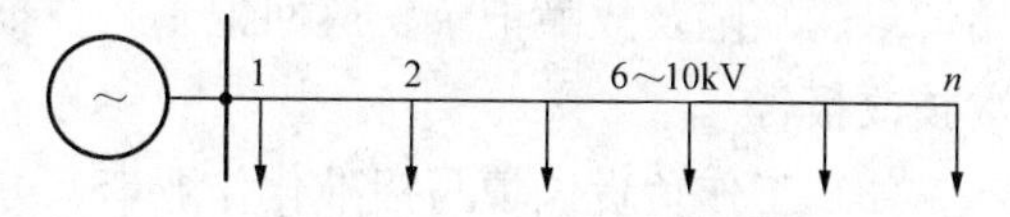

图 2-4　发电机电压直配线供电接线图

（2）在有多个发电厂的电力系统中，改变发电机励磁调压主要依靠大型发电机；对于地区小型发电厂，主要调整低压母线电压，它对高压母线的电压调整作用不大。

在调整多电源电力系统发电机励磁电流时，会影响发电机之间的无功功率分配，这就给运行管理增加了困难。为了使所有并联着的发电机均能起到应有的调压作用，应根据各发电机与系统的连接方式和有功负荷的分配原则，合理规定各发电机自动调压装置的整定值。

（3）对于大型用户的自备电厂，在重负荷时，可增大励磁电流提高电压；在轻负荷时，可减小励磁电流，甚至可以欠励磁运行，以吸收系统无功功率降低电压。发电机在欠励磁运行时，应在静态稳定极限规定的范围以内。

（4）在水电厂与火电厂组成的电力系统中，可以在丰水期将部分汽轮发电机组改为调相机运行，以补充无功不足；在枯水期，可将部分水轮发电机改为调相机运行，以发挥水电厂的调节作用。上述无功功率在发电机间的调节与重新分配，是通过改变发电机励磁电流来完成的。

四、励磁系统的维护、检修周期

（1）设备巡回：每周1～2次。

（2）小修：每半年一次，工期7～15天。

（3）大修：每四年一次，大修工期可采用分阶段检修的方式，工期一般为20～30天。

（4）随生产设备的改造同步进行检修。

（5）根据设备的实际运行情况进行检修。

五、发电机励磁系统的维护、检修准备工作

（1）作业前组织作业人员学习相关标准化作业指导书、技术资料、检修规程，根据运行及试验中发现的设备缺陷及上次检修的情况，确定施工方案及重点检修项目。

（2）准备有关维护和检修的技术资料（技术图纸、设备说明书等）、记录（原始记录、缺陷及故障记录、巡回记录）及报告（上次检修报告、上次试验报告、上次技改报告）。

（3）工作负责人填写标准化作业卡，办理工作票，并核对现场安全措施是否正确和完善，必要时予以补充。

（4）检查工作组成员健康状况，以及安全帽、工作服（或防护服）、绝缘鞋、安全工器具是否完备和合格。

（5）准备并检查工器具、材料、备品配件、试验和检测设备是否满足要求，并运至现场。

（6）分析现场作业危险点，提出相应的防范措施。

（7）确认维护和检修的设备编号、位置和工作状态。

（8）工作负责人由高级工及以上等级人员担任，工作组成员若干名。

模块1　励磁系统灭磁开关的常规操作

一、操作说明

发电机在备用和运行状态时，灭磁开关始终保持在合闸状态。励磁系统正常停机时，采用励磁调节器自动逆变灭磁，一般不跳灭磁开关，可以减少灭磁开关的操作次数，延长使用寿命。灭磁开关的操作分现地手动操作和机组 PLC 远方控制两种方式。灭磁开关的现地手动操作就是使用灭磁开关盘的分/合闸按钮进行分闸和合闸操作。灭磁开关的远方控制由机组 PLC 根据运行人员以及上位机的指令发出操作命令，励磁装置再根据操作命令执行。灭磁开关的操作还有一项重要的内容，即执行继电保护的跳闸指令，当发电机发生电气事故或逆变失败时，灭磁开关迅速断开进行灭磁，以保证发电机和励磁装置的运行安全。发电机大小修和机组长期停运后，在重新启动前，应进行发电机自动灭磁开关的分、合闸试验。

二、操作步骤

1. 识别灭磁开关的操作回路

灭磁开关操作回路如图 2-5 所示，它由灭磁开关（SD）合闸、跳闸、监视、过压指示等回路组成。操作直流取自机旁直流电源盘，3FU 为灭磁操作回路熔断器，4FU 为灭磁开关分、合闸回路熔断器。

2. 灭磁开关现地手动操作

（1）使用灭磁开关盘的分/合闸按钮进行合闸操作：SD 在分闸状态时其动断触点接通，当来合闸命令时，继电器 31KM 线圈回路接通，31KM 励磁启动接触器 32KM，32KM 的两个触点接通使 SD 合闸线圈正向励磁，灭磁开关合闸，32KT 和 31KM 的动合触点延时断开，保证灭磁开关可靠合闸。

当灭磁开关合闸后，其动断触点断开，32KT 继电器失磁，绿灯灭，红灯亮，作为灭磁开关合闸指示。同时灭磁开关动合触点与 1KM 串联，作为灭磁开关的扩展触点引至可编程控制器（PLC）等回路。

（2）使用灭磁开关盘的分/合闸按钮进行分闸操作：SD 在合闸状态时其动合触点接通，31KM 在失磁状态下其动断触点接通；当来分闸令时，接触器 33KM 线圈回路沟通，33KM 励磁两个动合触点接通使灭磁开关合闸线圈反向励磁，灭磁开关分闸。合闸回路中的 33KM 动断触点和分闸回路中的 31K 动断触点起相互闭锁作用，防止 33KM 和 32KM 同时励磁而造成直流电源短路。

灭磁开关位置状态是通过 32KT 继电器和信号灯反映的，当灭磁开关分闸后，

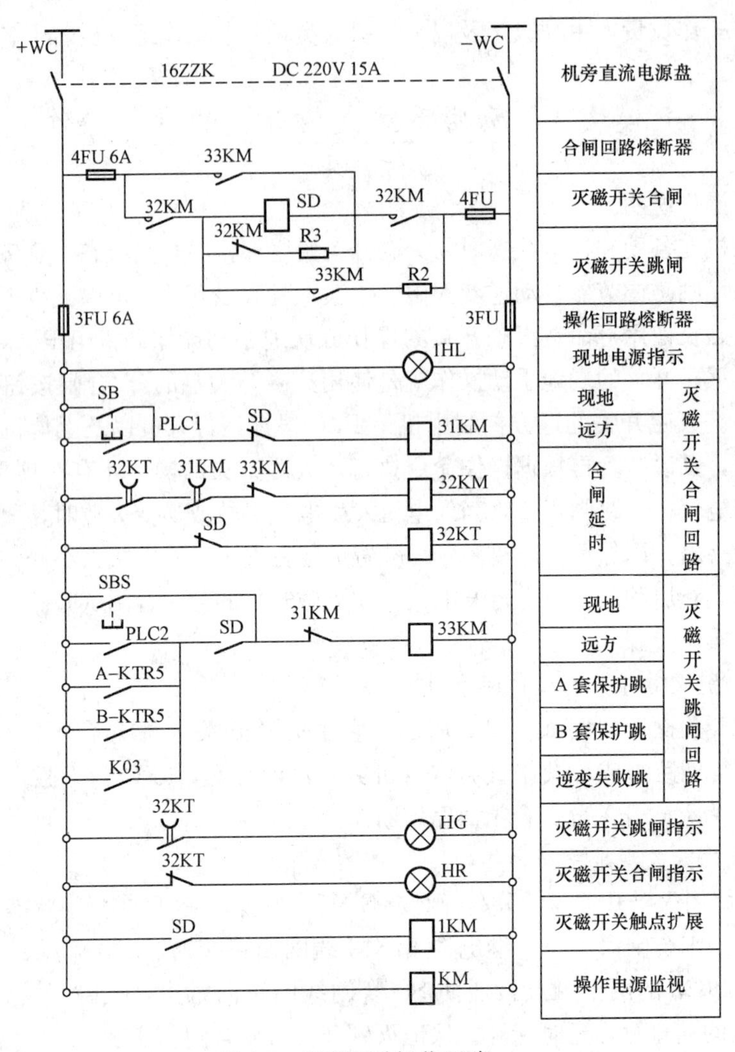

图 2-5　灭磁开关操作回路

其动断触点闭合，32KT 继电器励磁，绿灯亮，作为灭磁开关跳闸指示。

3. 由机组可编程控制器远方控制灭磁开关分闸、合闸操作

灭磁开关的远方控制由可编程控制器根据运行人员以及上位机的指令发出操作命令，励磁装置再根据操作命令执行。

4. 电气事故分闸操作

当发电机发生电气事故或逆变失败时，执行继电保护的跳闸指令，由发电机—变压器组 AB 套保护的出口继电器触点启动，使灭磁开关分闸。灭磁开关迅速断开灭磁，以保证发电机和励磁装置的运行安全。

三、操作注意事项

设备正常运行过程中不允许操作灭磁开关分闸；灭磁开关事故跳闸后，要对灭磁开关进行检查，如果触头烧损严重，须更换。

模块2　励磁系统起励的操作

一、操作说明

在发电机电压建立前，励磁变压器不能提供励磁电源，因此常常另外设有一个起励电源，用于为发电机提供起励电流，从而建立电压。发电机在停机状态下，如果内部存留一定的残压，一般可残压起励。在残压起励过程中，晶闸管整流器的输入端仅需要10～20V的电压即可正常起励。但起励时机组残压值也不能太小，否则将不能维持晶闸管的持续导通，有可能不能保证机组的起励。所以，除投入残压起励外，还采用外部辅助电源起励，保证励磁系统起励的可靠性。

开机时如果残压足够大，首先使用残压起励；如果残压起励失败，励磁系统可以自动启动外部辅助电源起励回路，为整流桥提供正常工作所需要的10～20V电压。发电机起励后，电压逐渐升高，当机端电压达到额定电压的10%时，整流桥已能正常工作，起励回路将自动退出，由励磁变压器提供励磁电流，开始软起励过程并建压到预定的电压水平。整个起励过程和顺序控制是通过励磁调节器软件实现的。

起励操作有自动起励和手动起励两种方式。

二、操作步骤

（1）识别外部辅助电源起励回路图。外部辅助起励回路如图2-6所示，低压断路器Q用于投退外部起励电源；二极管V61用于实现起励电源的反向阻断，防止起励过程中转子回路的过电压反送至外部的直流系统，同时起到将交流起励电源整流为直流电源的作用；限流电阻R61用于限制辅助电源起励时起励电流的大小，

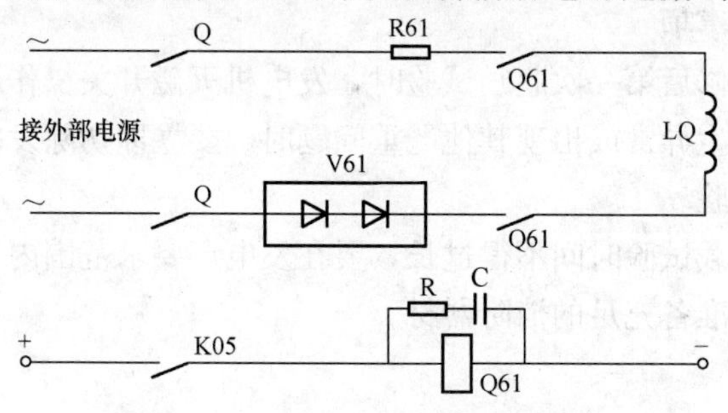

图2-6　外部辅助电源起励回路原理图

防止起励电流过大损坏外部的直流系统；K05 为励磁调节器的起励命令开出继电器；起励接触器由 K05 控制。起励装置的电源可以是厂用蓄电池组的直流电源，也可以是厂用交流电源。

（2）自动起励：

1）机组可编程控制装置接到上位机或运行人员的开机命令后，自动开启发电机和投入励磁系统相应设备，当机组转速达到 95%额定转速以上时，发出“起励”命令。

2）励磁调节器接到起励升压命令后，将自动检查励磁系统的状态，满足起励条件时即发出起励命令，驱动 K05，进而驱动起励接触器，投入起励电源，使发电机建立初始电压。同时，调节器不断检测发电机的机端电压，当机端电压上升至额定电压的 10%时，自动撤除起励命令，K05 触点断开，起励电源退出，励磁调节器进入自动闭环调节状态。

（3）手动起励：

1）机组开机后检查机组转速达到 95%额定转速。

2）手动按下调节器面板上的“手动起励”按钮，调节器将自动检测励磁系统工作状态，并发出“起励”命令，也驱动 K05，进而投入起励电源；励磁电压达到额定电压的 10%时，也能自动退出起励装置，其后的闭环操作和自动起励完全相同。

无论是手动还是自动，只要发出起励命令后，观察经 10s 机端电压达不到额定电压的 10%，就认为起励不成功，调节器将自动撤销起励命令，解除起励电源，同时发“起励失败”信号。

（4）在起励过程中，如果励磁系统存在故障，励磁调节器也将自动撤销起励命令并发出“起励失败”信号。如果是自动起励，此时就不能再重新起励。

（5）运行人员应先检查起励回路及晶闸管整流电源无问题后，再按下“手动起励”按钮重新进行起励。

三、操作注意事项

（1）发电机检修后第一次起励试验时，发电机灭磁开关操作屏处要安排专人负责；发电机电压发生异常或出现其他严重问题时，要立即切除发电机灭磁开关，并查明原因后方可试验。

（2）发电机空载试验时间不得过长，要在发电厂要求范围内。

（3）试验现场准备充足的消防器材。

模块3　励磁系统零起升压的操作

一、操作说明

励磁调节器的升压方式有两种：一种是正常升压方式，出厂时整定值为100%，就是机组起励后，机端电压自动上升至额定电压；另一种是零起升压方式，就是机组起励后，机端电压只能自动上升至额定电压的10%左右便不再上升，之后可以通过增、减磁操作改变机端电压值。升压方式可通过调节器操作面板上的"正常/零升"开关进行选择。

二、操作步骤

（1）新机组第一次开机或机组大修后第一次起励时，一般采取零起升压方式。

（2）发电机或变压器保护动作跳闸后，经检查未发现故障时，也可进行发电机零起升压。

（3）开机前将调节器操作面板上的"正常/零升"开关拨至零起升压位置。

（4）检查机组转速达到额定转速的95%时，按下励磁调节器操作面板上的"起励"按钮进行起励。如果是自动开机，则不用按"起励"按钮即可自动起励。

（5）起励后，检查机端电压是否在额定电压的10%左右，再根据需要增励磁操作至空载状态。

（6）升压时应严格监视发电机三相电流有无指示。

（7）检查发电机各部是否正常。

三、操作注意事项

（1）升压时检查发电机各部是否正常，如发现不正常情况，应立即停机，以便详细检查并消除故障。

（2）试验现场准备充足的消防器材。

模块4　励磁交流电源的操作

一、操作说明

励磁交流电源主要作为励磁功率柜的风机电源和励磁调节器的一路交流电源，具有比较重要的作用，因而一般采用双重供电的自动切换系统，一路取动力盘甲厂用电源段，另一路取动力盘乙厂用电源段，一路电源工作，另一路电源备用，自动切换，可以提高励磁风机和调节器电源的可靠性。

二、操作步骤

(1) 励磁交流电源自动切换电路如图 2-7 所示，QF61、QF62 为甲、乙电源断路器，该开关具有过电流保护作用，KM61 、KM62 为甲、乙电源接触器。

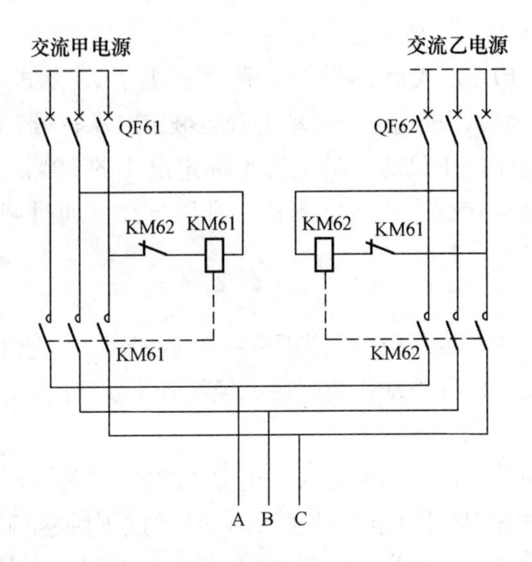

图 2-7　励磁交流电源自动切换电路

(2) 当两段电源中任一段有电，如甲电源有电时，接触器 KM61 励磁启动，接触器 KM61 动合触点接通，甲电源即可送到风机和调节器中，同时接触器 QC61 动断触点断开，闭锁乙电源。

(3) 当两段电源都有电时，电源空气开关 QF61、QF62 谁先合上谁输出，并且闭锁另一段电源的输出。一旦正在输出的电源消失，则 KM61（KM62）的动断触点将自动启动另一侧 KM62（KM61）接触器，投入另一段电源，完成交流电源自动切换，保证正常供电。

三、操作注意事项

(1) 试验时防止触电。

(2) 检查接触器无粘连情况。

模块 5　励磁功率柜风机的操作

一、操作说明

励磁功率柜风机工作电压一般为 380V，风机可通过手动或自动方式控制，风机电源消失、风机控制回路故障或风压低时系统发出警告信号。

二、操作步骤

(1) 识别二次回路。励磁功率柜风机二次回路如图 2-8 所示，QF 为风机电源开关，该开关设置有速断过电流保护，当风机发生短路或过载电流达到保护动作值时，开关自动分闸，以保护风机及电源系统，防止危及其他部位的正常工作。SA 为风机的控制方式切换开关，61KM 为风机启停接触器，HG、HR 为风机运行监视灯，KM1 是风机启动继电器，KM2 是停止继电器。

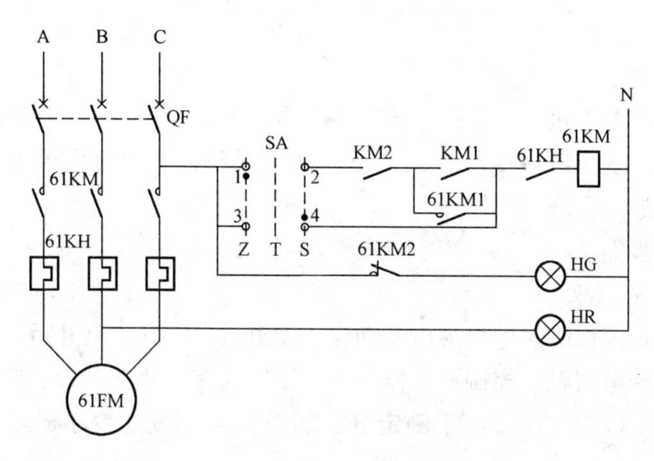

图 2-8　励磁风机控制回路图

(2) 机组在备用状态时，电源开关 QF 合，风机控制 SA“Z”位置，接触器 61KM 失磁，风机不转，风机运行监视灯 HR 灭、HG 亮。

(3) 风机控制 SA 置于“Z”位置时，触点 1、2 接通，风机处于自动控制状态，能随机组启停而自动启停：

1) 当检测到励磁系统有“开机令”或本柜输出电流大于一定值时，启动继电器 KM1 触点闭合，接触器 61KM 励磁自动启动风机，接触器 61KM1 触点自动保持，风机运行监视灯 HR 亮、HG 灭。

2) 检测到无“开机令”且本柜输出电流小于一定值时，停止继电器 KM2 触点断开，接触器 61KM 失磁自动停止风机。

(4) 风机控制 SA 置于“S”位置时，风机处于手动控制状态，触点 3、4 接通，直接启动接触器 61KM 励磁，风机立即投入运转，直到电源开关 QF 切除或 SA 转到其他位置。

(5) 将风机控制 SA 置于“T”位置时，风机退出运行状态，然后拉开风机的电源开关 SA。风机切除，确认励磁功率柜已停运。

三、操作注意事项

(1) 风机转动过程中，严禁用手或其他物品强行使风扇停止转动。

(2) 风机电源消失、风机控制回路故障或风压低时，系统应能发出警告信号。

模块6 励磁系统停机逆变的操作

一、操作说明

励磁系统正常停机时，采用励磁调节器自动逆变灭磁。

停机逆变灭磁一般有四种方式：自动逆变灭磁、手动逆变灭磁、低频逆变灭磁、事故停机逆变灭磁。

二、操作步骤

1. 自动逆变灭磁

发电机正常停机时，停机继电器动作，发电机出线开关跳开后，不需要跳灭磁开关，由停机继电器触点控制调节器于“逆变”状态，使晶闸管逆变灭磁。逆变命令发出，经10s机端电压还高于额定电压的10%，即发逆变不成功信号，同时跳灭磁开关。

2. 手动逆变灭磁

(1) 将发电机有功功率和无功功率减至零，跳开出线开关，检查机组在空载状态。

(2) 按调节器面板上的逆变灭磁按钮，即开始逆变。

(3) 如果发电机并网运行，则自动封锁“逆变”按钮，“逆变”按钮无效。

3. 低频逆变灭磁

当发电机频率降至45Hz时自动投入逆变。例如起励后，需要停机，当频率降至45Hz，通过低频逆变，自动释放能量。

4. 事故停机逆变灭磁

发电机事故停机，发电机保护继电器引入触点动作，自动灭磁开关迅速断开进行灭磁。

三、操作注意事项

发电机在事故跳灭磁开关的情况下，要对灭磁开关进行分解检查，烧损严重时更换触头。

模块7 增、减磁的操作

一、操作说明

励磁装置的作用之一就是维持发电机机端电压保持在给定水平，作用之二就是合理分配并联机组之间的无功功率。这两个作用分别体现在发电机并网前后，并且都是靠改变励磁调节器给定值来达到的。并网前可以通过增、减磁使机端电压符合并网条件，并网后通过增、减磁达到增、减无功，满足电网要求的目的。增、减磁的操作，本质上就是改变励磁调节器的给定值，自动方式下改变电压给定值，手动方式下改变电流给定值。增、减磁继电器的触点设有防粘连功能，增磁或减磁的有效连续时间为4s，当增磁或减磁触点连续接通超过4s后，无论近控还是远控，操作指令均失效。当增磁指令因为触点粘连功能失效后，不影响减磁指令的操作；当减磁指令因为触点粘连功能失效后，不影响增磁指令的操作。在保护、限制动作时自动进行闭锁或自动进行增、减磁。

二、操作步骤

（1）在调节器操作面板上操作“增”、“减”按钮，调节器给定值的调整是通过计算机读取外部的增减磁触点的闭合情况进行的，节点闭合的时间越长，调整量就越大。随着给定值增大或减小，通过调节器闭环调节，机端电压或励磁电流随之增大或减小。

（2）在中控室使用无功功率调节把手进行增、减磁操作，即通过微机监控系统直接设置无功给定值进行远方调控增、减磁。

（3）发电机空载运行时，进行励磁系统的增、减磁调节，可以调节发电机的电压，随增、减磁的操作，可观察到机端电压和励磁电流明显变化：

1）机组频率稳定在50Hz，增磁，使发电机机端电压上升，一直到额定值的100%。此时可见励磁调节器操作面板上的“V/f”限制灯亮，继续增磁，机端电压仍限制在该值不变。

2）机组频率稳定在50Hz，减磁，使机端电压下降，当下降到约为额定值的10%时，励磁装置即实现自动逆变灭磁，并且返回正常预置位置，等待下次起励过程。

（4）机组并网运行后，进行励磁系统的增、减磁调节，可实现无功功率的控制，发电机机端电压变化不明显，但可观察到发电机无功明显变化。

（5）励磁电流的上下限有相应的范围：

1）当励磁电流增大到1.1倍额定电流时，励磁系统的过励限制器动作，限制励磁电流进一步上升，此时调节器操作面板上的“强励”灯动作，发电机作进相运行。

2）当励磁电流逐渐减小某一数值时，励磁系统的欠励限制器即动作，限制励磁电流进一步减小，此时面板上“欠励限制”灯动作。

三、操作注意事项

空载运行增、减磁过程中，注意监视发电机电压，防止发电机过电压或过低；并网运行空载运行增、减磁过程中，监视发动机无功功率的大小，防止发动机励磁电流过大，或机组进相运行时间过长而损坏设备。

模块 8 励磁系统通道切换的操作

一、操作说明

励磁系统的每个通道一般均有自动和手动两种调节方式。在自动方式下，即恒机端电压调节，励磁系统自动调节发电机电压，维持机端电压恒定。在手动方式下，即恒励磁电流调节，励磁系统自动维持发电机恒定励磁电流，发电机的负荷发生变化时，必须人为调整发电机的励磁电流，以维持发电机电压恒定。在自动方式下，手动方式的电流给定值会跟随自动方式控制信号的大小而自动调整，保持手动方式的控制信号大小与自动方式一致；反之，当调节器切换到手动方式运行时，自动方式的电压给定值也会跟随手动方式控制信号的大小而自动调整，以保证两种运行方式之间能够无扰动切换。

励磁调节器通道有 A、B 两种通道，互为备用通道跟踪主通道。

二、操作步骤

(1) 通道自动切换。在励磁调节器 A 通道或 B 通道运行中，备用通道跟踪主通道，当运行通道发生电源故障、TV 断线、丢脉冲、微机故障等事件时，调节器会自动切换到备用通道运行。

(2) 通道手动切换。调节器运行过程中，在任何情况下都可以进行主通道到备用通道的手动切换。为避免发电机电压或无功功率波动，切换前应检查人机界面显示的当前运行通道和要切换的通道的控制信号基本一致，然后通过励磁调节器面板上的按钮进行手动切换。

(3) 正常运行时，调节器应采用自动方式。调节器上电默认的运行方式是自动方式，一般不采用手动方式。

(4) 手动方式为试验运行方式或 TV 故障时起过渡作用的特殊运行方式，在手动方式下需要运行人员对励磁进行监视与调整。TV 故障时调节器自动切换到手动

方式。

(5) 自动方式恢复正常后，应将手动方式切换到自动方式。

三、操作注意事项

操作过程中注意监视当前运行通道和要切换的通道的控制信号是否基本一致，防止发电机电压或无功功率摆动。

模块9　自动、手动开机时的励磁系统投入操作

一、操作说明

机组自动或手动启动，当达到规定起励转速时，应能自动或手动起励升压。机组建压后励磁系统工作状态正常，允许并网。

二、操作步骤

(1) 检查发电机组一次、二次设备具备开机升压条件。

(2) 根据运行方式要求投入励磁系统相关设备，置切换开关或连接片于需要的（自动、手动、退出）位置。

(3) 投入励磁系统操作电源、工作电源及辅助电源。

(4) 投入励磁冷却系统。

(5) 合上整流功率柜阳极交流电源输入刀闸、直流输出刀闸，合上整流功率柜的脉冲电源开关。

(6) 合上灭磁开关。

(7) 合上机组起励电源开关。

(8) 机组自动或手动启动，当达到规定起励转速时，自动或手动起励升压。机组建压后应检查励磁系统工作状态，无异常则允许并网运行。

三、操作注意事项

(1) 开机起励后，如果功率柜退出后再运行投入，必须先投入电源输入刀闸、直流输出刀闸，然后再投入脉冲电源。

(2) 手动起励操作过程中，注意调节幅度大小，防止过调。

模块10　励磁系统各部件及励磁回路的绝缘测定

一、操作说明

发电机励磁回路绝缘电阻的测量，应包括发电机转子、主（副）励磁机。对各种整流型励磁装置是否测量绝缘电阻，应按有关规定的要求进行。

二、操作步骤

（一）发电机励磁回路绝缘电阻的测量

1. 使用绝缘电阻表测量绝缘电阻

（1）停机测量应采用500～1000V绝缘电阻表，其励磁回路全部绝缘电阻值不应小于0.5MΩ。低于以上数值时，应采取措施加以恢复。

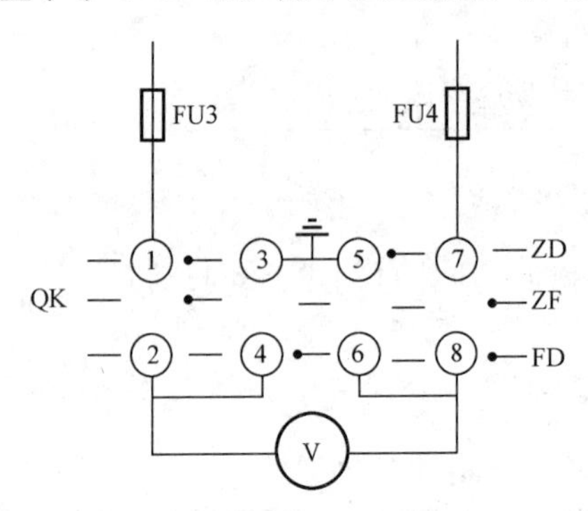

图2-9　励磁回路电压表接线原理图

（2）对担任调峰负荷、启动频繁的发电机励磁回路绝缘电阻，每月至少应测量一次。

2. 使用励磁回路电压表定期测量绝缘电阻

（1）机组运行中用励磁回路电压表进行定期测量，接线原理如图2-9所示。

（2）转子电压表V由选择开关QK控制，通过熔断器FU3、FU4接于转子绕组两端，QK位置决定V的接入方式。

（3）QK有以下三个位置：

1）正对负（ZF）位置：QK触点①和②、⑦和⑧接通，V接入正负极之间，测量正负极间电压。

2）正对地（ZD）位置：QK触点①和②、⑤和⑥接通，V接入正极与地之间，测量正极对地电压。

3）负对地（FD）位置：QK触点③和④、⑦和⑧接通，V接入负极与地之间，测量为负极对地电压。

（4）QK正常放在正对负（ZF）位置，监视转子电压。

（5）运行中测量励磁回路绝缘时，应将转子一点接地保护压板退出。

（6）通过切换QK，测量三个电压值。

（7）根据下式即可求得绝缘电阻值，即

$$R = R_v\left(\frac{U}{U_{ZD}+U_{FD}}-1\right)\quad (\mathrm{M\Omega})$$

式中　R_v——电压表的内阻；

U——转子电压；

U_{ZD}——正对地电压；

U_{FD}——负对地电压。

1）当绝缘正常时，正对地电压和负对地电压为零。

2）当正极接地时，正对地电压降低，负对地电压升高。

3）当负极接地时，负对地电压降低，正对地电压升高。

4）当发生金属性接地时，接地极对地电压为零，另一极对地电压升高为励磁电压值。

根据计算的电阻值大小，即可判断出励磁系统的绝缘情况。

（二）励磁系统各部件的绝缘测定

（1）将被试验的电气回路内部不是直接连接的端头用导线短接成一点，如将整流桥输出＋L、－L和整流桥三相交流输入U、V、W之间短接成一点，直流操作回路＋、－短接成一点，交流回路A、B、C之间短接成一点。

（2）被试验的电气回路的开关应合上，接触器的输入输出之间短接。

（3）对于两个以上柜体的励磁装置，应把每一柜体的外壳连接在一起作为公共地。

（4）将有关回路（TV、TA回路，380V交、直流电源回路）连接起来一起作绝缘测定。

（5）所有弱电回路均退出，不能退出的两端短接。

（6）调节器单元电路板全部拔出，取下来，以免意外损坏板件。

（7）将半导体器件各端子、非线性电阻和电容器短接。

（8）非试验回路接地。

（9）以上所有短接线及断开接线均应做好记录，以便耐压后逐个恢复；试验前必须通知有关班组，并派人在机旁盘、励磁盘及TV、TA室处观察设备耐压的情况。

（10）上述步骤完成后，可以开始摇测设备的绝缘：

1）将绝缘电阻表负极（接地端）可靠连接在柜体的非绝缘处，正极依次接在设备端子排的每一个端子上（不含接地端子）。

2）匀速摇动绝缘电阻表（120r/min左右），在绝缘电阻表上读取绝缘电阻值。

（11）设备装有起励回路，起励变压器的原副边，起励输出回路均应作绝缘检测。

（12）调节器电压电流及电源回路采用1000V绝缘电阻表，其余采用500V绝缘电阻表。绝缘电阻值应不小于5.0MΩ，否则为不合格。

（13）磁场断路器及灭磁开关用1000V绝缘电阻表测量断开的两极触头间、主回路中所有导电部分与地之间的电阻，对于DM2型开关分流电阻与接地的底座之间的绝缘电阻，应不小于0.5MΩ。

（14）绝缘检测完毕后，试验拆线，检查所拆动过的端子或部件是否恢复，并清理现场。

（15）整理试验数据（试验时间、天气、试验主要仪器及精度、试验数据、试

验人）记录及分析。

（16）出具励磁系统各部件的绝缘试验报告。

三、操作注意事项

（1）绝缘电阻测试前要求设备无外接仪器，试验及相关设备无人作业，试验完毕后必须将被试设备对地短路放电，并做好监护。

（2）试验必须由两人以上进行。

（3）恢复接线时要按照记录进行。

模块11　励磁系统的清扫和检查

一、操作说明

保证设备清洁、散热环境良好，减少设备故障率，保证设备正常可靠运行，设备外观清洁，无灰尘、无油迹，保持设备干燥。

二、操作步骤

（1）使用万用表测量装置的交、直流电源，确认无电压。

（2）计算机和调节器各单元板件的检查和清扫：

1）检查调节器前，各插件板作业人员要卸放掉身体上的静电，并防止碰伤印刷线路板上的元器件。

2）由一名主检修工和一名检修工为一个工作组，负责拔出励磁调节器装置A、B两套系统工作板件，并做好记录，不可混淆。

3）每一个插件板用一个专用隔断，防止插件板间相互摩擦而损坏模件。

4）当需要对装置的内部引线进行焊接时，电烙铁功率必须小于25W，烙铁头必须接地。

5）各插件板内元件焊接牢固，无虚焊、漏焊和毛刺。

6）各插件板拔下后，用毛刷清扫，并用无水乙醇将板上的尘土擦拭干净，特别是插头、插口部分。

7）全面检查各插件板上的元器件连接点焊接是否牢固，不得虚焊；检查各单元引出线是否有断线或接触不良的，各元器件不得有损坏等；注意不要用手触及集成块，以免人体静电损坏集成电路。

（3）用电吹风或吸尘器清扫装置电源开关及各种继电器上的灰尘。

（4）回装调节器装置A、B两套系统的各种工作板件。

（5）用酒精和脱脂棉清扫板上的按钮及指示灯，用无静电布擦去盘面灰尘。

（6）端子排及引线用干净的硬毛刷依次从上到下清除元件外壳泥沙等大颗

粒物。

（7）用干净的无静电布清除积灰，擦去继电器外壳、端子积灰；如果有部分擦拭不到的地方，可以使用吸尘器并用适当的吸力进行清扫。当励磁调节器设备表面采用吹尘器吹扫电路板灰尘时，吹尘器吹口与调节器各板件之间要保持至少500mm的距离；对于无法直接吹到的部位，可以采用弯管改变吹尘器出口风向来达到目的。对接触器，要保持200～300mm的距离；对于一次设备，可以采取强吹措施。

（8）检查盘内端子接线螺栓有无松动，并用相应的螺钉旋具紧固。

（9）功率柜清灰的最佳方法：启动抽（排）风机，吹风机对着晶闸管散热器，顺风道方向吹。能够将吹起的灰尘排到厂房外是最好的办法。

（10）对于散热器内的灰垢，大修时采用管道毛刷清洁。

（11）清扫励磁系统电刷及集电环：

1）戴绝缘手套或站在绝缘垫上调整、清扫电刷。

2）检查滑环和励磁机，使用压缩空气吹扫滑环和励磁机整流子。

三、操作注意事项

（1）印制线路板用压缩空气（压力不能太大）或真空吸尘器对其进行清洁，切勿使用任何溶剂清洁剂。

（2）检查调节器各插件板时，作业人员应采取防静电措施，避免损坏集成电路和元器件。

（3）严禁带电插拔印制板。

（4）工作人员应特别小心，防止衣服和擦拭材料被挂住，应扣紧袖口，发辫应放在帽内，抹布等应叠好，不能缠在手上。

（5）调整清扫电刷时，应戴绝缘手套或站在绝缘垫上，不能两人同时工作。

（6）检查集电环和励磁机时，手电筒不得与带电部分接触，严防手电筒跌落而引起短路。

（7）使用压缩空气吹扫滑环和励磁机整流子时，应采取防止短路及接地的安全措施，压缩空气压力不应超过0.3MPa，压缩空气应无水分和油（可用手试）。

（8）杜绝用潮湿抹布清洁设备。

模块12　励磁系统的巡回检查

一、操作说明

通过对励磁设备的巡回检查，可以发现设备运行过程中存在的隐患和异常，以

便及时处理，保证设备安全可靠运行。

二、操作步骤

(1) 开具工作票。经运行人员许可同意后方可进行巡回检查工作。

(2) 按照设备巡回路线图进行。

(3) 励磁系统正常巡回检查。

1) 励磁调节器部分巡回检查：

a. 检查各单元电源开关位置是否正确，熔断器是否完好，二次接线有无松动、脱落现象。

b. 检查调节器A/B/C套工作是否正常，指示灯是否正常闪烁，调节器显示器有无报警信号。

c. 检查控制面板显示值及状态指示是否正常，检查A套是否在主通道运行，B/C套备用。

d. 检查调节器柜内有无异音、异味过热等现象。

e. 检查励磁调节器柜门是否均在关闭状态，冷却风机运行是否正常。

f. 检查励磁调节器运行参数是否与实际工况相符，调节器输出信号是否平稳，有无异常波动。

2) 励磁功率柜的巡回检查：

a. 检查功率柜信号指示是否正确，异常报警灯是否亮。

b. 检查功率柜内各个闸刀投切位置是否正确、接触良好，脉冲电源开关是否在合位。熔断器是否熔断，各操作把手位置是否正确。

c. 检查单个正常运行功率柜输出是否正常，运行中各整流屏输出电流是否基本平衡且无摆动，均流系数是否不小于0.85，阳极电压表、直流电流表等指示是否正常，检漏电流是否为零。

d. 检查阳极过电压保护熔断器是否熔断，有无破损及过热现象。

e. 检查功率柜冷却系统工作是否正常，风机运行是否无异音且转动良好，空气进出口有无杂物堵塞。

f. 检查盘后各个开关位置是否正确，接触器动作是否正常。

g. 检查机组运行中功率柜晶闸管及各开关触头、电缆有无过热现象，晶闸管的温度在20～45℃。

h. 检查励磁母线及各通流部件的触点、导线、元器件有无过热现象，各分流器有无变色，各熔断器是否熔断。

3) 转子过电压保护柜的巡回检查：

a. 检查过压及灭磁计数器显示值。

b. 检查运行机组的转子电流是否在正常范围内。

c. 检查运行机组的转子电压是否在正常范围内。

d. 检查面板指示灯状态是否正确。

e. 检查过电压吸收器串联快熔是否熔断。

f. 检查非线性灭磁电阻串联快熔是否熔断。

g. 检查面板过压信号指示灯有无指示。

h. 过压或灭磁动作后应及时复位，以保证下次能再次动作。

i. 检查电缆无发热现象，各端子引线无明显松脱现象。

j. 事故灭磁后，应检查非线性电阻串联熔断器，如已熔断，停机后更换，并检查非线性电阻有无裂纹及破碎现象，巡回时注意防止误碰电阻及架构引线。

4）灭磁开关的巡回检查：

a. 检查灭磁开关柜电流、电压表指示正确。

b. 检查灭磁开关分合闸指示正确，各连接部件无明显松脱、发热、烧焦现象。

5）励磁变压器的巡回检查：

a. 检查励磁变压器运行电磁声正常，无异音、异味。

b. 检查励磁变压器各部温度正常，局部是否有过热现象。

c. 检查励磁变压器各个接头紧固，无过热变色现象，导电部分无生锈、腐蚀现象。

d. 检查励磁变压器本体无杂物，外部清洁，电缆无破损、过热现象。

e. 检查励磁变压器套管、各部支持绝缘子清洁无开裂、放电现象。

f. 检查励磁变压器前后柜门均应在关闭状态，无脱落现象。

6）励磁操作系统控制回路检查：

a. 检查励磁装置的工作电源、备用电源、起励电源、操作电源等均工作正常，并能按照规定投入和自动切换。各表计指示正常。

b. 检查励磁盘周围地面有无积水、厂房棚顶有无漏水。

c. 检查操作把手、开关等均在运行对应的位置，各盘按钮、开关闸刀、接线端子引线无松动、脱落、过热等现象。

d. 检查励磁系统一次、二次接线端子无明显松脱、放电、烧焦现象，无异常气味。

e. 盘面各指示灯及表计指示正确，各继电器位置正确，触点完好无损伤。

7）励磁设备温度巡检：

a. 使用红外线测温仪测量电缆、铜排等发热设备。

b. 使用红外线热像仪记录观察比较重点设备和部位的温度。

c. 灭磁开关触头温度，可以用万用表测量两端的电压值，一般为40～80mV，但要注意安全。

d. 做设备巡回检查记录。

三、操作注意事项

（1）巡回需要两个人以上进行，并做好监护，保持足够的安全距离。

（2）巡回中发现问题，及时汇报当值负责的运行值班人员，并及时开票处理。

模块13 励磁调节器的检查

一、操作说明

在设备运行时，励磁调节器故障检测系统不停地对运行通道及备用通道进行故障检测，甚至故障检测系统本身也会受到监测，但故障监测系统不能保证监测到全部故障，如切换继电器是否正常等，所以定期检查设备仍然是必需的。

二、操作步骤

（1）关闭励磁装置所有电源，切断所有对外电气连接，检查励磁调节器内部接线端子以及元器件的接插件的接触是否牢固。各电源模块工作正常，无过载发热现象。印制线路板、板载元件无松动变色现象，CAN总线、扁平电缆连接紧固。

（2）检查调节器面板上的转换开关、触模屏按钮位置与机组运行工况对应，转换开关及触模屏按钮工作状态转换正确。

（3）调节器无异常信号发出。

（4）屏显模拟量数据与控制室的其他表计指示的读数应在允许的误差范围内。

（5）两个数字通道的参数应一致（在误差范围内）。

（6）在调节器为三通道系统中，应检查三通道间能正常切换。

（7）人工进行通道切换，通道切换后，机端电压或无功应无明显波动。

（8）各指示灯与实际运行工况相对应。

（9）TV、TA输入通道，无开路及错相现象。

（10）上电试验＋5V、±12V、＋24Ⅵ、＋24Ⅶ电源正常。

（11）开入量检查，增、减磁，起励，停机逆变回路正确。

（12）开出量检查，通道故障报警、TV断线、强励动作、欠励动作等开出量正常。

（13）模拟量试验，电压、电流采样正确，整流屏输出波形正常。

（14）起励及调压范围试验，初值30%电压调节范围30%～110%。

（15）10%阶跃试验，增、减U_r以检验调节器性能。

（16）切换试验，手、自动切换电压波动在范围内。

（17）V/F限制试验，有效限制空载误强励。

（18）停机逆变试验，可靠灭磁。

（19）甩负荷试验，U_r 回到空载位置。

（20）出具励磁调节器检查工作报告。

三、操作注意事项

（1）维护检修工作必须在装置完全断电的情况下进行，在工作区最好有醒目的警示线，以防止非工作人员进入。工作中对不能合闸的断路器、灭磁开关、隔离开关等须有防误合闸措施，如挂“有人工作，禁止合闸”指示牌等，防止误操作引起事故。

（2）试验操作中，由于灭磁开关的一侧直接与发电机转子相连，而整流桥的输入侧直接与励磁变压器二次绕组相连，励磁装置在运行过程中，主回路中一般都会有较高的电压，故装置在正常运行或试验时，都应避免碰及主回路设备，以免造成电击事故。

模块14　灭磁过压保护装置的检查

一、操作说明

正常情况下，随主机大修进行，小修一般只作外部检查。

二、操作步骤

（1）灭磁开关检验：

1）操作机构检查：杠杆、拉杆、连杆、轴承弹簧等动作灵活、可靠。

2）接触系统检查：动作顺序正确、接触紧密。

3）灭弧系统检查与调整：栅片隔板完整，分流电阻与原记录比不超过±5%。

4）开关整体机构调整：静主触头开距为2×9mm。

5）辅助触点的检查与调整：触点闭合有一定压力，开启有一定间隙。

6）开关本体检查：螺栓、垫圈完整牢固接线整洁、完整。

7）手动操作试验：开关动作灵活。

8）80%额定电压的低电压试验：动作可靠。

9）30%～65%额定电压的低电压动作试验：应动作无误。

（2）柜内要保持清洁、干燥，定期除灰（最好用吸尘器），平时柜门要关严。

（3）每次灭磁过压保护动作后，必须用万用表检查每个熔丝的通断，发现熔断必须立即更换，并查明原因。

(4) 如非线性电阻损坏数超过30%，必须通知厂家更换备件（因参数关系，不能随便乱配）。

(5) 氧化锌各支路漏电流测试，测量结果确认漏电流、阻值下降较大的片子应进行更换，并及时向上级部门汇报。

(6) 灭磁系统耐压试验：耐压前先用2500V绝缘电阻表测试高压对壳体的绝缘电阻，而后进行交流1min耐压试验。

(7) 高能氧化锌非线性电阻的基本参数测试，参见氧化锌非线性电阻的测试模块。

(8) 出具灭磁过压保护装置检查工作报告。

三、操作注意事项

(1) 维护检修工作必须在装置完全断电的情况下进行，悬挂“有人工作，禁止合闸”指示牌等，防止误操作引起事故。

(2) 耐压过程中做好监护，防止有人误碰试验设备；耐压试验结束后，实验设备必须对地放电。

模块15 晶闸管跨接器试验

一、操作说明

操作目的是检查晶闸管跨接器的动作值是否符合现场实际的要求。

励磁跨接器就是转子过电压保护装置，其基本电路及其原理是：一组正反向并联的晶闸管串联一个放电电阻后再并联在励磁绕组两段，当晶闸管的触发器电路检测到转子过电压后，立即发出触发脉冲使晶闸管导通，利用放电电阻吸收过电压能量。

具体要求：跨接器的动作值应按制造厂产品说明书或调试说明书对其动作值进行。

二、操作步骤

(1) 对跨接器中的晶闸管采用对线灯方式进行检测（具体方法见功率整流元件试验）。

(2) 对跨接器的非线性电阻按照灭磁电阻简单方式进行检测（具体方法见氧化锌非线性电阻试验）。

(3) 整体回路绝缘检测和耐压试验按照常规方式进行，恢复接线要保证正确。

(4) 断开跨接器与其相关回路连接。

(5) 按照如图 2-10 所示连接跨接器试验接线，要求试验电源电压应超过跨接器额定电压值。

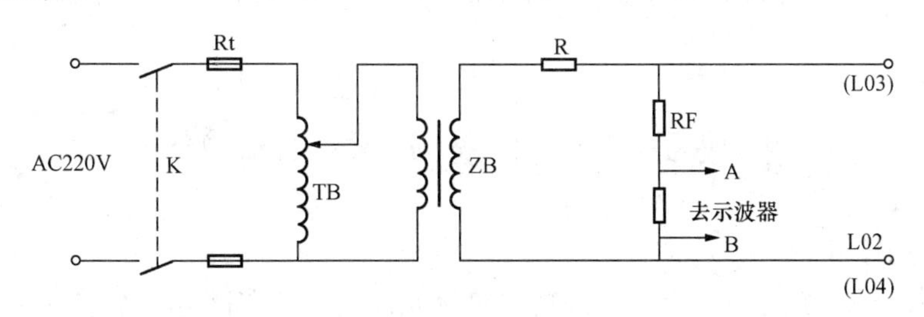

图 2-10　跨接器试验接线

K—电源开关；TB—调压器；ZB—升压变压器；R—限流电阻（按照跨接器导通后回路电流小于 100mA 设计电阻）；RF—分压电阻（按照 100∶1 设计分压电阻）

(6) 检查正确后合上电源开关，调整调压器 TB，观察 A、B 间的电压波形，使电压逐渐升高，当正弦波峰值高于本装置的电压保护动作值时，其峰顶值被削平，记录电压保护动作值。电压波形如图 2-11 所示。

(7) 试验拆线，检查所拆动过的端子或部件是否恢复，清理现场。

(8) 整理试验数据（试验时间、天气、试验主要仪器及精度、试验数据、试验人）记录及分析。

(9) 出具晶闸管跨接器试验报告。

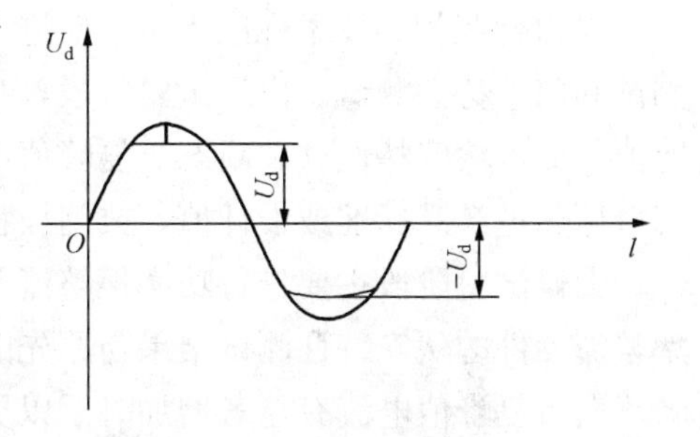

图 2-11　跨接器电压波形

三、操作注意事项

(1) 示波器的工作电源用隔离变压器隔离。

(2) 示波器的测试探头的测试极棒用耐高压的绝缘棒绑好。

(3) 分压装置用绝缘的相色带吊着悬空。保持安全距离示波器调好后，两人分别拿绝缘测试极棒接触阳极开关处不同相的导电部分，一人根据情况，调节示波器，并操作记忆示波器，将阳极波形存储下。

(4) 波形的测试采用记忆示波器录波，做一个 10∶1 的电阻分压装置，示波器只取 1/10 的被测量。

(5) 校验工作至少应有两人参加，由一人操作、读表，一人监护和记录。

(6) 所有元件、仪器、仪表应放在绝缘垫上。

(7) 试验接线完毕后，必须经两人都检查正确无误后方可通电进行试验。

(8) 所用仪表一般不应低于 0.5 级。

(9) 所有使用接线应牢固可靠。

(10) 电源先应查看调压器、变阻器在适当的位置，严防大电流冲击，防止短路。

模块16 功率整流元件试验

一、操作说明

在制造厂安装之前，应对全部功率整流元件或者抽取部分功率整流元件进行重要的特性实验。如晶闸管的伏安特性试验，以确认元件特性参数与设计要求一致、与元件标志的参数一致；考虑到功率柜按照*N*-1配置，一个元件退出运行不影响正常运行，因此在大修试验阶段可以不测功率柜整流元件特性，大修停机前确认各个元件工作正常即可。当有一个元件在运行中发生故障退出，或设备运行10年以上，或设备运行达到制造厂提供的平均无故障运行时间时，在其后的检修阶段可以根据检修条件确定是否对全部元件进行特性测试。

电力行业相关技术标准指出，应进行功率整流元件的伏安特性测试和通态电压测试和门极特性测试。出厂试验阶段，当断态或反向重复峰值电压小于产品标准规定值，或者伏安特性软、断态重复峰值电流或反向重复峰值电流大于设计值，或通态电压超过产品标准或设计值，或门极特性超过标准或设计值时，应予以更换。

大修试验阶段主要进行功率柜整流元件的伏安特性测试和触发特性测试。将功率整流元件的伏安特性测试结果与原先的测试记录进行比对，断态重复峰值电流或者反向重复峰值电流有显著增加时予以更换。触发特性测试以晶闸管在6V主电压下接受触发脉冲能可靠导通作为判据。

对于晶闸管，测得的触发电压、触发电流、维持电流应与原记录无明显差别，其最大值与最小值应符合要求。

晶闸管在检修中以抽查的方式进行测试，测试结果与原出厂记录查比较应无明显差别。

二、操作步骤

(1) 晶闸管测试仪检测法：

1) 首先将被测元件脱离原回路，解除被测元件的阻容保护等附加元件，并将被测元件清扫干净，防止积尘等表面漏电等引起误判。

2) 按照如图2-12所示连接功率整流元件峰值压降测试仪测试电路。

3) 将测试触发特性的功能开关至触发特性位置。

4) 测试仪通电后，慢慢地顺时针旋转触发电位器，在触发指示灯刚亮时停止

旋转，读取触发电压及触发电流，反时针旋转读取晶闸管的维持电流。

5）根据晶闸管的参数设置过流动作值，通过增加调压器输出值，直到过流动作，读取所需要的参数。

6）检查晶闸管的触发特性，检查晶闸管的反向峰值电压及正向阻断电压。

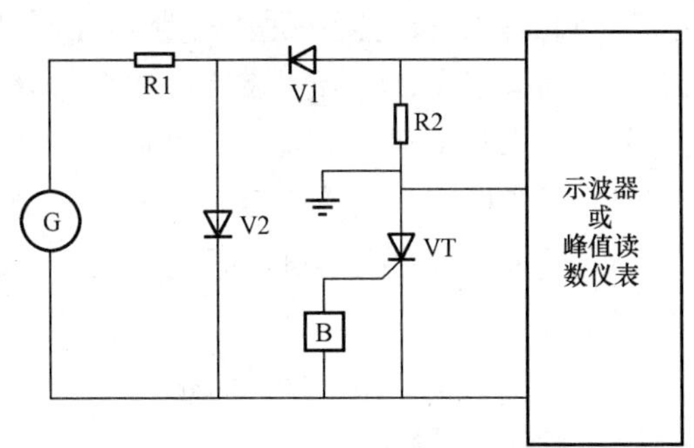

图 2-12　功率整流元件峰值压降测试仪接线

VT—受试功率整流元件；B—门极电路；G—交流电压源；R1—保护电阻；R2—采样电阻；V1、V2—提供负半周期的二极管

7）对晶闸管测得的参数有下列情况时应予更换：

a. 断态重复峰值电压 U_{DRM} 反向不重复峰值电压 U_{RSM} 小于规定值。

b. 伏安特性很软，断态重复峰值电流 I_{DRM} 或反向峰值电流 I_{RRM} 超过规定值。

c. 额定正向平均电流下的正向电压 U_F（AV）或额定通态平均电流下的通态电压 U_T（AV）。

（2）对线灯测试法：

1）测试对线灯完好。

2）将一只对线灯的正负极分别与晶闸管的阳极阴极对应相连，如图 2-13 所示。

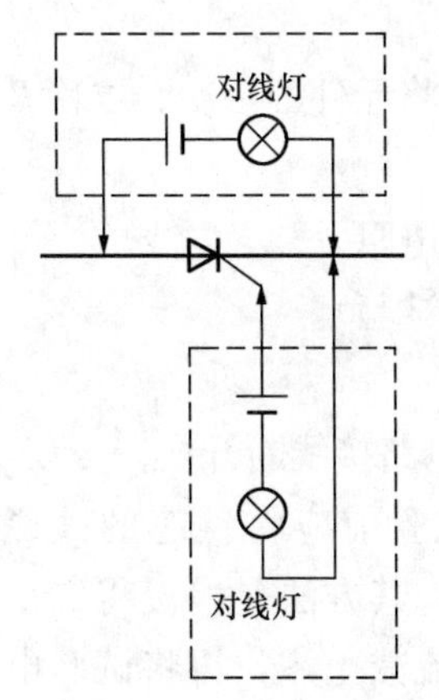

图 2-13　对线灯测试法

3）将另外一只对线灯的负极与晶闸管的阴极相连，对线灯的正极和晶闸管的触发极瞬时短接一下，这时与晶闸管阳极阴极相连的对线灯一直发光。

4）触发下后，阴阳极回路对线灯仍然不发光或者只有在触发极灯短接才发光，断开后立即熄灭，说明灯已坏。这样可简单判断该晶闸管正常。

（3）万用表简单测试法：

1）判断阳极与阴极间是否短路，将万用表置电阻 $R\times1K$ 挡，测量其正、反电阻均应在几百千欧以上，或者不通。若电阻很小或短路，说明元件已坏。

2）判断阳极与控制极间是否短路，因为阳极与控制极之间有两个相反的 PN 结，所以阳极与控制极之间的正反向电阻也应在几百千欧以上。若电阻很小或短路，说明元件以坏。

3）判断控制极与阴极是否短路，控制极与阴极只有一个 PN 结，它比一般的二极管正向电阻小，将万用表置电阻 $R\times10$ 挡，测得正向电阻小（几到几百欧），反向电阻大（几十到几千欧）说明元件控制极与阴极无短路现象。

（4）试验拆线，检查所拆动过的端子或部件是否恢复，清理现场。

（5）整理试验数据（试验时间、天气、试验主要仪器及精度、试验数据、试验人）记录及分析。

（6）出具功率整流元件试验报告。

三、操作注意事项

（1）校验工作至少应有两人参加，由一人操作、读表，一人监护和记录。

（2）所有元件、仪器、仪表应放在绝缘垫上，试验接线完毕后，必须经两人都检查正确无误后方可通电进行试验。

（3）拆卸晶闸管管脚引线时，防止损坏晶闸管。

（4）所用仪表一般不应低于 0.5 级。

（5）所有使用接线应牢固可靠。

模块17　电磁元件试验

一、操作说明

电磁元件指变压器、电压互感器、电流互感器等，其校验仅限于大修和器件更换后进行，平时测量电压和电流即可，但要注意运行中的温度。

二、操作步骤

（1）使用绝缘电阻表测量电磁元件绝缘电阻，测量时应将元件的一次、二次及其他附加绕组分别对地和相互之间进行测量。

（2）使用直流电阻测试仪或单臂电桥测量电磁元件直流电阻。

（3）励磁变压器的检查（具体方法及项目见励磁变压器试验）。

（4）励磁变压器、电流、电压互感器伏安特性检测：

1）试验前将电流互感器、电压互感器一次、二次对外电路接线断开。

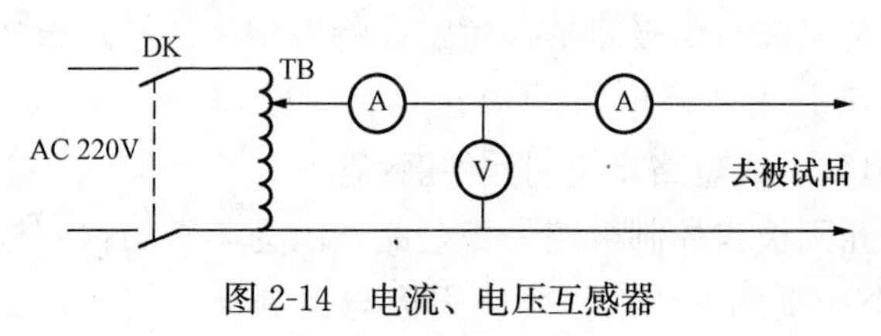

图 2-14　电流、电压互感器伏安特性测试接线

2）试验前应将铁芯的残磁减至最小，其方法是慢慢将二次线圈的电流减至零，再将试验电源切断。

3）按照如图 2-14 所示连接试验电路。

4）检查试验接线。将调压器调至输出为零。

5）闭合试验电源开关DK，在励磁变压器的220V侧、TV和TA的低压侧加额定电压和额定电流。为了减少残磁对测量结果的影响，电流应由零开始逐渐增大，然后慢慢减至零，切断电源。对于电流互感器由零点连续测至饱和点，如有原始电流互感器伏安特性曲线，只测5点即可。

6）测完后，应注意退掉铁芯内残磁。

7）作出伏安特性曲线。

（5）试验资料与前一次试验资料比较与原特性比较误差不大于5%。

（6）试验拆线，检查所拆动过的端子或部件是否恢复，清理现场。

（7）整理试验数据（试验时间、天气、试验主要仪器及精度、试验数据、试验人）记录及分析。

（8）出具电磁元件试验报告。

三、操作注意事项

（1）校验工作至少应有两人参加，由一人操作、读表，一人监护和记录，实验完毕要对试验设备对地短路放电后方可恢复接线。

（2）所有元件、仪器、仪表应放在绝缘垫上。

（3）试验接线完毕后，必须经两人都检查正确无误后方可通电进行试验。

（4）所用仪表一般不应低于0.5级。

（5）所有使用接线应牢固可靠。

（6）合上电源开关前先应查看调压器、变阻器在适当的位置，严防大电流冲击，防止短路。

模块18　氧化锌非线性电阻试验

一、操作说明

检查氧化锌（ZnO）非线性电阻的标称压敏电压、漏电流是否在合格范围内，从而保证发电机灭磁时可靠灭磁。

标称压敏电压U_{10mA}为非线性电阻流过10mA直流电流时，灭磁用的氧化锌阀片两端的电压。

0.5倍标称压敏电压称为$0.5U_{10mA}$。

阀片施加$0.5U_{10mA}$电压时流过阀片的电流称为漏电流I_{1K}。

二、操作步骤

（1）氧化锌非线性电阻常规检查：

1）将并联在阀片两端的连接片拆下，除去阀片上积存的灰尘。

2）逐一检查各串接电阻应无破损、裂缝、松脱现象。

3）将阀片与外电路断开连接，用万用表测试其均流线性电阻，其值应在2Ω左右。

4）用对线灯测其熔断器通断，发现熔断，应更换熔断器。

5）测试阀片对地的绝缘电阻时可整体测试，使用2500V绝缘电阻表测阀片对地绝缘电阻，其值应为大于10MΩ。

(2) 氧化锌非线性电阻的标称压敏电压、漏电流试验：

1）试验设备选择，如表2-1所示。

表2-1　试验设备选择表

序号	设备名称	参　数
1	FU—熔断器	2A
2	TB—调压器	0～220V、3kVA
3	TZB—升压变压器	1.5kV、3kVA
4	R1—限流电阻	1kΩ/100W
5	R2—限流电阻	1kΩ/100W
6	D—高压硅堆	5kV、0.2～1A
7	C—滤波电容	10～100μF/2kV
8	V—直流电压表	2kV、0.5级
9	A—直流电流表	0～10MA、0.5级

2）按照试验接线图接线，如图2-15所示。

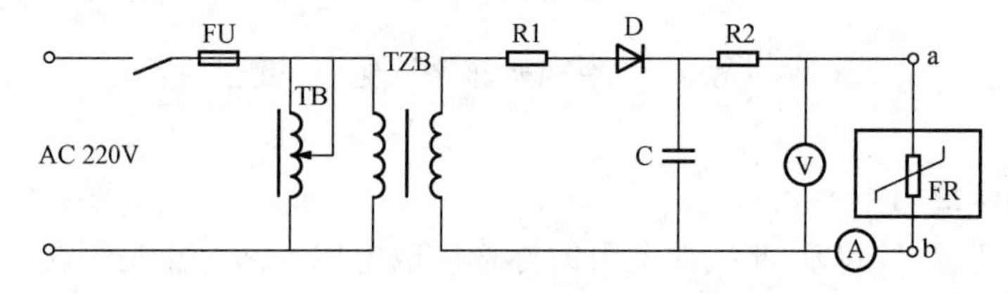

图2-15　氧化锌电阻测试接线

FU—熔断器；TB—调压器；TZB—升压变压器；R1—限流电阻；R2—限流电阻；D—高压硅堆；C—滤波电容；V—直流电压表；A—直流电流表

3）氧化锌阀片标称压敏电压U_{10mA}的测量。调节调压器输出电压，逐渐增加直流电流，测试阀片在10mA电流时，阀片两端的电压值，就是阀片的标准压敏电压即为标称压敏电压U_{10mA}。标称压敏电压U_{10mA}一般要求在250～350V范围内，允许偏差为±5%，若U_{10mA}的变化大于±5%的阀片数大于或等于10%时，要重新组合阀片。

4）氧化锌阀片漏电流的测量：在保证测量误差的条件下，可用漏电流测试仪等任何仪表测试，先按上述氧化锌阀片标称压敏电压的U_{10mA}测量方法测量U_{10mA}。然后对阀片施加$0.5U_{10mA}$，这时流过阀片的泄漏电流即为漏电流I_{1K}。灭磁用氧化锌阀片漏电流一般要求小于或等于50μA。

（3）试验拆线，检查所拆动过的端子或部件是否恢复，清理现场。

（4）整理试验数据（试验时间、天气、试验主要仪器及精度、试验数据、试验人）记录及分析。

（5）出具氧化锌非线性电阻试验报告。

（6）所测阀片参数要与上次的数据相比较，确认是否老化或需要更换。

三、操作注意事项

（1）校验工作至少应有两人参加，由一人操作、读表，一人监护和记录。

（2）所有元件、仪器、仪表应放在绝缘垫上。

（3）试验接线完毕后，必须经两人都检查正确无误后方可通电进行试验合上电源先应查看调压器位置在最小位置，严防大电流冲击，防止短路。

（4）恢复接线时要按照记录进行。

（5）测试仪表精度不低于±5%，测试时间不得超过5s，以防止产生热效应。

（6）相关电力行业技术标准规定，交接和大修阶段要逐片记录氧化锌元件的压敏电压并与原始记录相比较，压敏电压U_{10mA}的变化应小于±5%，压敏电压变化大于10%视为老化失效。

模块19　脉冲变压器输入、输出特性试验

一、操作说明

试验目的是检查脉冲变的输入、输出特性，包括脉冲前沿、脉冲宽度、脉冲幅值是否符合要求。

二、操作步骤

（1）确认设备编号。

（2）采用配套的移相和脉冲放大单元作为脉冲源。

（3）脉冲变压器输出的触发脉冲输入晶闸管门极。6～12V直流电压经过负载电阻加到相同型号规格的晶闸管阳极和阴极间，晶闸管应可靠导通。

（4）由于晶闸管触发参数有一定的分散性，为了便于观察，可用电阻代替晶闸

管门极作脉冲变压器负载。按照晶闸管门极等效电阻的最小值来选择负载电阻。

（5）100MHz 双踪示波器测试脉冲参数：

1）输出脉冲电流前 t_1 应不大于 1～2μs，晶闸管门极触发电流。

2）脉冲变压器输出脉冲电流的固有脉冲宽度不小于输入脉冲宽度。脉冲电流宽度 t_3 可以取大于 100μs（对 500Hz 系统）和 200μs～1ms（对 50Hz 系统）。

3）输出脉冲电流极值应大于晶闸管触发电流 I_{GT} 的 2～5 倍，宽度 t_2 大于 50μs。

4）输出波形可以是包络线为尖顶加平台的高频脉冲列，或者波形为尖顶加平台的单列双脉冲，其平台高度应大于晶闸管触发电流 I_{GT}。

5）双脉冲上升沿间隔 60°。

6）输出脉冲应无明显振荡。

（6）当一组脉冲放大单元连接多个晶闸管元件时，应按照设计最大组数（型号试验）或实际组数（出厂试验）进行试验。

（7）试验拆线，检查所拆动过的端子或部件是否恢复，清理现场。

（8）整理试验数据（试验时间、天气、试验主要仪器及精度、试验数据、试验人）记录及分析。

（9）出具脉冲变压器输入输出特性试验报告。

三、操作注意事项

（1）试验时设专人监护，检查接线正确后方可通电试验，试验中如发现异常现象，调压器要立刻回零，拉开电源开关，查找原因解决后方可试验。

（2）防止触电。

（3）准备好消防器材。

模块 20　电制动检修及试验

一、操作说明

发电机解列、灭磁以后，待机组转速下降到额定转速的 50%～60%，将发电机定子在机端出口三相短路，通过一系列逻辑操作，提供制动电源，励磁调节器转换到电制动模式运行，给发电机转子绕组加励磁电流。因为发电机正在转动，定子在转子磁场的作用下，感应产生短路电流，由此产生的电磁力矩正好与转子的惯性转向相反，起到制动的作用。电制动具有两个显著特点：①制动力矩与定子短路电流的平方成正比；②制动力矩与机组的转速成反比，在制动过程中，因为定子短路电流基本不变，所以随着转速的下降制动力矩反而加大，制动力矩的最大值是出现

在机组将停止转动前的瞬间。

电制动一般在60%额定转速以下投入，由监控系统向励磁系统发出电制动投入令。由励磁系统配置的专用可编程控制器（PLC）完成具体的电制动流程控制。在电制动过程中，励磁调节器处于手动方式，控制励磁系统向转子绕组输出恒定的励磁电流。电制动时的电流给定值可通过调试软件设定。

在实现电制动的过程中，需由外部提供制动电源，而这与励磁系统的主回路结构是密切相关的，通常可归纳为以下两种接线方式：

（1）如图2-16所示，励磁装置为自并励接线方式，当机端短路时，励磁变无电源。制动电源来自于专用制动变压器，制动变接至厂用电。也就是说，在发电工况和电制动工况下，整流电源需经由操作回路控制整流桥交流侧断路器QL1和QL2进行切换。

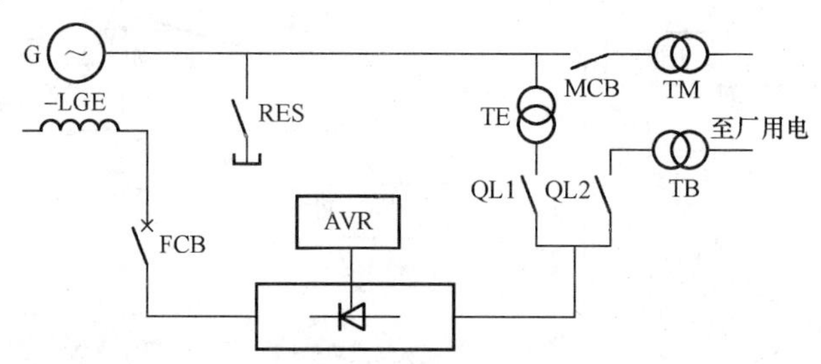

图2-16　自并励接线方式

（2）如图2-17所示，励磁装置为他励接线方式，即励磁变压器接于发电机断路器外侧，在发电工况和电制动工况两种不同工况下，整流电源都由励磁变压器供给。

比较这两种不同的主回路接线方式，图2-17的接法更为简洁，不仅可省去制动变压器和相应的交流侧断路器，励磁装置的控制逻辑也较为简练。

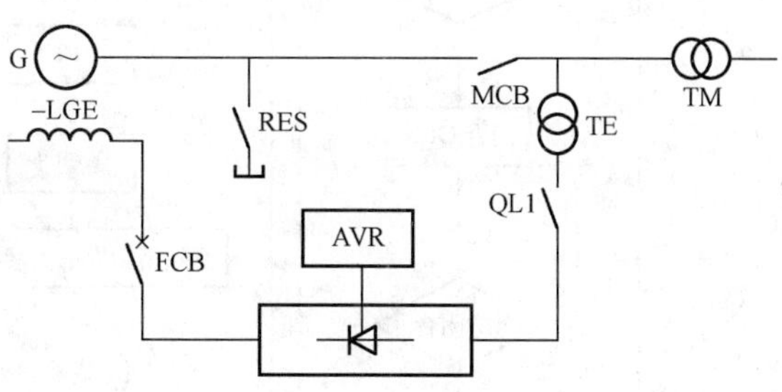

图2-17　他励接线方式

在发电机自并励励磁方式下，励磁变压器一般都直接取自于发电机机端，图2-16的接线方式更为普遍。电制动过程中，励磁系统向发电机转子绕组提供的励磁电流一般不超过空载额定励磁电流值，所以，制动变的容量可以选得较小。

电制动过程的流程控制是通过励磁系统的专用可编程控制器实现的。可编程控制器在实现整个电制动过程中起着关键的作用。下面以常用的图 2-16 的接法为例说明电制动的工作流程，流程图如图 2-18 所示。

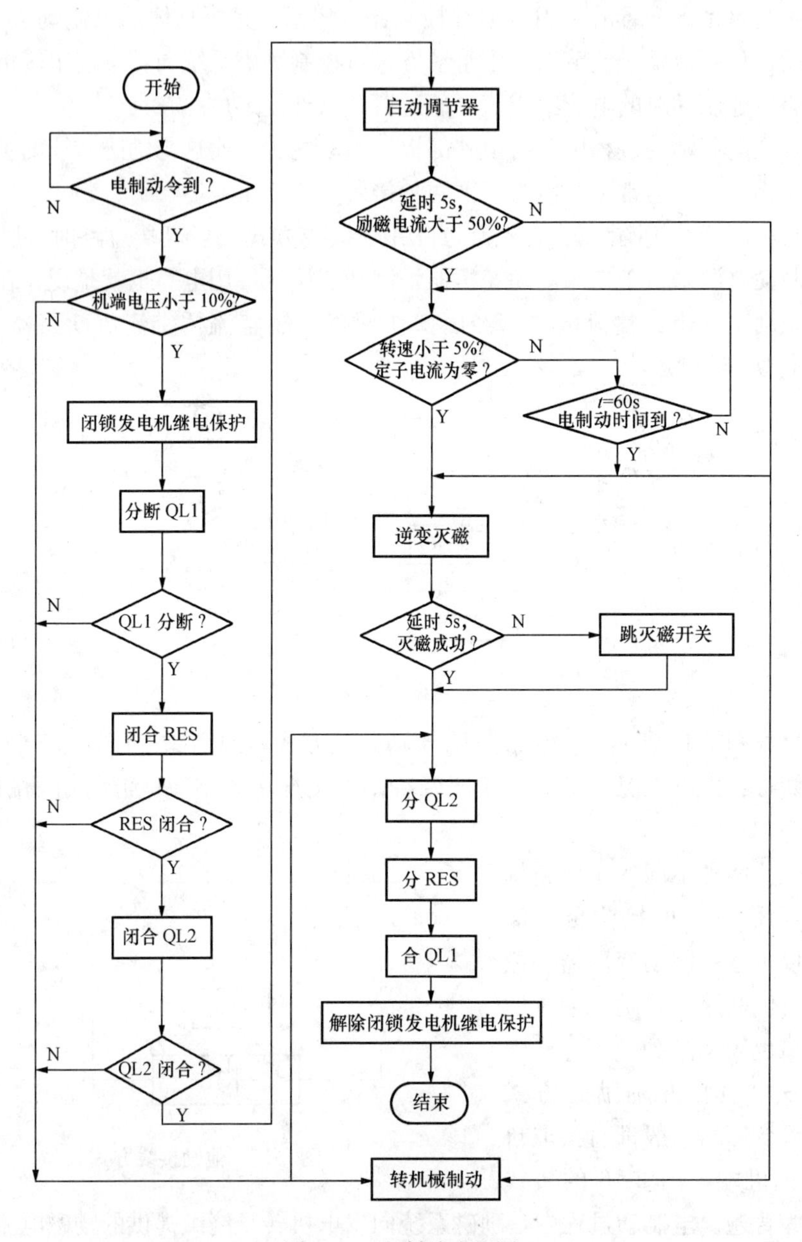

图 2-18　电制动流程图

二、操作步骤

（1）正常停机时，当发电机与系统解列后，监控系统向励磁调节器发出停机令，由励磁调节器进行逆变灭磁。一般在具备以下条件时，监控系统向励磁系统发出电制动投入命令：

1）发电机出口断路器分。

2）机组停机令。

3）导叶全关。

4）机组无事故。

5）机组转速下降到60%额定值以下。

（2）当励磁系统的电制动可编程控制器检测到电制动投入命令并判断条件满足后，依次闭锁继电保护、分励磁变压器二次绕组开关QL1，合短路开关RES、合电制动电源交流开关QL2。

（3）控制励磁调节器转入电制动模式，使得励磁系统向转子绕组输出设定的励磁电流值，形成制动力矩，完成电制动。

（4）在电制动过程中，任何一步不满足电制动条件，可编程控制器都将发信号转机械制动，并向计算机监控系统发送报警信号，电制动退出，同时进入第7步。

（5）当机组的转速小于5%时，电制动完成，可编程控制器向励磁调节器发出逆变灭磁信号；灭磁成功后进入第7步，逆变灭磁失败，可编程控制器将跳灭磁开关，然后进入第7步。

（6）当完成（3）～（5）步后，可编程控制器同时发信号分电制动电源交流开关QL2、短路开关RES、合整流变压器二次绕组开关QL1，解除发电机继电保护，使励磁装置恢复到正常开机前的状态。

（7）在电制动过程中，可编程控制器始终监测整个制动过程是否正常，当遇到以下异常情况时，可编程控制器将向监控系统发出电制动失败报警信号，并退出电制动过程。此时需要由监控系统投入机械制动装置完成机组的制动：

1）QL1不能分断，或RES、QL2开关不能合上。

2）电制动时间过长。

（8）电制动回路中交、直流开关及接地开关检修：

1）交、直流开关检查。

a. 绝缘检查：用500V绝缘电阻表检查断路器，绝缘电阻不应小于10MΩ。

b. 检查断路器在闭合和断开过程中，其可动部分与与灭弧室的零件应无卡住和碰擦现象，指示标牌能正确指示断路器工作状态。

c. 检查铁芯有无特殊噪声，若有噪声，应将工作极面的防锈油擦净。

d. 清理尘埃，保持断路器的绝缘良好。

e. 在各个转动部位加注润滑油。

f. 擦净触头上的烟痕及小金属粒。

g. 主触头超程不应小于 4mm；动静弧触头刚接触时，动静主触头间距离不应小于 2mm。

h. 检查软连接有无损伤，若有折断层应去除，发现折断过多，应及时更换。

i. 断路器经受短路电流后，除必须检查触头系统外，还应清理灭弧罩两壁上的烟痕，若烧损严重，应更换灭弧罩。

2）短路开关 RES 二次部分检查。

a. 检查并调整短路开关 RES 辅助触点，应在主触头动作范围内正确动作。

b. 检查并调整控制电机行程触点，在短路开关 RES 分、合到位时能准确动作电机回路。行程触点应有一定的行程余度。

c. 各类继电器检查应按继电器检验规程进行。

（9）试验拆线，检查所拆动过的端子或部件是否恢复，清理现场。

（10）整理试验数据（试验时间、天气、试验主要仪器及精度、试验数据、试验人）记录及分析。

（11）出具电制动检修和试验报告。

三、操作注意事项

（1）检修前应做好安全措施：切直流控制电源，切交流控制电源。

（2）作业要求两人以上，做好监护，防止走错间隔。

科 目 小 结

本科目面向水电厂自动装置现场维护和检修工作，按照培训目标，以自动装置维护和检修工作中的基本技能操作为主要培训内容，对励磁系统自动装置的常规操作；励磁系统的维护、检修；励磁系统自动装置的检查；励磁系统的常规试验等专业技能操作项目进行了详细的阐述。

通过本科目的技能操作培训，使水电自动装置检修工能正确运用安全规程和维护检修规程，掌握自动装置维护检修工作中规范的维护检修工艺，标准的测量、检查步骤，正确的试验、调试方法。

练 习 题

1. 简述水轮发电机励磁系统的任务。

2. 励磁系统的组成是怎样的？

3. 如何用对线灯判断晶闸管的好坏？

4. 励磁调节器清扫的注意事项有哪些？

5. 氧化锌阀片的参数是如何测定的？如何简单地判断阀片是否合格？

6. 如何进行励磁系统起励、零起升压、交流电源投切、功率柜风机投切操作？

7. 如何进行励磁系统自动、手动开机时的励磁系统投入操作？

8. 如何进行励磁系统停机逆变、增磁、减磁、通道切换操作？

9. 怎样测定励磁系统各部件及励磁回路的绝缘？

10. 怎样检查励磁调节器？

11. 怎样检查灭磁过压保护装置？

12. 画出晶闸管跨接器试验接线，并说出试验步骤。

科目三

调速系统设备的维护、检修及故障处理

调速系统设备的维护、检修及故障处理培训规范

科目名称	调速系统设备的维护、检修及故障处理	类别	专业技能
培训方式	实践性/脱产培训	培训学时	实践性 88 学时/ 脱产培训 44 学时
培训目标	1. 掌握调速系统的组成、设备的结构，熟知技术图纸。 2. 掌握调速系统设备运行操作的正确方法和步骤。 3. 能运用安全规程、维护检修规程对调速系统设备进行维护和检修。 4. 掌握调速器模拟试验的方法、步骤及标准。 5. 掌握钢管充水后调速器手动开机、停机和自动开机、停机试验的方法、步骤及标准。		
培训内容	模块 1　调速器电气部分检查 模块 2　紧急停机电磁阀线圈直流电阻及绝缘电阻检测 模块 3　步进电动机（电液转换器、数字比例阀）控制线圈检测 模块 4　调速器参数校对、修改 模块 5　调速器二次回路绝缘检测 模块 6　电源特性及交、直流电源切换试验 模块 7　手动/自动切换试验 模块 8　紧急停机与复归试验 模块 9　钢管充水后调速器手动开机、停机试验 模块 10　钢管充水后调速器自动开机、停机试验 模块 11　微机调速器的电气维护		
场地、主要设施、设备和工器具、材料	1. 场地：现场设备所在地、自动培训室。 2. 主要设施和设备：调速器及二次回路等。 3. 主要工器具：数字式万用表、单臂电桥、500V 绝缘电阻表、清洁工具包、电工组合工具、吸尘器、毛刷、试验电源盘、验电笔、温度计、湿度计等。 4. 主要材料：控制电缆、绝缘软导线、绝缘硬导线、标签、尼龙扎带、酒精、抹布等。		

续表

安全事项、防护措施	1. 检修前交代作业内容、作业范围、危险点告知、安全措施和注意事项。 2. 戴安全帽，穿工作服（防静电服），穿绝缘鞋，高空作业需佩戴安全带。 3. 加强监护，严格执行电业安全工作规程。 4. 对于需停电检修的设备，要认真进行验电检查，确保无电及安全措施完善后才能开始检修工作。
考核方式	笔试：120分钟 操作：120分钟 完成维护和检修任务后，针对模块技能操作评分标准进行考核。

调 速 系 统 概 述

一、调速系统的作用

在电力系统中，发电、供电和用电是同时进行的。水轮发电机组能够把水能转换成电能供用户使用。用户除了要求供电安全、可靠和经济外，还对供电的频率和电压等指标有着严格的要求。频率和电压波动过大，会影响用户的产品质量和设备的正常工作。

我国电力系统规定：电力系统的频率应保持50Hz，其允许偏差对电网容量在3000MW及以上者为±0.2Hz，对容量在3000MW以下的地方电网为±0.5Hz。用户端电压变动幅值的允许范围是：35kV及以上的用户为额定电压的±5%，10kV及以下的用户为额定电压的±7%，低压照明用户为额定电压的－10%～＋5%。一些工业发达国家对频率和电压的稳定要求更加严格。

发电机的频率 f 与转速 n 和磁极对数 P 的乘积成正比。发电机的磁极对数取决于发电机的结构，对已制造好的发电机，P 是一个常数，其输出的频率与转速成正比，即水轮发电机组的频率随其转速的增减而增减，要保证频率在允许的范围内，就要保证机组转速在规定的范围内。

电力系统频率的稳定主要取决于有功功率的平衡，即系统内的有功功率与有功负荷的平衡。电力系统的有功负荷是不断变化的，因此，水轮机调节的基本任务是：根据电力系统负荷的变化，不断地调节水轮发电机组的有功功率输出，使系统内的有功功率与有功负荷相平衡，并维持机组转速（频率）在规定的范围内。

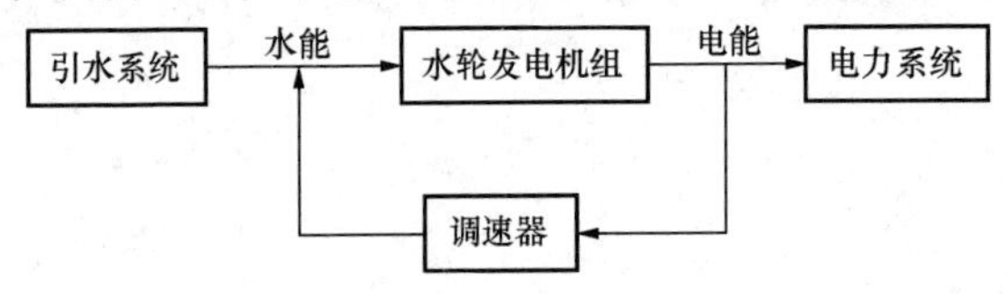

图3-1　水轮机调节系统组成及功能

水轮机调节系统组成及功能如图3-1所示。由图可见，水轮机调节系统由引水系统、水轮发电机组、电力系统、调速器四部分组成，并构成了一个封闭的调节系统。引水系统的作用是将上游水库或河道中的水引入水轮机，做功后再排至下游；水轮发电机组的作用是由水轮机将水流能量转化为旋转的机械能，再经发电机将机械能转换为电能并输送到电力系统；电力系统也称电网，其作用是将发电机输出的电能输送给用户；调速器的作用是根据电网频率的变化和用户的给定值，调节进入水轮机的水能。

调速器是水电厂的主要控制设备之一，其主要作用是保持水轮发电机组转速（频率）恒定或将其控制在一定的允许范围之内。随着调速器的发展，其功能也不断得到扩展，机组的启动、停机、调相、并网和加减负荷等操作也是调速器的主要功能，另外还有许多附加功能，如有功功率的成组调节、按有差特性分配各机组之间的负荷、按水位调节、按开度调节及机组的波动控制等。同时，调速器还是安全监控系统的执行部分之一，当发生电气事故、发电机跳闸以后，调速器可以及时地使机组停机，防止事态扩大。一旦事故消除，调速器又可以迅速地启动机组，增加了备用机组快速投入运行的灵活性。

衡量一台调速器好坏的技术标准，主要是依据它的静态质量指标和动态质量指标。静态质量指标主要指调速器的转速死区、静态特性的非线性度、调速器随动系统的不准确度等。动态特性指标指调节过程的快速衰减和良好的稳定性。评价过渡过程的好坏有一系列技术指标，如超调量、超调次数、高速时间和衰减率等。总之，一台好的调速器在稳态运行时应能维持一定的静态准确度，并能稳定地运行，在各种扰动信号作用下，应能达到快速收敛，满足过渡过程品质各项指标。尤其甩负荷工况，应能确保机组安全，使大波动过渡过程品质也符合要求。通常调速器应符合的技术要求有：①空载稳定运行时，维持频率的精确度；②稳态运行时机组功率应维持在一定的准确度；③接力器不动时间应小于规定值；④调速器转速死区小于规定值；⑤随动系统不准确度应小于规定值。⑥机组甩100％负荷时，最大转速上升值及最大水压上升值应满足调节和保证计算要求，且调整时间及其他动态指标均应满足调速器国家标准规定的技术指标。

各项技术指标的具体规定值，根据情况和条件不同，数值也不同，可参见有关国家标准。

调速器由自动调节机构、操作控制机构和指示仪表等组成，而自动调节机构是调速器的核心部分，它由测频元件、放大元件、反馈元件和执行元件等组成，其作用分述如下。

1. 自动调节机构

（1）测频元件。在运行中测量机组的转速或输出电能的频率，并将其与给定值相比较，再根据偏差的大小和方向发出指令，控制下一级元件工作。

（2）放大元件。将测频元件来的频差信号和反馈元件来的反馈信号综合后进行放大，以推动下级元件工作。

（3）反馈元件。起校正作用，包括硬反馈和软反馈元件，或增加的其他反馈元件。反馈一般采用负反馈形式，反馈信号的方向与输入信号的方向相反，起到削弱输入信号作用的目的。其中硬反馈元件属于起定量作用的校正元件，它将执行元件（接力器）输出信号按比例地引回输入端，以实现预计的调节规律；软反馈元件属于起稳定作用的校正元件，它将执行元件（接力器）输出信号的微分值引回输入

端，以确保调节的稳定性和调节品质。

（4）执行元件。调速器的输出接力器，它接受放大后的调节信号，并通过控制水轮机导水机构，调整进入水轮机的水流量。

2. 操作控制机构

主要有转速调整机构、开度限制机构、手自动切换装置、紧急停机电磁阀和手动操作机构等，以便调整机组转速、增减负荷、开机、停机和手动控制运行等。

3. 指示仪表

为了便于监控调速器的运行状况，对运行中出现的问题能及时了解和处理，在调速器上安装有油压表、转速表、开度表等。

水轮机调节系统是一个非线性的时变系统，其性能的好坏对系统各工况下的动态品质起着决定性的影响，直接关系到水轮机的功率和效率、稳定和安全。随着计算机控制理论和技术的不断发展和成熟，其先进性、可靠性和稳定性进一步提高，逐渐出现了经典和现代控制理论与计算机相结合的标准化、高性能新型计算机控制装置。但模拟调速器至今仍未能超出比例—积分（PI）或比例—积分—微分（PID）的控制规律，而且其控制的速度和精度、稳定性和可靠性、远程监控及自动化程度都难以满足现代水电站及电力系统的要求。随着 Intel 公司推出第一个微处理器开始，国内外调速器专家就开始将微机控制技术引入水轮机调节领域。我国在 20 世纪 80 年代开始研制微机调速器，并于 1984 年 11 月研制成功我国第一台微机调速器，在湖南欧阳海水电站投入运行。到了 90 年代，随着一些新型计算机装置和电液随动系统及标准化液压元件在调速器中的应用，新型调速器出现了高油压、液压元件集成、应用现代控制理论、采用新型计算机控制装置等特点，与机调、电调相比，新型微机调速器便于采用先进的调节控制技术，从而保证水轮机调速系统具有优良的静、动态特性。不仅可实现 PID 调节规律，还可以实现前馈控制、预测控制、模糊控制和自适应控制等复杂规律，从而可得到更好的动态调节品质。硬件高度集成，液压元器件标准化，可靠性和稳定性较高；同时直接数字控制使结构和操作回路更加简单，杆件死行程小，定位精度高，响应速度快。参数设定、修改方便，状态查询灵活、直观。提高性能和增加功能可通过修改软件实现。如机组的开停机规律、导叶分段关闭规律、开机时频率自动跟踪和相位检测等，并具备自诊断功能、容错控制功能等。可利用通信功能直接与厂级或系统级上位机连接，实现全厂的综合控制，提高自动化水平。微机调速器在速动性、精确性和可靠性方面具有优越性。

目前全国各大水电厂广泛使用的是微机调速器，它具有如下特点：

（1）控制品质好。发电机组调速系统是一个非线性系统。要想使机组在启动升速、同期并网、发电、甩负荷等各种工况下均处于最优运行状态，调速系统的结构和参数需要随着机组的不同运行工况，在线进行修改。微机调速器可以很方便地做到这一点，能够实现机组运行全过程最优控制。微机调速器还可以实现自适应控制、智能控制等高级控制来提高调速系统的调节品质。

（2）功能多。微机调速器除了可以实现普通调速器的功能以外，还可以实现普通调速器不易实现的功能，如机组自动启动和升速控制、自动同期并列控制等功能。

（3）灵活性好。由于微机调速器在一套完善的硬件设备做好以后，各种不同功能和性能的实现主要由软件来决定，这就使微机调速器可以很方便地增减功能和特性。

（4）运行稳定、抗干扰能力强、工作可靠。模拟电液调速器是用模拟电路实现的，模拟电路受工作环境温度和工作电源电压的影响会产生漂移，影响调速器运行的稳定性。为了克服漂移常使电路变得很复杂。微机调速器是用微机数字电路来实现的。由于数字电路的工作对环境温度和电源电压的变化不敏感，这就克服了各种漂移的影响。而且当前应用的各种微机包括工控机和可编控制器非常可靠，这就使得微机调速器具有较强的抗干扰能力和较高的可靠性。

二、调速系统的维护、检修周期

（1）设备巡回：每周1～2次。

（2）小修：每半年一次，工期7～15天。

（3）大修：每四年一次，大修工期可采用分阶段检修的方式，工期一般为20～30天。

（4）随生产设备的改造同步进行检修。

（5）根据设备的实际运行情况进行检修。

三、调速系统的检修前准备

（1）作业前组织作业人员学习相关标准化作业指导书、技术资料、检修规程，根据运行及试验中发现的设备缺陷及上次检修的情况，确定施工方案及重点检修项目。

（2）准备有关维护、检修技术资料（技术图纸、设备说明书等）、记录（原始记录、缺陷及故障记录、巡回记录）及报告（上次检修报告、上次试验报告、上次技改报告）。

（3）工作负责人填写标准化作业卡、办理工作票。

（4）检查工作组成员健康状况、安全帽、工作服（或防护服）、绝缘鞋、安全器具是否完备和合格。

(5) 准备并检查工器具、材料、备品配件、试验和检测设备是否满足要求，并运至现场。

(6) 分析现场作业危险点、提出相应的防范措施，并核对现场安全措施是否正确和完善。

(7) 确认维护和检修的设备编号、位置和工作状态。

(8) 工作负责人由高级工及以上等级人员担任，工作组成员若干名。

模块1 调速器电气部分检查

一、操作说明

调速器电气部分检查在机组大、小修时均进行此项工作，电气部分检查包括调速器电源部分、可编程控制器部分、人机界面液晶显示器、操作元件部分、调速器端子接线、步进电动机、紧急停机电磁阀、导叶反馈元件部分。通过对电气部分的检查，可以及时发现和处理电气元件存在的问题，紧固受振动松动的端子，以消除接触不良，避免调速器电气部分拒动，清除电气设备上的灰尘，防止电气设备电路板短路现象的发生。

使用的技术资料有 BW(S)T-80/100/150/200 可编程调速器说明书、二次控制回路端子接线图、检修记录。

二、操作步骤

(1) 紧固调速器交、直流工作电源开关接线，用数字式万用表欧姆挡（或对线灯）分别测量电源开关同极的两端，将电源开关投入，数字式万用表测量显示电阻值为零（或接入对线灯进行测量，对线灯点亮），开关接触良好；将电源开关断开，数字式万用表测量显示为开路（或接入对线灯进行测量，对线灯不亮）。

(2) 紧固调速器接线端子排螺栓，检查线号标识是否清楚，接线是否整齐。

(3) 用数字式万用表欧姆挡（或对线灯）测量面板按钮开关触点接触良好，安装牢固，按下后复位良好。

(4) 用数字式万用表欧姆挡（或对线灯）测量面板转换开关触点接触良好，开关切换灵活，无卡滞现象。

(5) 检查可编程控制器（PLC）各模块与底板插接牢固，接触良好，无松动，模块标志清晰，端子接线整齐、无松动。

(6) 检查调速器电气柜内接线整齐，绑扎牢固。

(7) 检查步进电动机反馈电阻安装牢固，接线不松动，反馈电阻滑动轴与引导阀的连接螺母紧固，固定在辅助配压阀引导阀上的滑动杆与反馈电阻垂直。

（8）在外回路将开机信号、停机信号、调相信号、断路器信号、机频信号、网频信号等模拟送入调速器，用数字式万用表电阻挡（或对线灯）在调速器接线端子排上测量开关量输入信号；在调速器接线端子排上模拟调速器故障、交流/直流电源中断，在发电机现地控制单元测量调速器信号。

（9）用直流单臂电桥或数字式万用表电阻挡测量紧急停机电磁阀线圈直流电阻，所测线圈电阻值不应大于额定值的±10%，用500V绝缘电阻表测量电磁阀线圈对地绝缘电阻，不小于50MΩ为合格。

（10）用直流单臂电桥或数字式万用表电阻挡测量步进电动机线圈绕组测直流电阻，其电阻值应在2Ω；用500V绝缘电阻表测量线圈绕组绝缘，不小于50MΩ为合格。

（11）检查步进电动机引线绑扎整齐、牢固、无脱落。

（12）检查主配压阀动作监视接近开关安装位置正确、牢固。

（13）检查导叶反馈传感器安装牢固，反馈传感器钢丝绳（钢带无裂口）平整、无损伤，反馈传感器钢丝绳挂钩安装端正，钢丝绳挂钩反锁，不应脱开。

（14）检查反馈电阻引出线插头与反馈传感器插座无损环，接触良好，固定插头的卡子应反锁。

（15）检查MB+网分支器安装牢固。

（16）检查面板各指示灯指示正常，各表计指示正常。

（17）检查电源板、模板元件焊点无开焊、过热、变色现象，无灰尘。

（18）清扫调速器柜内电气部分、反馈电阻、电磁阀及二次回路。

（19）出具调速器电气回路检查工作报告。

三、操作注意事项

（1）电气部分检查应在调速器停电时进行。

（2）使用专用工具，避免用力过猛而损坏元件。

（3）做好检查记录。

模块2　紧急停机电磁阀线圈直流电阻及绝缘电阻检测

一、操作说明

紧急停机电磁阀线圈直流电阻的测量是检查线圈是否断线或短路，绝缘电阻的测量采用绝缘电阻表，用以检验线圈是否接地或其对地绝缘是否符合规定值。紧急停机电磁阀一般采用直流电源供电，电压等级为24V或220V。工作线圈的额定工作电压小于48V时，采用额定电压为250V的绝缘电阻表；工作线圈的额定工作电压为48～500V时，采用额定电压为500V的绝缘电阻表。使用的技术资料有二次控制回路端子接线图、检修记录。

二、操作步骤

（1）用万用表直流电压挡或验电笔检测电磁阀线圈回路是否带电，万用表表笔一端接电磁阀引线，一端接地。若用验电笔验电，一只手拿验电笔验电，另一只手接地。

（2）验明无电后，断开电磁线圈的控制回路接线，然后用直流单臂电桥（或数字式万用表欧姆挡）测量紧急停机电磁阀线圈的直流电阻，所测量直流电阻值不超过名牌标注额定值的±10％。

（3）使用绝缘电阻表检测电磁线圈对地绝缘，检测后应将线圈对地放电。

（4）恢复断开的接线，并做好检测记录。

（5）试验拆线，检查所拆动过的端子或部件是否恢复，清理现场。

（6）整理试验数据（试验时间、天气、试验主要仪器及精度、试验数据、试验人）记录及分析。

（7）出具紧急停机电磁阀线圈直流电阻的测量及绝缘电阻的测量试验报告。

三、操作注意事项

（1）测量线圈直流电阻值时，将外回路断开回路，以防止外回路对测量电阻值产生影响。

（2）测量线圈直流电阻值时，应使用直流单臂电桥（或数字式万用表欧姆挡）。

（3）绝缘检测时，将外回路断开用500V绝缘电阻表测量线圈绕组绝缘，不小于50MΩ为合格。

（4）绝缘测量完毕对电磁阀线圈进行放电。

模块3 步进电动机（电液转换器、数字比例阀）控制线圈检测

一、操作说明

检验步进电动机控制线圈及步进电动机线圈有无短路和断路现象，用以检验线圈是否符合规定值。使用的技术资料有调速器端子接线图、检修记录、现场检修记录。

二、操作步骤

（1）拉开调速器交、直流工作电源开关。

（2）将步进电动机控制线在端子排上断开，并做好记录。

（3）用数字万用表欧姆挡对步进电动机控制线及电动机线圈进行检测，分别对

红、黑、黄和蓝、白、橙两组线圈进行检测。每组中的红、黑、黄和蓝、白、橙三个抽头中的公共端对另外两个抽头进行测量，其电阻值应在 2Ω。

（4）根据记录，恢复端子排上被断开的步进电动机控制线。

（5）出具步进电动机检测报告。

三、操作注意事项

（1）测量线圈直流电阻值时，将外回路断开，以防止外回路对测量电阻值产生影响。

（2）测量线圈直流电阻值时，应使用数字式万用表。

（3）做好试验记录。

模块 4　调速器参数校对、修改

一、操作说明

调速器参数校对是核对调速器设置参数有无变化，在查阅参数时，应对照原始参数记录。调速器参数校对可以掌握目前调速器运行参数，为修改调速器参数提供参考。调速器参数修改是在一次设备变动并进行相应的试验后，确定修改的参数值。使用的技术资料有调速器参数设置表、现场检修记录。

二、操作步骤

（1）调节器参数设置菜单，触摸“运行参数 1”按钮如图 3-2 所示，弹出密码键盘，只有输入正确的密码才可将画面切换至 PID 调节参数画面。

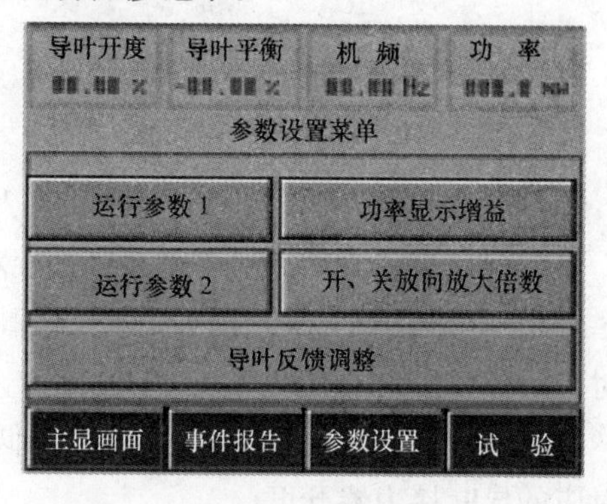

图 3-2　调节器参数设置菜单

PID 调节参数画面如图 3-3 所示，此画面的主要功能是可以设置四种运行工况下的 PID 调节参数。注意：设置完所有的 PID 调节参数后，必须触摸“有效”按钮，只有这样 PLC 才会确认此次设置有效。参数标准 b_t：缓冲强度标准范围 3%～150%；T_d：缓冲时间标准范围 2%～20%；T_n：微分时间常数标准范围 0～5%。

“下页”按钮可将画面切换到“运行参数 2”画面，“帮助”按钮可将画面切换到相应的帮助画面。

（2）触摸“运行参数 2”按钮，弹出密码键盘，只有输入正确的密码才可将画面切换至运行参数 2 画面，如图 3-4 所示。

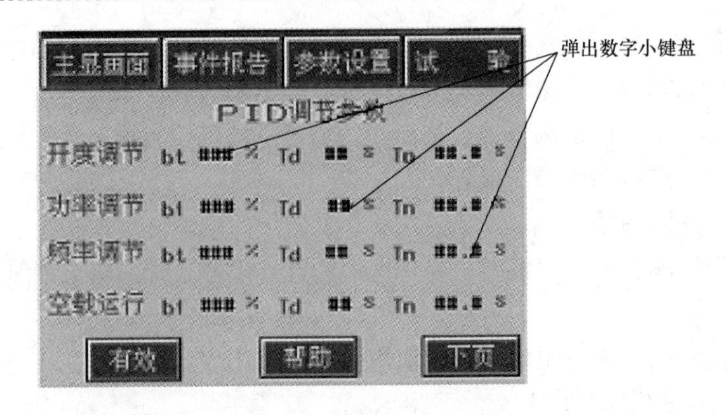

图 3-3　PID 调节参数画面

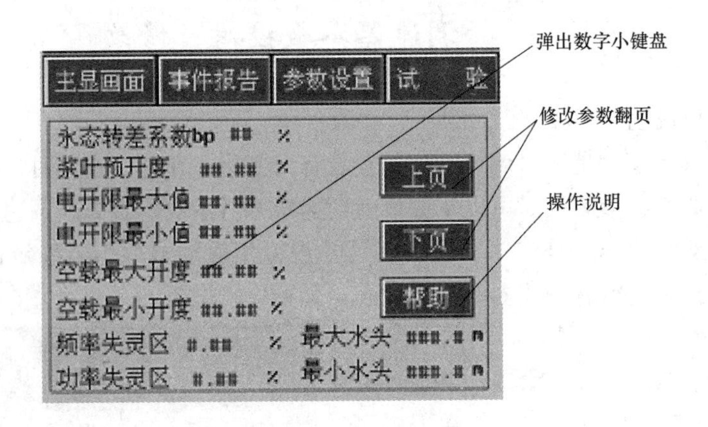

图 3-4　运行参数画面

此画面的主要功能是可以设置并校对如下运行参数：

1）电开限最大值：在水库水位最高时，机组带到额定负荷或允许的超发功率对应的导叶接力器开度。

2）电开限最小值：在水库水位最低时，机组带到额定负荷或允许的超发功率对应的导叶接力器开度。

3）空载最大开度：在水库水位最低时，机组在空载工况下稳定在额定转速对应的导叶开度。

4）空载最小开度：在水库水位最高时，机组在空载工况下稳定在额定转速对应的导叶开度。

5）频率失灵区：在负载开度或功率模式下，调速器对该范围内（频率给定加减失灵区）的频率不调节。

6）功率失灵区：在功率模式下，调速器对该范围内（功率给定加减失灵区）

的功率不调节。

以单机 100MW，立式轴流式水轮机发电机配置的 BWT-150-E984-265（MB+）型调速器为例，其运行参数原始设置如表 3-1 所示。

表 3-1　　运行参数原始设置表

参数名称	参数值	单　位	参数名称	参数值	单　位
永态转差系数	4	%	频率失灵区	0.30	Hz
电开限最大值	99.99	%	功率失灵区	1.60	
电开限最小值	95.00	%	最大水头	113.0	m
空载最大开度	20.00	%	最小水头	68.6	m
空载最小开度	10.00	%			

（3）触摸“开、关方向放大倍数”按钮后会弹出密码键盘，只有输入正确的密码才可将画面切换至“开、关方向放大倍数”画面，如图 3-5 所示。

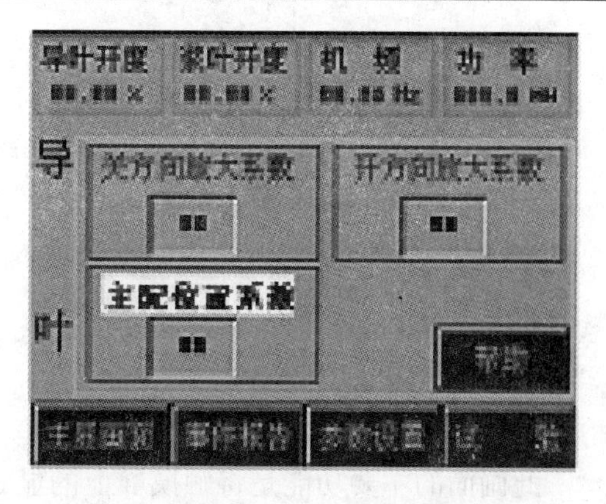

图 3-5　导叶开、关方向放大倍数画面

此画面的主要功能是设置开、关方向放大系数以及电动机位置放大系数，放大系数范围一般为 3～45。校对导叶开、关方向放大倍数。

以单机 100MW、立式轴流式水轮机发电机配置的 BWT-150-E984-265（MB+）型调速器为例，导叶开、关方向放大倍数参数原始设置如表 3-2 所示。

表 3-2　　导叶开、关方向放大倍数参数原始设置

参数名称	参数值	参数名称	参数值
开方向放大倍数	18	发电机位置放大系数	5
关方向放大倍数	18	频率补偿系数	1.3

注　此画面中的参数严禁随意修改。

（4）触摸“功率显示增益”按钮后会弹出密码键盘，只有输入正确的密码才可将画面切换至“功率显示增益”画面，如图 3-6 所示。校对功率反馈调整参数。

以单机 100MW、立式轴流式水轮机发电机配置的 BWT-150-E984-265（MB+）型调速器为例，功率反馈调整原始参数如表 3-3 所示。

表 3-3　　功率反馈调整原始参数表

参数名称	参 数 值	单 位
功率实测值	显示机组功率实际值	
功率显示值		MW
零功率时测量值		
功率显示增益	10	
功率给定最大值	115	MW

注　此画面中的参数严禁随意修改。

(5) 触摸“导叶反馈调整”按钮后会弹出密码键盘，只有输入正确的密码才可将画面切换至“导叶反馈调整”画面，密码如图 3-7 所示。

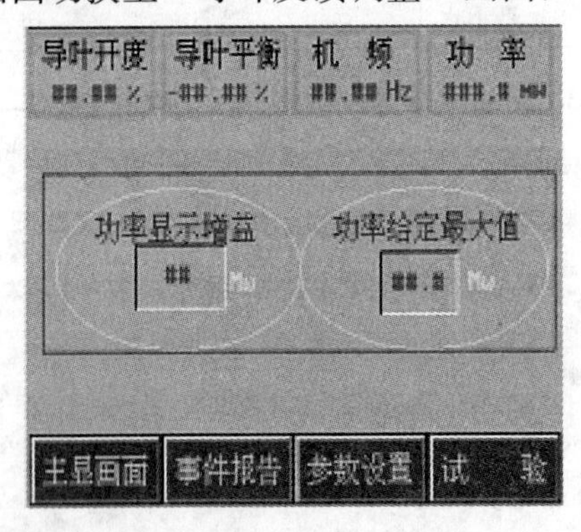

图 3-6　功率显示增益画面

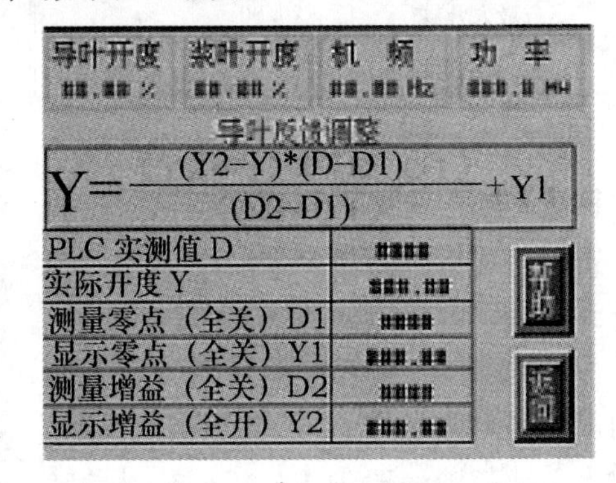

图 3-7　导叶反馈调整画面

此画面的主要功能是将触摸屏上的显示和 A/D 转换值一一对应。校对导叶反馈调整参数。

以单机 100MW、立式轴流式水轮机发电机配置的 BWT-150-E984-265（MB＋）型调速器为例，导叶反馈调整原始参数如表 3-4 所示。

表 3-4　　导叶反馈调整原始参数表

参数名称	参 数	参数范围
实测值	10～3460	10～3460
实际开度 Y	显示机组实际开度值	显示机组实际开度值
测量零点 D_1	30	30
显示零点 Y_1	0.00	0.00
测量增益 D_2	3400（设定值）	3400（设定值）
显示增益 Y_2	99.99%	99.99%

实测值是指由 A/D 通道读入的值，其值不可在画面中修改。

(6) 做参数校对记录。

三、操作注意事项

（1）调速器参数校对时做好监护，防止误修改运行参数。

（2）校对参数时与原记录作对比，做好参数校对记录。

（3）修改参数应进行试验，试验良好后，确定参数值。

模块 5　调速器二次回路绝缘检测

一、操作说明

调速器二次回路绝缘检测必须在设备无电的情况下进行，被检查的回路上确实无人工作后，方可进行工作。选择电压等级合适的绝缘电阻表进行检测工作，至少应有两人在一起工作。

二、操作步骤

（1）对回路进行绝缘检测时，应将调速器交、直流电源开关拉开，信号输入回路接线从调速器端子排断开。

（2）调速器二次回路电压小于100V用250V电压等级的绝缘电阻表测定电气回路和大地间的绝缘电阻。

（3）调速器二次回路电压为100～250V时，用500V电压等级的绝缘电阻表测定电气回路和大地间的绝缘电阻。

（4）绝缘检测完毕，应将回路对地进行放电。

（5）试验拆线，检查所拆动过的端子或部件是否恢复，清理现场。

（6）整理试验数据（试验时间、天气、试验主要仪器及精度、试验数据、试验人）记录及分析。

（7）出具调速器二次回路绝缘检测试验报告。

三、操作注意事项

（1）检查回路绝缘应将调速器及回路停电。

（2）绝缘检测前应采取措施，防止电子元器件及表计损坏。

（3）绝缘检测时，使用绝缘电阻表的额定电压应根据各电路的额定工作电压进行选择。

模块 6　电源特性及交、直流电源切换试验

一、操作说明

电源特性试验是检验开关电源在输入电压变化后，开关电源工作特性是否稳

定；在开关电源稳压范围内，外部电压波动将不影响调速器的正常工作。交流、直流电源切换试验是检验开关电源在电源切换过程是否有电压波动。使用的技术资料有调速器端子接线图、检修记录、现场检修记录。

二、操作步骤

（1）拉开调速器交、直流工作电源开关，将调速器原始交、直流工作电源输入接线从端子排上拆下。

（2）外接实验交流工作电源，实验交流工作电源可用继电保护测试仪或外接单项调压器提供。

（3）实验交流电源额定电压为220V，调节实验交流电源电压在190V到250V之间变化，检测开关电源输出电压（可在调速器输出电源端子上用数字式万用表直流电压挡测量输出电压，输出电压等级有DC 24V、DC 5V等），各开关电源输出的直流电压应为输出额定电压。

（4）外接直流工作电源，直流工作电源可用继电保护测试仪或整流装置提供。

（5）试验直流电源额定电压为220V，调节实验直流电源电压在190V到250V之间变化，检测开关电源输出电压（可在调速器输出电源端子上用数字式万用表直流电压挡测量输出电压，输出电压等级有DC 24V、DC 5V等），各开关电源输出的直流电压应为输出额定电压。

（6）将试验交流、直流电源分别经过开关同时送入开关电源，交流或直流电源任意投入一种工作电源或在额定电压的±10%内变化时，开关电源输出电压应为输出额定电压。

（7）试验拆线，检查所拆动过的端子或部件是否恢复，清理现场。

（8）整理试验数据（试验时间、天气、试验主要仪器及精度、试验数据、试验人）记录及分析。

（9）出具电源特性试验报告。

三、操作注意事项

（1）试验接线须经第二人检查无误后，方可通电进行试验。

（2）防止交、直流电源短路或接地。

模块7　手动/自动切换试验

一、操作说明

在无水条件下模拟调速器负载工况运行，检验调节系统在工作方式切换时的响应过程。检验各工况切换后调速器调整有无变化。使用的技术资料有调速器端子接

线图、检修记录、现场检修记录。

二、操作步骤

（1）将机频和网频接线从端子上断开，包好绝缘，做好记录。

（2）将调速器内部提供的5V工频信号模拟为机频和网频送入调速器的机频和网频输入端。

（3）将接力器开至任意开度。

（4）模拟机组断路器合，调速器处于并网负载运行状态。

（5）操作调速器手动/自动切换把手使调速器在自动—手动工况之间切换；记录切换前后接力器开度的稳态值并计算出差值所占接力器总行程的百分比。切换前后接力器开度变化应保持在误差范围内。

（6）操作调速器自动/电手动切换按钮，使调速器在自动—电手动工况之间切换；记录切换前后接力器开度的稳态值并计算出差值所占接力器总行程的百分比。切换前后接力器开度变化应保持在误差范围内。

（7）试验拆线，检查所拆动过的端子或部件是否恢复，清理现场。

（8）整理试验数据（试验时间、天气、试验主要仪器及精度、试验数据、试验人）记录及分析。

（9）出具工作方式切换试验报告。

三、操作注意事项

（1）试验时用调速器内部提供5V工频信号电源进行短接模拟输入机频、网频信号时，不得与AC 220V、DC 220V（或DC 110V）电源回路串接，否则会损坏元器件。

（2）步进电动机调速器由自动和电手动切换至机械手动时，首先将手动/自动切换把手切至手动位置，方可进行手动操作。

模块8　紧急停机与复归试验

一、操作说明

紧急停机与复归试验是检验调速器在紧急停机时是否能可靠动作，防止机组过速和事故扩大。此试验应在无水条件下模拟调速器在负载工况运行下，进行操作试验。使用的技术资料有调速器端子接线图、检修记录、现场检修记录。

二、操作步骤

（1）将机频和网频接线从端子上断开，包好绝缘，做好记录。

（2）将调速器内部提供的5V工频信号模拟为机频和网频送入调速器的机频和网频输入端，将接力器开至30%开度。

(3) 模拟机组断路器合，调速器处于并网负载运行状态。

(4) 将导叶开启30%，按下“紧急停机”按钮，导叶应急关至全关，按“急停复归”按钮，紧急停机电磁阀应复归，导叶仍能恢复至30%开度。

(5) 试验拆线，检查所拆动过的端子或部件是否恢复，清理现场。

(6) 整理试验数据（试验时间、天气、试验主要仪器及精度、试验数据、试验人）记录及分析。

(7) 出具紧急停机与复归试验报告。

三、操作注意事项

(1) 严禁5V工频信号电源与强电回路短接。

(2) 导叶开度不要大于30%。

模块9 钢管充水后调速器手动开机、停机试验

一、操作说明

调速器第一次开机采用机械手动或电手动开机，一般是在机组B级检修后（或机械、发电机电气一次设备更换和检修后）首次开机进行的操作试验。此项操作在无励磁工况下进行，一般用于检验机械液压系统的动作情况，也可用于检查机械或发电机电气一次设备更换、检修后设备的运行情况。

开机后，观察机频调整导叶开度使其稳定在50Hz左右，机组稳定在额定转速，此时的开度为空载开度，据此开度并参考当时的水头状况，设置调速器参数设定画面里的“空载最大开度”和“空载最小开度”。记录3min内频率摆动最大值，即机组自身的空载摆动值。

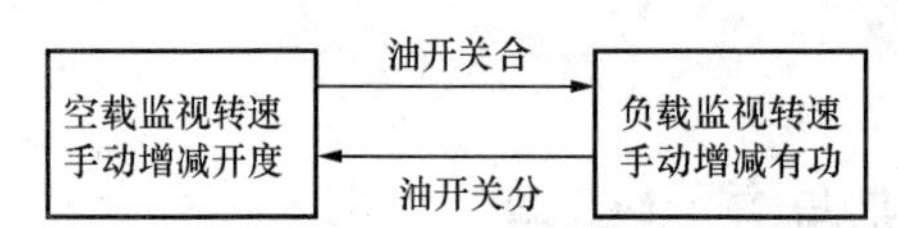

图3-8 机械纯手动运行流程

机械纯手动工况：机械纯手动控制模式增减导叶开度的精度为接力器全行程的0.3%，当全厂供电电源消失后，可人为手动操作，启、停机组，增减负荷，并接收紧急停机信号。机械纯手动运行流程如图3-8所示。

电手动运行工况：电手动操作流程如图3-9所示，电手动控制模式的增减导叶开度的精度为接力器全行程的0.1%，高于机械纯手动控制模式增减导叶开度的精度。

机械纯手动—电手动运行工况一般适用于检查、判断和调整机械液压系统零位，校对导叶开度的零点和满度。当机组转速信号全部故障时，可人为启、停机组，增减负荷；当系统甩负荷时，自动关到最小空载开度并接收紧急停机信号。

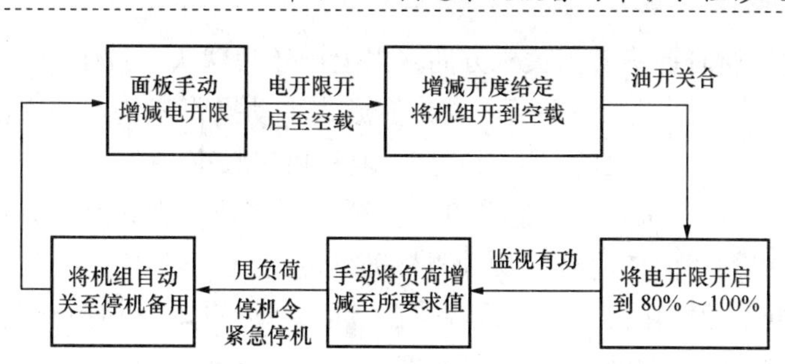

图 3-9　电手动操作流程

二、操作步骤

（1）设置发电机进水阀门在开启状态。

（2）发电机风闸解除。

（3）检查机组压油装置油泵电动机电源在投入状态，油泵工作正常，油罐压力正常。

（4）手动投入发电机水导润滑水、冷却水以色列阀门（或其他形式的阀门）。

（5）接力器锁锭拔出。

（6）将调速器“机手动/自动”切换油阀切至“手动”工作位置。

（7）调速器“机手动/自动”运行工况切换按钮切至“手动”工作位置。

（8）先打开电气开限。

（9）在机手动操作模式下，如图 3-10 所示，手动旋转机械操作手柄，顺时针

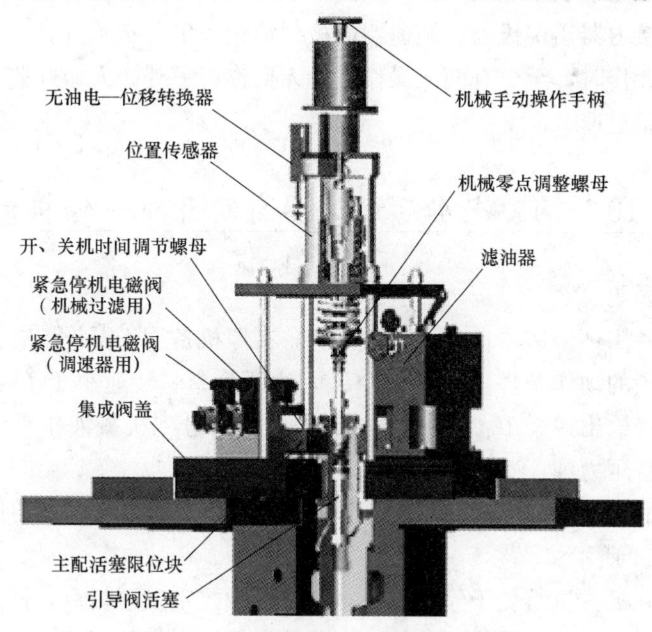

图 3-10　调速器手动旋转机械部分结构

旋转为开方向，逆时针旋转为关机方向（以上操作为默认，具体开关方向以实际标注为准）。手动旋转机械操作手柄（或其他形式手动操作机构，如电液转换器手操把手），使导叶开启，机组转速逐渐升高，监视机组频率。

（10）如未发现异常，应调整机组至空载额定转速，观察空载开度，监视机组频率值，当机组频率值变化时，及时调整机组转速。

（11）在电手动操作模式下，将调速器“机手动/自动”切换油阀切至“自动”工作位置。先打开电气开限，再增加开度给定。

（12）开机试验完毕，手动操作步进电动机手轮将导叶关闭，待机组转速下降至机组制动加闸转速时，手动进行制动加闸。

（13）机组停机完毕，将调速器“手动/自动”切换油阀切自“自动”工作位置，调速器“手动/自动”切换油阀切自“自动”工作位置。

（14）手动关闭发电机水导润滑水、冷却水阀门。

（15）手动切除制动风闸。

（16）试验拆线，检查所拆动过的端子或部件是否恢复，清理现场。

（17）整理试验数据（试验时间、天气、试验主要仪器及精度、试验数据、试验人）记录及分析。

（18）出具调速器手动开机/停机试验报告。

三、操作注意事项

（1）检查接力器锁锭拔出，调速器面板“锁锭拔出”指示灯亮。

（2）手动操作时，至少有两人操作，一人操作，另外一人做好监护，监视机组频率，防止机组过速。

模块10　钢管充水后调速器自动开机、停机试验

一、操作说明

（1）停机备用：调速器自动运行运行时，在停机备用工况设置有停机联锁保护功能。停机联锁的动作条件：无开机令、无油开关令、转速小于70%停机联锁动作时调速器电气输出一个10%～20%的最大关机信号到机械液压系统，使接力器关闭腔始终保持压力油，确保机组关闭。

当接力器的开度大于5%（主令开关触点），紧急停机电磁阀动作。停机备用流程图如图3-11所示。

（2）自动开机：机组处于停机等待工况，由中控室发开机令，调速器将接力器开启到1.5倍空载位置，等待机组转速上升，如果这时机频断线，自动将开度关至

最低空载开度位置。当机组转速上升到额定转速的90%以上时，调速器自动将开度回到空载位置（该空载位置随水头改变而改变），投入PID运算，进入空载循环，自动跟踪电网频率。当网频故障或者孤立小电网运行时，自动处于不跟踪状态，这时跟踪机内频率给定。调速器可实现现地开机或由电站计算机监控系统远方控制机组开机。自适应开机过程流程如图3-12所示。

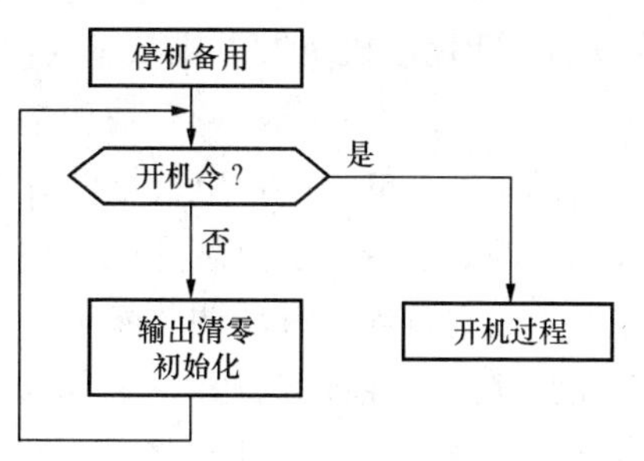

图3-11　停机备用流程

（3）空载运行工况：用线性差值法根据水头输入信号自动修改空载开度给定值和负载出力限制，水头信号可自动输入或人为手动设置。调速器能控制机组在设定的转速和空载下稳定运行。在自动控制方式下，调速器能控制机组自动跟踪电网频率。当接受同期命令后，调速器应能快速进入同期控制方式。在空载运行方式下，导叶开度限制应稍大于空载开度。

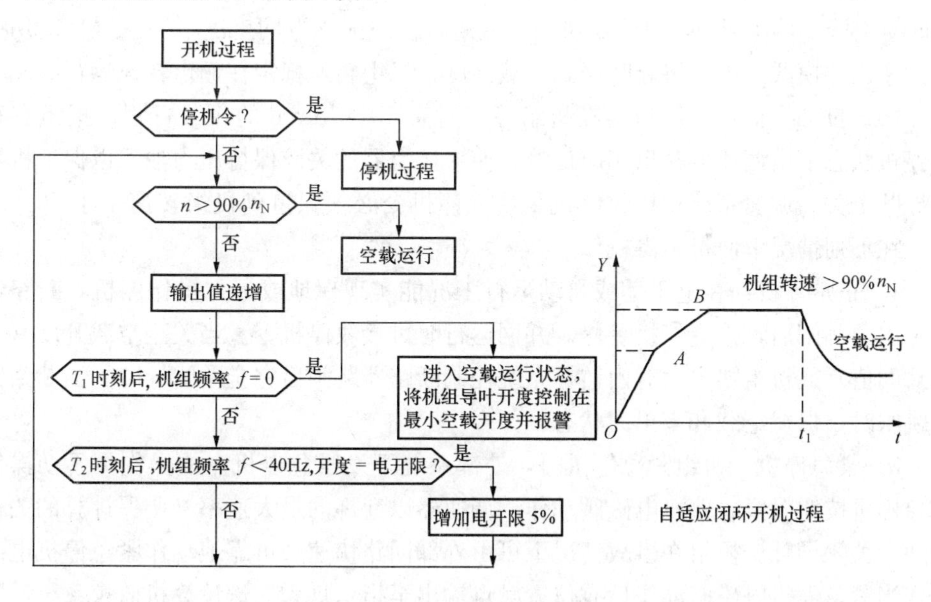

图3-12　自适应开机过程流程

机组在空载运行时使机组频率按预先设定的频差自动跟踪系统频率或自动跟踪频率给定值（“频率给定”调整范围：45～55Hz）。

可自动或人为选择频率跟踪或不跟踪的状态，更利于机组与电网同步，调速器根据网频和孤立电网来自动选择设置频率跟踪或不跟踪状态（也可以人为手动设

置）。它能控制机组发电机频率与电网频率（或频率给定）相接近。

（4）负载调频率、调有功功率、确定开度运行工况：在负载运行工况下调速器控制机组出力的大小，电气导叶开度限制位导叶的最大位置并接受电站计算机监控系统的控制信号，有负载开度、功率、频率三种调节模式。现地（机旁手动）或远方（手动或自动）有功调节能满足闭环控制和开环控制来调整负荷。现地/远方具有互锁功能，在远方方式下能够接受电站计算机监控系统发出的负荷增减调节命令，具有脉宽调节（调速器开环控制）、数字量、模拟量定值调节有功功率和机组开度的功能。在功率调节模式下，功率反馈故障自动切换到开度调节模式下运行。在开度调节或功率调节模式下，自动判断大小电网，当判断为小电网或电网故障（线路开关跳闸而出口开关未跳）时，自动切换到频率调节模式运行。

根据频率的变化以及负荷或开度的调整对频率引起的变化作为判断大小电网的依据，自动改变运行模式：在开度调节或功率调节模式下，当判断为小电网或电网故障时，自动切换到频率调节模式运行。当机组出口开关闭合而电网频率连续上升变化超过整定值（整定值与用户协商，缺省值50.3Hz）和机组功率突然大幅度下降时（突降10%以上），可确定机组进入甩负荷或孤立电网工况，调速器自动切换到频率调节模式，迅速将导叶压到空载开度，机组转速稳定在额定转速运行。

（5）自动停机：主接力器在机组停机时有10～15mm的压紧行程，机组在正常停机状态下由调速器输出相应信号，使主接力器的关腔保持压力油，以保证机组的导叶全关。调速系统在接收停机令后（停机令必须保持到机组转速小于70%以下）在下列情况下使机组停机：

1）正常停机：在电手动或自动运行工况能实现现地或远方操作停机，断路器在零出力跳闸后，接受停机令停。并网运行时可接收停机令。当关至空载开度（并网瞬间值）或机组零出力时由监控系统控制断路器跳闸后完全关闭导叶。当断路器未跳闸时，保持空载和零出力状态。

2）紧急停机：机组紧急停机时，外部系统下发紧急停机令或操作员手动操作紧急停机按钮时紧急停机电磁阀动作，调速器以允许的最大速率（调保计算的关机时间）关闭导叶。机组在事故情况下可由外部回路快速、可靠地动作紧急停机电磁阀，当紧急停机电磁阀动作后有位置触点输出至指示灯和上送计算机监控系统，并同时由计算机监控系统启动紧急停机流程。

3）事故配压阀停机：当调速器失灵时，事故配压阀动作，确保机组可靠停机。

4）机械过速保护装置的调速系统，由机组转速上升值控制机组可靠停机。

5）闭锁状态：在找到事故原因并加以消除以前，事故停机和紧急停机回路一直保持闭锁状态，只有通过手动操作复归程序才能复归。

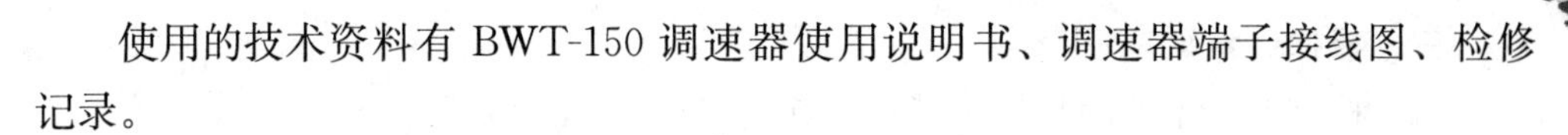

使用的技术资料有 BWT-150 调速器使用说明书、调速器端子接线图、检修记录。

二、操作步骤

(1) 机组压油装置油泵电动机电源在投入状态，油泵工作正常，油罐压力正常。

(2) 将调速器“手动/自动”切换油阀切换至“自动”工作位置。

(3) 调速器“手动/自动”运行工况切换按钮切换至“自动”工作位置。

(4) 检查调速器面板状态显示：

1) 机组备用工况调速器面板指示灯应显示为：“交流电源”灯亮，“直流电源”灯亮，“锁锭拔出”灯亮、“停机联锁”灯亮。“开机”灯熄灭、“停机”灯熄灭、“断路器”灯熄灭、“调相”灯熄灭、“锁锭投入”灯熄灭。

2) 液晶屏幕显示导叶开度为0%、导叶平衡偏关1%～2%、机频为零、网频为50Hz、功率为零、电气开限为零。

3) 液晶屏幕显示导叶控制为零、电气开限为零、开度给定为零、频率给定50Hz、功率给定为零、水头值显示当前水头值。

4) 各切换按钮正确位置：自动、功率调节、跟踪网频。

(5) 检查满足开机条件指示灯亮。

(6) 发“开机”令，导叶先开到启动开度Ⅰ，经数秒钟后，当 $f_j>45$Hz 时导叶开度应关到启动开度Ⅱ，机组进入空载状态。在机组启动过程中，严密观察机组转速、导叶开度、机频及调速器调节状态。

(7) 观察机组开机过程曲线。计算机组转速超调量和开机时间。

$$超调量=(f_{max}-f_r)/f_r\times100\%$$

开机时间为接力器开始动作至机组转速达到额定转速时所用时间。

(8) 机组并网运行工况调速器面板指示灯显示：

1) “交流电源”灯亮，“直流电源”灯亮，“锁锭拔出”灯亮、“断路器”灯亮。

2) “开机”灯熄灭、“停机”灯熄灭、“调相”灯熄灭、“锁锭投入”灯熄灭、“停机联锁”灯熄灭。

(9) 发“停机”令，使机组全停，并记录停机时间。

(10) 试验拆线，检查所拆动过的端子或部件是否恢复，清理现场。

(11) 整理试验数据（试验时间、天气、试验主要仪器及精度、试验数据、试验人）记录及分析。

(12) 出具调速器自动开机/停机试验报告。

三、操作注意事项

（1）检查开机条件满足指示灯是否点亮。

（2）检查网频信号是否正常。

（3）开机、停机试验操作由运行人员执行操作。

模块11 微机调速器的电气维护

一、操作说明

调速器电气维护，可及时消除设备不良运行情况，保障机组安全稳定运行。此项工作一般在机组检修时进行，若在运行中发现问题，也应积极进行处理，但必须做好安全措施，保证机组运行安全，运行中不能处理的问题，应申请停机进行处理。使用的技术资有调速器回路原理图、二次控制回路端子接线图、检修记录。

二、操作步骤

1. 调速器巡视检查

（1）发电机机组备用工况时调速器面板指示灯显示。“交流电源”灯亮，“直流电源”灯亮，“锁锭拔出”灯灭、“停机联锁”灯亮、“开机”灯熄灭、“停机”灯熄灭、“断路器”灯熄灭、“调相”灯熄灭、“锁锭投入”灯熄亮。

（2）机组发电工况调速器面板指示灯显示。“交流电源”灯亮，“直流电源”灯亮，“锁锭拔出”灯亮、“断路器”灯亮。“开机”灯熄灭、“停机”灯熄灭、“调相”灯熄灭、“锁锭投入”灯熄灭、“停机联锁”灯熄灭。

（3）液晶屏幕“导叶开度”显示全开度的百分数、“导叶平衡”显示为零（或偏关）、“机频”显示50Hz、“网频”显示50Hz、功率显示当前机组有功功率、电气开限指示99.99%。

（4）液晶屏幕“导叶控制”显示调速器控制导叶开度的输出值、电气开限、“开度给定”显示监控系统开度给定值、“频率给定”显示调速器的频率给定值、“功率给定”显示监控系统功率给定值、“水头”显示当前实际水头值（如接入水头模拟信号）。

（5）自动/电手动；频率调节/开度调节/功率调节；跟踪网频/跟踪频给转换按钮位置工作正确。

（6）远方/现地；手动/自动；增加/减少转换开关位置工作正确。

2. 调速器的维护

（1）检查接线端子以及元器件的接插件的接触是否牢固。

（2）检查导叶位置反馈电阻，核对导叶开度传感器的零点、满度。

1）反馈电阻安装牢固，钢绳固定端挂钩完好无损，拉绳式反馈电阻输出电流变化均匀，无卡滞、摩擦现象。

2）将导叶电流反馈接线端子在调速器柜端子排上断开一个端子接线。

3）将数字式万用表串入导叶电流反馈回路。

4）数字式万用表置直流电流 50mA 挡位，测量导叶开度电流反馈电流值，零点电流值为 4.02mA、满度电流值为 17.2mA。电路如图 3-13 所示。

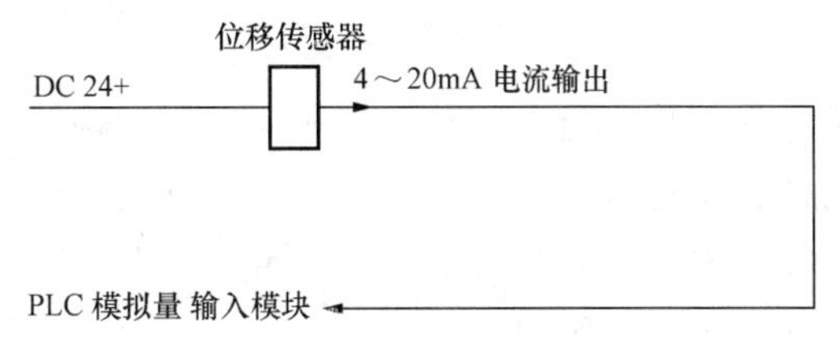

图 3-13　导叶电流反馈原理图

5）在导叶电压反馈接线端子排上，用数字式万用表直流电压 50V 挡位，测量导叶全关电位器 2 的 2 脚对电位器 2 的 3 脚电压值应为 0.15V；测量导叶全开电位器 2 的 2 脚对电位器 2 的 3 脚电压值应为 9.9V，电路如图 3-14 所示。

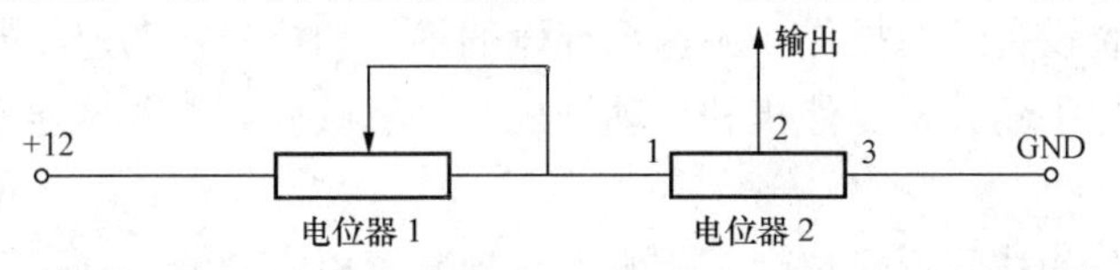

图 3-14　导叶电压反馈原理图

（3）检查调速器各参数应与初始参数相同，不应发生变化，若运行中设备发生改变后，调整相应的参数时，应进行试验后再投入运行。

（4）检查调速器面板上的“远方/现地”、“手动/自动”“增加/减少”转换开关切换灵活，无卡滞现象；检查面板上的“复归”按钮，按下后能自动弹起，无卡滞、摩擦现象。用万用表欧姆挡或对线灯检测切换开关、按钮触点接触良好。

（5）正常运行时，控制输出、开度给定、导叶开度的大小应该一致，平衡指示在－1%左右。

（6）调速器加入自动测量水头时，能够按当前水头，自动改变空载开度给定，空载开度限制。调速器没有加入自动测量水头时，应根据水头实际情况，及时修改水头值，使调速器按当前水头改变空载开度给定，空载开度限制。机组开机并网后，若水头较高，可人为减小负载电气开限值，根据发电机满负荷所需开度而。

（7）步进电动机反馈电阻安装牢固、不松动，电阻引线焊接牢固，无氧化现象；固定在辅助配压阀引导阀上的滑动杆与反馈电阻应垂直，滑动过程不应有卡滞现象。用数字式万用表直流电压挡测量反馈电阻输出电压为4.95～5.05V。

(8) 定期使用数字式万用表检测电气柜接地情况，接地电阻应小于0.2Ω。

3. 填写调速器电气维护记录

以上操作结束后，填写调速器电气维护记录。

三、操作注意事项

(1) 运行中处理调速器设备缺陷时，应将调速器切至机手动运行，机组带固定负荷运行。

(2) 使用绝缘工具，防止带电部位接地或短路，做好检修记录。

(3) 机组手动切回自动运行工况时，控制输出、开度给定、导叶开度的大小应该一致，平衡指示在零点附近，防止机组溜负荷或过负荷。

(4) 停机维护时，应全面、细致，不漏项。

科目小结

本科目面向水电自动装置现场维护和检修工作，按照培训目标，以水电自动装置维护和检修工作中的基本技能操作为主要培训内容，对调速系统的组成、设备的结构，调速系统设备运行操作，调速系统设的维护和检修，调速器模拟的试验，钢管充水后调速器手动开机、停机和自动开机、停机试验等专业技能操作项目进行了详细的阐述。

通过本科目的技能操作培训，使水电自动装置检修工能正确运用安全规程和维护检修规程，掌握自动装置维护检修工作中规范的维护检修工艺，标准的测量、检查步骤，正确的安装、调试方法。

练习题

1. 微机调速器有何特点?

2. 调速器主令控制器的作用是什么?

3. 调速器电气部分检查的内容有哪些?

4. 怎样检测步进电动机（电液转换器、数字比例阀）的控制线圈?

5. 怎样进行调速器参数校对和修改?

6. 调速器机手动/自动切换试验标准是什么?

7. 钢管充水后调速器手动开机、停机和自动开机、停机试验的方法和步骤有哪些?

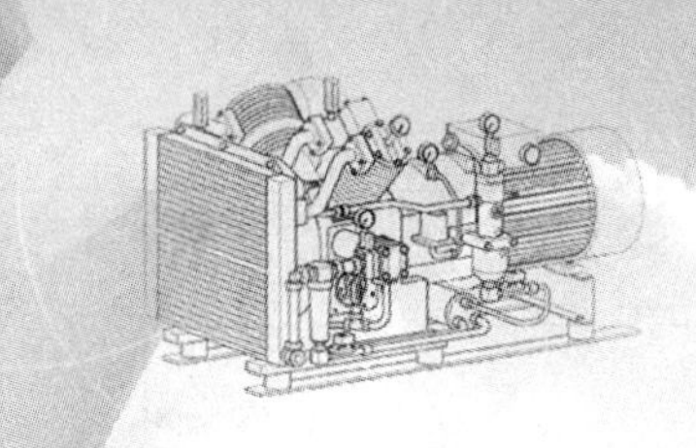

科目四

监控系统设备的维护、检修及故障处理

监控系统设备的维护、检修及故障处理培训规范

科目名称	监控系统设备的维护、检修及故障处理	类别	专业技能
培训方式	实践性/脱产培训	培训学时	实践性136学时/ 脱产培训68学时
培训目标	1. 理解计算机监控系统的基本结构、类型和功能。 2. 掌握网络布线、系统设备接地的要求和方法，掌握双绞线连接器的压接方法。掌握光纤系统的日常维护方法。 3. 掌握IP地址的分类、基本设置和检测方法。 4. 了解基本网络设备的类型，掌握基本网络设备的一般检修方法。 5. 掌握多种备份和还原工作站系统的方法。 6. 掌握常见计算机故障的一般处理方法。 7. 掌握PLC的构成和安装要点。 8. 掌握UPS的安装、操作、试验和维护方法。 9. 了解计算机运行场地环境参数，掌握主要环境参数的检测方法。		
培训内容	模块1　网络布线要求和方法 模块2　系统设备接地要求和方法 模块3　双绞线类型和连接器压接 模块4　光纤系统日常维护 模块5　IP网络地址分类及设置 模块6　使用常用命令进行网络连通性测试 模块7　基本网络设备的类型和一般检修方法 模块8　工作站系统的备份和还原 模块9　常见计算机故障的一般处理方法 模块10　可编程控制器基本构成与安装 模块11　不间断电源系统工作原理及安装 模块12　不间断电源单机系统的操作 模块13　不间断电源双机系统的操作 模块14　不间断电源系统试验 模块15　不间断电源系统日常维护 模块16　计算机运行场地环境检测 模块17　监控系统常规检修		

续表

场地、主要设施、设备和工器具、材料	1. 场地：水电厂中控室、计算机室、现地控制单元。 2. 主要设施和设备：布线系统、工作站、PLC、UPS等。 3. 主要工器具：双绞线压线钳、双绞线剥线器、斜口钳、模块冲压工具、清洁工具包、数字万用表、验电笔、绝缘电阻表、波形失真仪、示波器、频率表、穿线器、接地电阻测量仪、视频故障定位器、尘埃粒子计数器、普通声级计、干扰场强测试仪、交直流高斯计、照度计、吸收管、采样器、比色管、分光光度计、计算器、温度计、湿度计等。 4. 主要材料：电缆、双绞线、RJ45接头、保护套、各类接线模块、酒精、标签、尼龙扎带、抹布等。 5. 主要软件：操作系统安装盘、安全软件、检测程序、应用程序等。 6. 主要附件和配件：移动硬盘、U盘、软盘驱动器、刻录光驱、空白光盘、空白磁带、阵列硬盘等。
安全事项、防护措施	1. 检修前交代作业内容、作业范围、危险点告知、安全措施和注意事项。 2. 戴安全帽，穿工作服（防静电服），穿绝缘鞋，高空作业需佩戴安全带。 3. 加强监护，严格执行电业安全工作规程。 4. 对于需停电检修的设备，要认真进行验电检查，确保无电及安全措施完善后才能开始检修工作。 5. 检修前要对系统和数据进行安全、完整、正确的备份。 6. 遵守国家有关计算机信息安全和保密的有关规定。
考核方式	笔试：120分钟 操作：120分钟 完成维护和检修任务后，针对模块技能操作评分标准进行考核。

监控系统概述

按照水力发电厂计算机监控系统设计规定，在总装机容量为250MW及以上的大型水电厂应采用计算机监控系统，有条件按集中控制设计的梯级水电厂或水电厂群宜采用计算机监控系统。

一、监控系统的作用

（1）监视主要设备的安全，监视和转换水电厂各主要设备的运行工况，提高水电厂运行的可靠性。

（2）采集和处理重要的开关量、电量和非电量。

（3）能进行全厂有功功率、无功功率或母线电压的调整，提高电力系统的安全经济运行水平，保证供电电能质量。

（4）实现上级调度自动化系统对水电厂的远动功能。改善运行人员的工作条件，减少值班人员数量。

（5）实现厂内自动发电控制（AGC）和经济运行。提高水电厂的经济效益及水电厂的运行管理水平。

（6）具有事故追忆功能和故障自诊断能力。

同时计算机监控系统还应满足简单可靠、经济实用和操作方便的要求，其系统结构、技术性能和指标要求应与电厂规模、水电厂在电力系统中的地位以及监控系统设备的生产水平相适应。

二、监控系统的结构组成

计算机监控系统主要有以下几种结构：

（1）集中式结构。

（2）分布式结构。

（3）分层分布式结构。

计算机监控系统结构的实现需要通过搭建网络来完成，建立网络的目的一是实现信息和资源的共享，如打印机、磁盘、应用程序、文档等；二是提高可靠性，便于集中管理，如建立网络之后，可以很方便地通过网络进行信息的转储和备份。

水电厂可采用以下几种类型的监控系统：

（1）全计算机监控系统。

（2）以计算机为主、常规设备为辅的监控系统。

（3）以计算机为辅、常规设备为主的监控系统。

为了适应新形势下对电力安全生产的要求，新建水电厂基本都采用全计算机或以计算机为主的监控系统，老水电厂也已陆续进行了技术改造和升级，实现了以计算机为主的监控系统，如无特别说明，本书后文所提到的监控系统均为这两类监控系统。

按照设计规定和现阶段技术的发展，大型水电厂计算机监控系统的典型构成如图 4-1 所示。

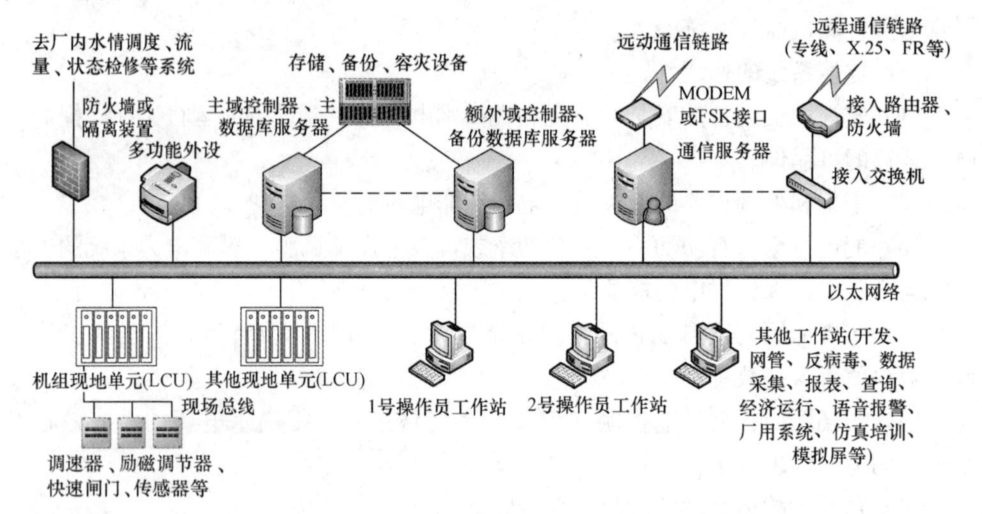

图 4-1　大型水电厂计算机监控系统典型构成

三、监控系统的维护、检修周期

(1) 设备巡回：每周 1～2 次。

(2) 小修：每半年一次，工期 7～15 天。

(3) 大修：每四年一次，大修工期可采用分阶段检修的方式，工期一般为 20～30 天。

(4) 随生产设备的改造同步进行检修。

(5) 根据设备的实际运行情况进行检修。

四、监控系统的维护、检修准备工作

(1) 作业前组织作业人员学习相关标准化作业指导书、技术资料、检修规程，根据运行及试验中发现的设备缺陷及上次检修的情况，确定施工方案及重点检修项目。

(2) 准备有关维护和检修的技术资料（技术图纸、设备说明书等）、记录（原始记录、缺陷及故障记录、巡回记录）及报告（上次检修报告、上次试验报告、上次技改报告）。

(3) 工作负责人填写标准化作业卡、办理工作票。

（4）检查工作组成员健康状况、安全帽、工作服（或防护服）、绝缘鞋、安全器具是否完备和合格。

（5）准备并检查工器具、材料、备品配件、试验和检测设备是否满足要求，并运至现场。

（6）分析现场作业危险点、提出相应的防范措施，并核对现场安全措施是否正确和完善。

（7）确认维护和检修的设备编号、位置和工作状态。

（8）网络检测设备应当在规定的期限内经相关专业认证部门鉴定合格后，方可使用。

（9）准备相应的各类正版（含内部备份）系统软件、安全软件、检测程序和应用程序，并通过相关部门的安全认证和反病毒检测。

（10）检查各类运行计算机系统和应用程序的备份是否保持最新和完整，做好修前系统和应用程序备份准备工作，如备份设备、软件、存储介质等。

（11）做好修前历史生产数据的备份或转移存储工作。

（12）工作负责人由高级工及以上等级人员担任，工作组成员若干名。

模块1　网络布线要求和方法

一、操作说明

计算机网络电缆布线一般采用综合布线系统，综合布线系统是指用通信电缆、光缆、各种软电缆及有关连接硬件构成的通用布线系统，它能支持多种应用系统。综合布线系统的标准有两个：一个是EIA/TIA-568/569民用建筑线缆标准/民用建筑通信通道和空间标准，另一个是ISO/IEC11801用户楼群通用布线国际标准。

综合布线可采用的线缆主要有同轴电缆、STP电缆、5类/超5类电缆、6类电缆、光缆等。由于水电厂是电磁干扰比较严重的地方，在选择布线系统时应慎重考虑，一般来说有以下几种处理办法：

（1）采用屏蔽线缆系统（STP）。采用此种办法时应注意，从工作区信息插座、连接线缆一直到电信间的配线架和机柜，整个系统必须都是屏蔽的，且屏蔽层必须保证整体的电气性能连接，不能有断裂处，否则起不到屏蔽作用。这种办法价格高、施工困难。

（2）采用金属桥架和管道做屏蔽层，线缆仍使用非屏蔽双绞线（UTP）。这种办法要求整个桥架系统必须保持电气性能上的连接，而且必须有良好的接地措施。这种屏蔽措施既起到了屏蔽作用，又不增加成本。

(3) 采用光缆。光缆具有极强的抗电磁干扰能力，但因光缆及端接设备价格较高，目前在综合布线工程中通常仅用做主干布线，光纤到桌面将成为未来的发展趋势。建议在电磁干扰严重的地方，主干采用光缆，水平干线采用光缆或者以金属桥架和管道做屏蔽层的 UTP 布线。

二、操作步骤

1. 双绞线和同轴电缆敷设

(1) 敷设时线要平直，顺线槽走，不扭曲。

(2) 两端点都要加标号。

(3) 室外部分加套管，严禁搭接在树干上。

(4) 考虑电缆自身的重量，加装电缆固定装置。

2. 光缆敷设

(1) 光缆敷设时不应绞结。

(2) 两端点都要加标号。

(3) 在室内布线时走线槽。

(4) 在地下管道中穿过时要用 PVC 管。

(5) 光缆需要拐弯时，其曲率半径不能小于 30cm。

(6) 室外裸露部分要加铁管保护。

(7) 光缆不能拉得太松或太紧，要有一定的膨胀收缩余量。

(8) 光缆埋地时，要加铁管保护。

(9) 考虑光缆自身的位置，加装固定装置。

同时，EIA/TIA-606 通信布线管理标准对电缆颜色标记的方案如表 4-1 所示。

表 4-1　电缆颜色标记方案

色　标	用　途	色　标	用　途
棕	楼宇间主干线	绿	网络连接
白	第一级主干电缆	紫	常用设备
灰	第二级主干电缆	黄	杂项（附件、警报等）
橘	分界点	黑	未指定
蓝	水平线缆终端	红	保留

三、操作注意事项

(1) 双绞线和同轴电缆由于没有钢铠保护，牵引时施加的力量不能过大，防止损坏电缆。

（2）在截取光缆时，注意不要让玻璃纤维碎末落到眼睛里面。

模块2　系统设备接地要求和方法

一、操作说明

1. 接地的意义

接地是提高电子设备电磁兼容性的有效手段之一。电磁兼容性是指在给定的电磁环境中电气设备无故障运行、不受外部干扰以及不对外部设备造成干扰的能力。正确的接地，既能抑制电磁干扰的影响，又能抑制设备向外发出干扰，而错误的接地，反而会引入严重的干扰信号。

接地能够减少短路或系统故障时的电击危险，保护人身和设备安全，同时接地也是设备正常运行的基本要求。

2. 接地类型

计算机监控系统主要有以下几种接地：

（1）直流工作地。计算机系统本身的功能性逻辑地，接地电阻的大小、接法依设备具体要求配置。

（2）电缆屏蔽接地。电缆通过屏蔽可以衰减磁、电及电磁干扰对电缆的影响，将电缆屏蔽接地，可抑制高频和低频干扰。

（3）交流工作地。电力系统中运行需要的接地，如中性点接地等，接地电阻不宜大于4Ω。

（4）安全保护地。电气设备的金属外壳等，由于绝缘被破坏有可能带电，为了防止这种电压危及人身和设备安全而设的接地，接地电阻不应大于4Ω。

（5）防雷保护地。为防止雷击而设的接地，接地电阻不应大于10Ω。

3. 接地原则

计算机监控系统宜利用电厂的公用电气接地网接地，一般不设计算机监控系统专用接地网。为了避免产生接地环流和地噪声干扰，同时也为了设备的安全防护，计算机监控系统设备的外壳、交流电源、逻辑回路、信号回路和电缆屏蔽层必须接地，各种性质的接地应使用绝缘导体引至总接地板，由总接地板以电缆或绝缘导体与接地网连接，保证一点接地的原则，与计算机监控系统电气不直接相连的现地控制单元可单独接地。

二、操作步骤

1. 接地导线的要求

接地导线截面面积选择如表4-2所示。

表 4-2　　接地导线截面面积选择表

序　号	连接对象	接地导线截面面积（mm^2）
1	总接地板—接地点	⩾35
2	计算机监控系统—总接地板	⩾16
3	机柜间链式连接	⩾2.5

2. 接地方法

（1）大面积、低阻抗接地。为保证对干扰电流的钳制，要求采用星型方式接地，接地用的固定件（如平垫、弹簧垫等）无变形和保持清洁，必要时要除锈或除去表面绝缘。不能使用易腐蚀材料（例如铝）接地，确保固定件低阻抗接地、接触面积够大、接触良好。

（2）电缆屏蔽接地。在需要安装屏蔽电缆的场合，电缆屏蔽必须接地。为了抑制高频干扰，必须将电缆屏蔽的两端接地；为了抑制低频，将电缆屏蔽的一端接地。

以下情况采用一端屏蔽接地：

1）不允许安装等电位导体时。

2）传送模拟量信号时。

3）使用静态屏蔽（薄膜频率）时。

数据电缆要求两端大面积接地。

（3）等电位导体接地。如果设备之间存在电位差，为了减少电位差，应安装等电位导体，建立均匀参考电位。等电位导体应使用低阻抗材料，等电位导体最佳截面面积 $16mm^2$，信号电缆屏蔽两端接地导体的阻抗不能超过屏蔽阻抗的 10%。

（4）系统接地检查。在设备的安装和检修阶段都要进行接地回路的检查。

1）检查接线：接地导线截面符合要求，接法正确，符合一点接地原则。

2）接地电阻测试：电阻数值应符合要求。

3）设备对接地有具体规定时，可按设备本身要求进行检查。

三、操作注意事项

因为接地关系到设备的安全运行，在进行接地检查时，要求设备退出运行，设备及相关回路的电源全部切除。

模块 3　双绞线类型和连接器压接

一、操作说明

双绞线分为屏蔽双绞线（STP）和非屏蔽双绞线（UTP）两类。

屏蔽双绞线（shield twisted pair，STP）的塑胶外皮里面包覆了一层遮蔽的金属薄膜，还有一条接地的金属铜细线，可以防止电磁的干扰，在1MHz下阻抗值是100Ω，有较高的传输速率。

非屏蔽双绞线（unshield twisted pair，UTP）在1MHz下阻抗值是100Ω，因为价格低，所以被广泛使用。UTP双绞线的种类主要有3类、4类、5类、超5类、6类等，最常用的是5类和超5类双绞线，常用双绞线的类型及其应用范围如表4-3所示。

表4-3　　常用双绞线类型及应用范围

双绞线类型	常 规 用 途
UTP3类	10Base-T、4Mbit/s令牌环
UTP4类	16Mbit/s令牌环
UTP5类	100Base-TX、100Base-T4
UTP超5类	100Base-TX、1000Base-T
UTP6类	1000Base-T、1000 Base-TX及以上网络
屏蔽双绞线（STP）	4Mbit/s、16Mbit/s令牌环
网孔屏蔽双绞线（ScTP）	100Base-TX、1000Base-T

二、操作步骤

1. RJ45接头的压接

（1）利用双绞线剥线器将双绞线的外皮除去2～3cm。一些双绞线电缆上含有一条柔软的尼龙绳，如果在剥除双绞线的外皮时，觉得裸露出的部分太短，而不利于制作RJ45接头时，可以紧握双绞线外皮，再捏住尼龙线往外皮的下方剥开，就可以得到较长的裸露线。

（2）将双绞线反向缠绕开，铰齐线头。

（3）双绞线水平连接时的排列标准有两个：EIA/TIA568A和EIA/TIA568B，其内容如表4-4所示。接线时可任选一种接线标准，这里推荐使用EIA/TIA568B标准。

表4-4　　双绞线水平连接时不同标准的颜色排列顺序

标　准	引脚顺序	介质直接连接信号	双绞线排列顺序
EIA/TIA568A	1	TX+（传输）	白绿
	2	TX-（传输）	绿
	3	RX+（接收）	白橙
	4	没有使用	蓝
	5	没有使用	白蓝
	6	RX-（接收）	橙
	7	没有使用	白棕
	8	没有使用	棕

续表

标　准	引脚顺序	介质直接连接信号	双绞线排列顺序
EIA/TIA568B	1	TX+（传输）	白橙
	2	TX-（传输）	橙
	3	RX+（接收）	白绿
	4	没有使用	蓝
	5	没有使用	白蓝
	6	RX-（接收）	绿
	7	没有使用	白棕
	8	没有使用	棕

将裸露出的双绞线用剪刀或斜口钳剪下只剩约 13mm 的长度，最后再将双绞线的每一根线依左起白橙、橙、白绿、蓝、白蓝、绿、白棕、棕的顺序放入 RJ45 接头的引脚内。

（4）确定双绞线的每根线已经正确放置之后，用 RJ45 压线钳压接 RJ45 接头，需要在压接 RJ45 接头之前将保护套插在双绞线电缆上。

（5）制作另一端的 RJ45 接头，两端线的排列顺序完全一致。

（6）制作完成后在双绞线两端作好标识，标识内容包括缆线标识码、规格、两端设备编号或名称、长度、日期，日期部分暂留作空白，待校验合格后填上首次校验日期。注意，双绞线长度不能超过 100m。

2. 配线架接线模块和其他接线模块的压接

大多数非屏蔽双绞线（UTP）、屏蔽双绞线（STP）的安装都要求有配线架，配线架上常用的接线模块有 110 型接线模块和 66 型接线模块，其它还有墙面板接线模块、模块式插孔和插头。模块接线时要使用专用冲压工具，才能将双绞线连接到模块的插槽上，模块接线的排列顺序和压接步骤与 RJ45 接头类似。配线架和墙面板接线时应注意路线清晰、排列整齐，长度不能过短，要留有余地，但也不能太长，保证双绞线总长度不能超过 100m。

三、操作注意事项

（1）对于屏蔽双绞线，要求使用金属屏蔽连接器和模块，同时屏蔽层之间要可靠连接。

（2）双绞线跳线的长度与其对应的外部双绞线长度的总和不能超过 100m。

模块 4　光纤系统日常维护

一、操作说明

光纤是指能以传递光信号实现通信的光导纤维，多根光导纤维合到一起就构成光缆。光纤通信具有很多优势，如质量小、体积小、传输距离远、容量大、抗电磁干扰能力强等。

光纤根据工作模式的不同分为单模和多模光纤，单模光纤只能以单一模式传播、传输频带宽、传输容量大、传播距离远，但单模光纤本身和配套设备的成本较高。多模光纤以多种模式工作，传输速率较单模光纤低、传输距离短、传输容量小，但成本较低。

常用的光纤元件有光纤连接器、光纤收发器、光纤介质转换器、光纤耦合器等。

光纤系统的维护项目主要是外观检查、清洁和故障定位。

二、操作步骤

光纤材料极为精细，维护过程中需要一些特定的工具和方法，下面加以简要介绍。

1. 光纤端面的检查

据统计，85% 的光纤故障都是因为光纤端面被污染所致，所以每次端接时均需检查，如有必要还要清洁端面。光纤端面使用检查显微镜进行检查，主要检查安装的光纤端接或确保端接平整、清洁，较新的检查显微镜，如 Fluke FiberInspector Mini 视频显微镜，可通过不同的适配器检查光纤端面。

2. 光纤的清洁

光纤清洁包括光纤本身、端面、端口内侧、跳线的清洁，有干式清洁和湿式清洁两种方法。干式清洁法不使用清洁剂进行清洁，在有灰尘和碎片时不用清洁剂擦拭端面会让这些微粒刮伤或划伤端面，同时干式清洁会在连接器插入端口时生成静电，吸附更多灰尘至端面。所以，目前大都采用湿式清洁法。使用这种方法时要注意清洁剂不能过多，否则会使液体残留在端面，洁剂一般使用 99%的工业酒精。

下面以 FLUKE 专用清洁工具包为例讲解清洁过程。

（1）端面清洁步骤：

1）从清洁管中抽出一根清洁棉布。

2）涂一小滴清洁剂至清洁棉布或者清洁带上的开始清洁处。

3）沿垂直方向握住连接器，从清洁棉布的湿处向干处擦拭端面。

4）再次检查端面确保完全清洁干净，必要时用棉布上的干净处或者一个新清洁棉布按上述步骤再次清洁一遍。

（2）端口内侧清洁步骤：

1）从清洁管中抽出一根清洁棉布。

2）涂一小滴清洁剂至棉布上。

3）用棉签蘸棉布上的湿处 3s 吸收最少量的清洁剂，湿度小的棉签比湿度大的棉签清洁效果更好。

4）将棉签插入端口内轻轻地转动几下，然后改用干燥棉签按相同步骤清除端面和套管上的残留清洁剂。

（3）其他大面积的光缆和设备表面清洁可使用除尘器，但注意不能污染其他设备，必要时须做好防护。

3. 使用视频故障定位器快速检查光纤连通性和查找光纤故障点

光纤属于易损材料，并且连续性要求很高，在施工工程中如果造成光纤破损、急弯现象，接续过程中如果出现不良熔接点和连接器接触不好的现象，都会造成通信质量下降甚至通信中断情况的发生。为了确定光纤的连通性和查找故障点，可以使用视频故障定位器来进行。FLUKE 的光纤模块一般都带有视频故障定位功能，下面以 FLUKE DTX-1800-MS 电缆认证测试仪及光纤模块为例说明光纤连通性和光纤故障点确定的方法。

（1）根据实际介质类型给测试仪选装多模 DTX-MFM2 模块、千兆多模 DTX-GFM2 模块、单模 DTX－SFM2 模块或 DTX Compact OTDR 模块之一。

（2）清洁即将在基准测试线和待测光缆上使用的连接器。

（3）将光缆直接连接至测试仪的 VFL 端口或使用基准测试线连接。

（4）通过按靠近 VFL 连接器的按钮，开启视频故障定位器，再按即可关闭定位器。

（5）再按一下 VFL 按钮则切换至闪烁模式，查看红色指示灯。

（6）视频故障定位器的使用方法如图 4-2 所示，若要检查光纤连通性，可将一

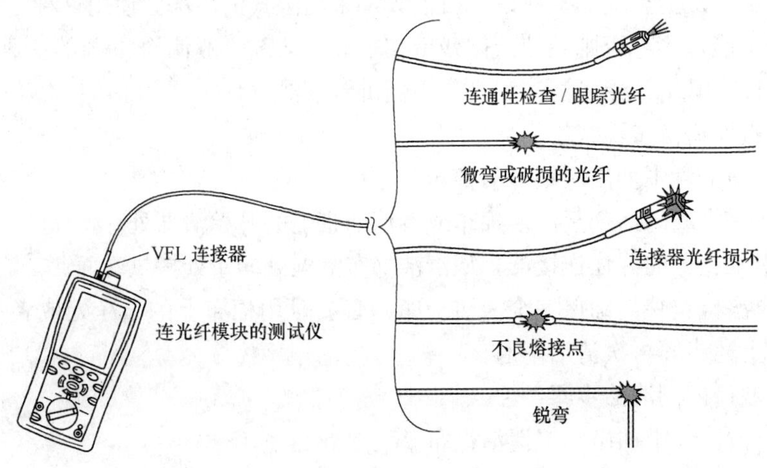

图 4-2　使用视频故障定位器

张白纸或卡片放在发出光的光缆连接器前间接观看 VFL 的光线；若要找到故障，可从一端沿着光纤移动，查看穿透光纤涂覆层或连接器护套的红色闪光。

三、操作注意事项

（1）切勿直视光学连接器内部。

（2）始终用防尘罩覆盖住光缆模块的输出（OUTPUT）端口或将基准测试线与端口连接。即使没有，在进行测试时也要覆盖住端口，可以降低意外暴露于危险辐射的风险。

（3）在光纤与端口连接之前，切勿测试或启动输出（OUTPUT）端口或视频故障定位器（VFL）端口。

（4）不要直视视频故障定位器输出端口。

（5）切勿使用放大镜来查看输出端口，查看时要使用适当的过滤装备。

模块 5　IP 网络地址分类及设置

一、操作说明

1. IP 地址的分类

TCP/IP 网络上的每一台主机都需要一个 IP 地址，这个 IP 地址在整个网络范围内必须是唯一的，主机可以是计算机、终端或者路由器。

每一个 IP 地址都是由 32 位的 1 和 0 组成的流（本书仅讨论 IPV4），但为了使用方便，常使用以点隔开的十进制来表示 IP 地址。由于二进制表示法是计算机逻辑和数学运算的基础，因此在讨论 IP 地址之前必须对二进制以及不同进制间的转换有所了解，这方面的知识可参阅进制与进制转换的相关内容。

例如：32 位 IP 地址 01111111 00000000 00000000 00000001 用以点隔开的十进制表示法表示为 127.0.0.1。

一个完整的 IP 地址由网络地址（网络 ID）和主机地址（主机 ID）构成，在同一网络段中，所有的主机使用相同的网络地址，段上的每一台主机拥有自己唯一的主机地址。IP 地址被划分成五类，即 A 类、B 类、C 类、D 类、E 类。其中，只有前三类能够被分配给网络上的主机，前三类 IP 地址的每一类都由这些地址的网络部分和主机部分组成。图 4-3 显示了地址分类的详细情况。

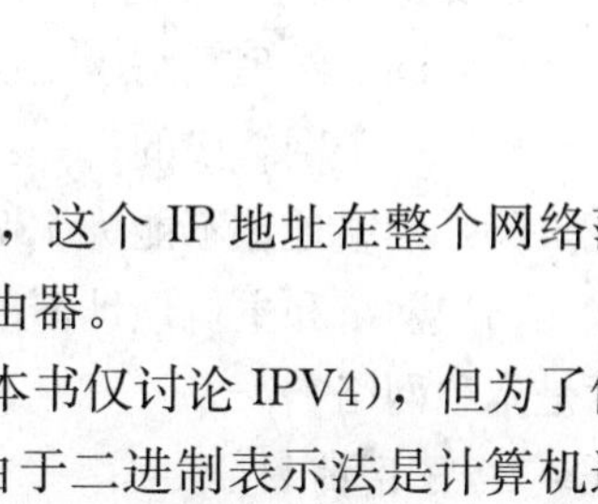

A 类：0 网 . 主机 . 主机 . 主机

C 类：110 网 . 网 . 网 . 主机

D 类：1110　多点播地址

E 类：11110　保留为将来使用

图 4-3　五类 IP 地址的表示

（1）A 类。A 类地址分配 8 位数字给其网络部分，24 位数字给其主机部分。A 类地址的第一个八位位组的值二进制在00000001～01111110之间，即1～126之间，这样，A类网络就可使用126个不同的网络（127被保留用于回环功能）。A类地址剩下的24位用于主机地址，可用的主机地址范围为1～16 774 214，即每个网络可拥有16 774 214台主机。

（2）B类。B类地址分配16位数字给其网络部分，16位数字给其主机部分，B类地址的第一个八位位组的值在128和191之间，有16 384个不同的网络，每个网络拥有65 534台主机。

（3）C类。C类地址分配24位数字给其网络部分，8位数字给其主机部分。C类地址的第一个八位位组的值在192～223之间。有2 097 152个不同的网络，每个网络拥有254个主机。

（4）D类。D类地址保留给多点播送组使用，并且不分配给网络上的主机。IP主机使用IGMP协议，能够动态地注册到多点播送组。

（5）E类。E类地址是试验性的地址，它被保留给将来使用。

IP地址的通用准则是：

（1）同一物理网络段的所有主机拥有相同的网络地址。

（2）一个网络段的每一台主机都必须拥有唯一的主机地址。

（3）网络地址不能为127，它为回环功能保留。

（4）网络和主机地址不能全部为1或0。全部为1表示广播地址，全部为0表示是本地网络。

2. 子网的划分

子网的划分依赖子网掩码，子网掩码用来确定IP地址的网络部分和主机部分，A、B、C类IP地址的缺省子网掩码如下：

（1）A类：255.0.0.0。

（2）B类：255.255.0.0。

（3）C类：255.255.255.0。

A类子网掩码代表IP地址的头8位用来表示其网络部分，其余24位用来表示其网络部分。假设主机的IP地址是11.25.65.32，使用缺省的子网掩码，网络地址将是11.0.0.0，IP地址的主机部分是25.65.32。

B类子网掩码代表IP地址的头16位用来表示其网络部分，其余16位用来表示其主机部分。假设主机的IP地址是172.16.33.33，使用缺省的子网掩码，网络地址将是172.16.0.0，IP地址的主机部分是33.33。

C类子网掩码代表IP地址的头24位用来表示其网络部分，其余8位用来表示其主机部分。假设主机的IP地址是192.168.2.3，使用缺省的子网掩码，网络地

址将是 192.168.2.0，IP 地址的主机部分是 3。

由于 Internet 和 Intranet 发展迅速，网络地址成为宝贵资源，为了提高 IP 地址的利用率，将大型网络划分为若干个逻辑上相互独立的子网，原网络地址不变，但原主机地址的一部分成为子网网络地址的一部分。

IP 协议为每个网络接口分配一个 IP 地址，在有子网的 IP 地址中，其子网号是通过主机号字段的高几位二进制来表示的，所占位数与子网数对应。如果把该接口 IP 地址和其子网掩码相与，子网掩码将 IP 地址中主机字段主机号屏蔽掉，即可得到该接口所在网络的子网号。以 C 类地址为例，例如，子网掩码 255.255.255.192（11000000）表示有 4 个子网号，每个子网可以有 62 台主机，设 IP 地址为

212.100.1.1　　主机地址为 000001

212.100.1. 3　　主机地址为 000011

212.100.1.130　　主机地址为 000010

将上述 IP 地址与子网掩码相与，可看出前两个 IP 地址的子网为 0 号，属于同一网段，而第三个 IP 地址的子网号为 2 号，属于另一网段。

如前所述，子网掩码用于确定主机是位于本地网上还是位于远程网上。使用 Ipconfig 实用程序和 Ping 实用程序来执行大多数的子网掩码的故障检测。

在网络中不正确使用子网掩码的特征如下：

(1) 可以和本地主机通信，却不能和远程主机通信。

(2) 可以和所有远程主机通信，除了一个特别的主机。当试图和那台特别主机进行通信时，接收到超时（Timed out）等警告信息。

(3) 不能和本地主机进行通信，因为源主机认为它位于远程网络上。

3. 网络规划表

在 IP 地址的分配过程中，要避免重复地址出现在同一个网段中，避免非同一网段的 IP 地址出现在同一个网段中。也就是说，对 IP 地址的使用和回收要有计划、有记录，因此需要建立网络规划表。典型的 TCP/IP 网络规划如表 4-5 所示。

表 4-5　　TCP/IP 网络规划表

序号	机器描述	计算机名	DNS 名称	IP 地址	子网掩码
1	主域控制器	Pdc	Pdc. system. com	10.163.215.1	255.255.255.0
2	额外域控制器	Bdc	Bdc. system. com	10.163.216.1	255.255.255.0
…	……	……	……	……	……

二、操作步骤

假定计算机监控系统仅有一个本地子网 10.163.215.0，这里以 Windows XP

Professional 为例介绍 IP 地址配置过程。

(1) 检查网卡是否符合计算机的要求，并检查有无损伤。

(2) 计算机停电并打开机箱，选择合适的空余插槽，插入网卡并固定好。

(3) 盖好机箱盖，接好网络电缆，计算机上电。

(4) 操作系统启动后以本地管理员账户登录，系统将提示用户键入该网卡设备驱动程序的存储位置（URL）。按提示插入驱动光盘或软盘，并提供路径，确认后系统将执行安装过程。

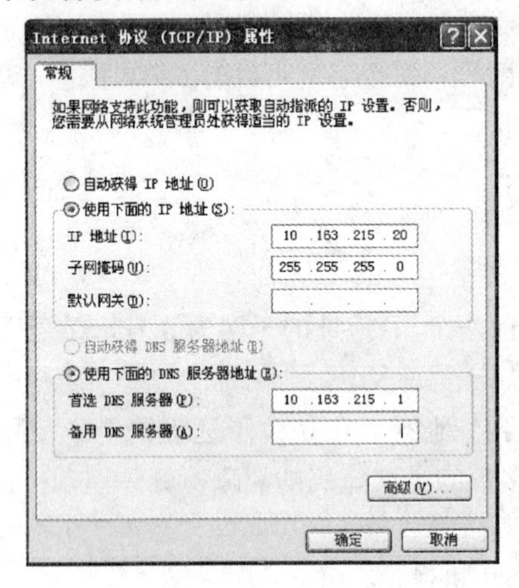

图 4-4　IP 地址的配置

(5) 安装完毕后系统会重新启动以加载设备驱动程序。重新以本地管理员账户登录，在"开始"→"设置"→"网络和拨号连接"→"本地网络"上双击，选择"属性"按钮，在"常规"卡中双击"Internet 协议（TCP/IP）"（如果 TCP/IP 协议未能默认安装，先应安装该协议，然后再设置 IP 地址），出现一个模态窗口如图 4-4 所示。

(6) 点击单选钮"使用下面的 IP 地址(S)"，用网络规划表中分配的 IP 地址填写四段 IP 地址项（本例采用的 IP 地址为 10.163.215.20），子网掩码填入"255.255.255.0"。因为已经假定只有一个本地子网，所以此处默认网关不填。

(7) 点击单选钮"使用下面的 DNS 服务器地址（E)"，在"首选 DNS 服务器(P)"栏中填写上 DNS 服务器的 IP 地址（这里假定 DNS 服务器地址为 10.163.215.1)，然后点击"确定"按钮，此时计算机提示将重新启动。

(8) 若无其他错误提示，则可使用网络连通性测试实用程序对网卡的 MAC 地址、协议以及连接状况进行验证。

(9) 使用系统管理员授权的域账户（临时或永久账户）获得权限并使该计算机加入域，若成功加入，则注销本地管理员账户，使用域账户重新登录到域。

三、操作注意事项

在一台新设备接入计算机监控系统前，建议先确认其 IP 地址是唯一的之后再接入系统，否则可能会中断正常运行网络设备的工作。

模块6　使用常用命令进行网络连通性测试

一、操作说明

在网络的检修和日常维护中，常常需要检查网络设备之间是否能够正常连接，这就是网络连通性测试。最常见的网络连通性测试方法是在计算机（工作站、服务器）上使用操作系统附带的实用工具（习惯上称为命令）检查本机与网络中其他设备之间的网络连接或者数据通信是否正常，这里以 Microsoft Windows XP 为例介绍使用频率最高的两个命令 Ipconfig 和 Ping。

1. Ipconfig 命令

此命令能够协助用户检查与 TCP/IP 网络配置相关的诊断信息。Ipconfig 能够显示本机当前的 TCP/IP 配置，用户可以使用 Ipconfig 的显示结果检查手工配置的 TCP/IP 设置是否正确。另外，如果计算机所在的网络使用了动态主机配置协议（DHCP），这个命令所显示的信息将会更为有用，因为 Ipconfig 可以让用户了解自己的计算机是否成功的租用到一个 IP 地址，如果租用成功，则可以了解目前分配到的 IP 地址、子网掩码和缺省网关是什么。

Ipconfig 命令的语法：

Ipconfig [/? | /all | /renew [adapter] | /release [adapter] | /flushdns | /displaydns | /registerdns | /showclassid adapter | /setclassid adapter [*classid*]

其中适配器的连接名称可以使用通配符 * 和 ?。

选项说明：

/? ——显示帮助信息

/all——显示全部配置信息

/release——发布指定适配器的 IP 地址

/renew——续订指定适配器的 IP 地址

/flushdns——清除 DNS 解析器缓存

/registerdns——刷新所有 DHCP 租约并重新注册 DNS 名称

/displaydns——显示 DNS 解析器缓存的内容

/showclassid——显示指定的适配器允许的所有 DHCP ClassId

/setclassid——修改 DHCP ClassId

在水电厂计算机监控系统中，不存在 IP 地址不够用的问题，因此也就不涉及有关 DHCP 协议的内容，在所有选项中，能用到的只有以下三种：

（1）带参数/?。

用法：Ipconfig /?

一般情况下，命令都会有该选项，其作用是可以显示命令的详细用法，指导用户正确地使用命令。

（2）不带参数。

用法：Ipconfig

当IPConfig不带任何参数选项时，仅显示绑定到TCP/IP的每一个适配器的IP地址、子网掩码和默认网关。

（3）带参数/all。

用法：ipconfig /all

当使用/all选项时，Ipconfig显示所有的当前TCP/IP配置值，其中包括IP地址、子网掩码、默认网关、WINS及DNS配置，并且显示内置于本地网卡中的物理地址。

2. Ping命令

Ping是个使用频率极高的实用程序，用于确定本机是否能与另一台主机交换（发送与接收）数据包。根据返回的信息，就可以推断TCP/IP参数设置是否正确以及运行是否正常。需要注意的是，成功地与另一台主机进行一次或两次数据包交换并不表示TCP/IP配置一定就是正确的，还需要执行大量本机与其他主机的数据包交换，才能确信TCP/IP的正确性。

如果Ping运行正确，大体上就可以排除网络接口层、互联网络层、网卡、电缆、交换机、路由器等存在的故障，从而缩小了问题的范围。

按照缺省设置，Windows上运行的Ping命令发送4个ICMP（网际控制报文协议）请求，每个32字节数据，如果一切正常，应能从目的设备得到4个回送应答。Ping能够以ms为单位显示发送请求到返回应答之间的时间量，如果应答时间短，表示数据包不必通过太多的路由器或网络连接速度比较快。

Ping命令的语法：

Ping [-t] [-a] [-n count] [-l length] [-f] [-i ttl] [-v tos] [-r count] [-s count] [-j -Host list] | [-k Host-list] [-w timeout] destination-list

主要参数说明：

（1）-t——这个参数使得本机在Ping一个网络设备时不停地运行Ping命令，直到按下Control-C为止。

（2）-a——解析主机的NETBIOS主机名。

（3）－n count——定义用来测试所发出的测试包的个数，缺省值为4。通过这个命令可以自己定义发送的个数，该参数对衡量网络速度很有帮助。

（4）－l length——定义所发送缓冲区的数据包的大小。在默认的情况下发送的数据包大小为32字节，也可以自己定义，但最大只能发送65500字节。

（5）－f—— 在数据包中发送“不要分段“标志。一般情况下发送的数据包都会通过路由分段再发送给对方，加上此参数以后路由器就不会再分段处理，该参数在检测黑洞路由器时非常有用。

（6）－w timeout——指定超时间隔，单位为ms。

（7）destination-list ——要测试的对方主机名或IP地址。

如果Ping命令执行成功，那么说明该计算机进行本地或远程通信的功能基本没有问题。但是，这些命令的成功并不表示所有的网络配置都没有问题。例如，某些子网掩码错误就可能无法用这些方法检测到；另外，Ping命令执行不成功也不能说明网络连通性就一定有问题，也可能是对方部署的安全策略成功拦截了请求数据包。当然，这些都是特殊情况，在日常的维护和检修中，只有学会使用多种手段、从多个角度全面地看问题，才能接触到问题的本质和解决问题。

二、操作步骤

（1）检测本机与网络中其他设备之间连通性的一般步骤为：

1）检查本机的TCP/IP配置。确保正在测试的TCP/IP配置的网卡不处于“禁用”或“断开”状态，打开命令提示符，然后在命令行状态下键入Ipconfig，根据显示信息检查TCP/IP的配置是否正确。

2）在命令提示行状态下，键入“Ping 127.0.0.1”测试环回地址的连通性。该Ping命令被送到本机的IP地址，该命令永远在本机执行。如果执行失败，就表示TCP/IP的安装或运行存在某些最基本的问题。

3）使用Ping命令检测到本机IP地址的连通性。该命令被送到本机的IP地址，本机始终都应该对该Ping命令作出应答，如果执行失败，则表示本地配置或安装存在问题。出现此问题时，可以断开网络电缆，然后重新发送该命令进行检测。如果网线断开后命令执行正确，则表示本地网络内另一台计算机可能配置了相同的IP地址。

4）使用Ping命令检测到本地计算机IP地址的连通性。该命令发送的数据包离开本机，经过网卡及网络电缆到达本地网络内其他计算机，再返回应答数据包。收到应答表明本地网络中的网卡和电缆运行正确。但如果没有收到应答，那么表示TCP/IP配置不正确或者网卡配置错误或者电缆系统有问题。

5）使用Ping命令检测默认网关IP地址的连通性。该命令如果应答正确，表示本地网络网关（路由器）IP地址正确并且已经正常运行。如果命令执行失败，

请验证默认网关 IP 地址是否正确以及网关（路由器）是否运行。

6）使用 Ping 命令检测远程主机 IP 地址的连通性。命令执行后，如果收到 4 个应答，表示成功地使用了缺省网关，路由配置正确，远程主机 IP 地址正确并且已经正确运行。如果 Ping 命令失败，请验证远程主机的 IP 地址是否正确，远程主机是否运行，以及该计算机和远程主机之间的所有网关（路由器）是否配置正确并且是否运行。

7）使用 Ping 命令检测 DNS 服务器 IP 地址的连通性。如果命令执行成功，则表示 DNS 服务器的 IP 地址配置正确并且 DNS 服务器已正常运行。如果命令执行失败，请验证 DNS 服务器的 IP 地址是否正确，DNS 服务器是否运行，以及该本机和 DNS 服务器之间的网关（路由器）是否正确配置和运行，本机的 DNS 服务器地址配置是否正确。

（2）连通性检测实例。为了介绍连通性检测步骤，本例有如下假设条件：本机的 IP 地址为 10.163.215.4，子网掩码为 255.255.255.0；本地网络中另一台计算机的 IP 地址为 10.163.215.5，子网掩码为 255.255.255.0；默认网关 IP 地址为 10.163.215.254；DNS 服务器地址为 10.163.215.1；远程网络中一台计算机的 IP 地址为 10.163.216.1，在 DNS 中定义的主机名称为 Bdc. System. com。

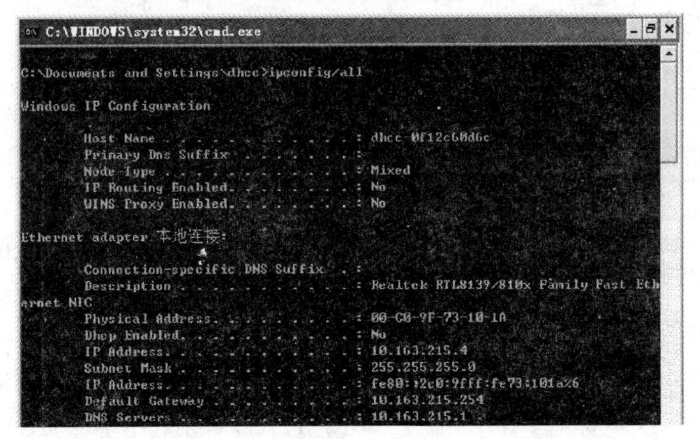

图 4-5　Ipconfig /all 命令执行结果示例

1）单击开始，单击运行，在打开框中键入 cmd，然后按 Enter 键（也可直接打开命令提示符）。

2）键入命令"Ipconfig /all"，然后按 Enter 键。图 4-5 即为该命令执行后的一个显示结果。

3）键入命令"Ping 127.0.0.1"，然后按 Enter 键，显示结果应与下面的内容相似：

Pinging 127.0.0.1 with 32 bytes of data：

Reply from 127. 0. 0. 1：bytes = 32 time<1ms TTL = 128

Reply from 127. 0. 0. 1：bytes = 32 time<1ms TTL = 128

Reply from 127. 0. 0. 1：bytes = 32 time<1ms TTL = 128

Reply from 127. 0. 0. 1：bytes = 32 time<1ms TTL = 128

Ping statistice for 127. 0. 0. 1：

Packets：Sent = 4，Received = 4，Lost = 0(0％ loss)

Approximate round trip times in milli - seconds：

Minimum = 0ms，Maximum = 0ms，Average = 0ms

4）键入命令“Ping 10. 163. 215. 4”，然后按 Enter 键，显示结果应与下面的内容相似：

Pinging 10. 163. 215. 4 with 32 bytes of data：

Reply from 10. 163. 215. 4：bytes = 32 time<1ms TTL = 128

Reply from 10. 163. 215. 4：bytes = 32 time<1ms TTL = 128

Reply from 10. 163. 215. 4：bytes = 32 time<1ms TTL = 128

Reply from 10. 163. 215. 4：bytes = 32 time<1ms TTL = 128

Ping statistice for 10. 163. 215. 4：

Packets：Sent = 4，Received = 4，Lost = 0(0％ loss)

Approximate round trip times in milli - seconds：

Minimum = 0ms，Maximum = 0ms，Average = 0ms

5）键入命令“Ping 10. 163. 215. 5”，然后按 Enter 键，显示结果应与下面的内容相似：

Pinging 10. 163. 215. 5 with 32 bytes of data：

Reply from 10. 163. 215. 5：bytes = 32 time = 1ms TTL = 128

Reply from 10. 163. 215. 5：bytes = 32 time<1ms TTL = 128

Reply from 10. 163. 215. 5：bytes = 32 time<1ms TTL = 128

Reply from 10. 163. 215. 5：bytes = 32 time<1ms TTL = 128

Ping statistice for 10. 163. 215. 5：

Packets：Sent = 4，Received = 4，Lost = 0(0％ loss)

Approximate round trip times in milli - seconds：

Minimum = 0ms，Maximum = 1ms，Average = 0ms

6）键入命令“Ping 10. 163. 215. 254”，然后按 Enter 键，显示结果应与下面的内容相似：

Pinging 10. 163. 215. 254 with 32 bytes of data：

Reply from 10.163.215.254: bytes = 32 time = 1ms TTL = 128

Reply from 10.163.215.254: bytes = 32 time<1ms TTL = 128

Reply from 10.163.215.254: bytes = 32 time<1ms TTL = 128

Reply from 10.163.215.254: bytes = 32 time<1ms TTL = 128

Ping statistice for 10.163.215.254:

Packets: Sent = 4, Received = 4, Lost = 0(0% loss)

Approximate round trip times in milli - seconds:

Minimum = 0ms, Maximum = 1ms, Average = 0ms

7) 键入命令"Ping 10.163.216.1",然后按 Enter 键,显示结果应与下面的内容相似:

Pinging 10.163.216.1 with 32 bytes of data:

Reply from 10.163.216.1: bytes = 32 time = 2ms TTL = 127

Reply from 10.163.216.1: bytes = 32 time = 1ms TTL = 127

Reply from 10.163.216.1: bytes = 32 time = 1ms TTL = 127

Reply from 10.163.216.1: bytes = 32 time<1ms TTL = 127

Ping statistice for 10.163.216.1:

Packets: Sent = 4, Received = 4, Lost = 0(0% loss)

Approximate round trip times in milli - seconds:

Minimum = 0ms, Maximum = 2ms, Average = 1ms

8) 键入命令"Ping Bdc.system.com",然后按 Enter 键,显示结果应与下面的内容相似:

Pinging Bdc.system.com [10.163.216.1] with 32 bytes of data:

Reply from 10.163.216.1: bytes = 32 time = 2ms TTL = 127

Reply from 10.163.216.1: bytes = 32 time = 1ms TTL = 127

Reply from 10.163.216.1: bytes = 32 time = 1ms TTL = 127

Reply from 10.163.216.1: bytes = 32 time<1ms TTL = 127

Ping statistice for 10.163.216.1:

Packets: Sent = 4, Received = 4, Lost = 0(0% loss)

Approximate round trip times in milli - seconds:

Minimum = 0ms, Maximum = 2ms, Average = 1ms

(3) 网络连通性错误。如果存在网络连通性故障,在执行命令"Ping 10.163.216.1"后,会有与如下相似的错误提示:

Pinging 10.163.216.1 with 32 bytes of data

Request timed out

Request timed out

Request timed out

Request timed out

Ping statistice for 10.163.216.1：

Packets：Sent=4，Received =0，Lost=4(100% loss)

Approximate round trip times in milli－seconds

Minimum=0ms，Maximum=0ms，Average=0ms

出现以上错误提示的情况时，要仔细分析网络故障出现的原因和可能有问题的网络设备。首先从以下几个方面来着手检查：一是看一下被测试的计算机是否已安装了 TCP/IP 协议并且正确配置；二是检查被测试计算机的网卡安装是否正确且是否已经连通；三是检查被测试计算机的 TCP/IP 协议是否与网卡有效的绑定；四是检查一下有关网络服务功能是否已经正确启动。如果通过以上四个步骤的检查还没有发现问题的症结，就需要对相关路径中的其他设备的配置及物理连接进行检查。

三、操作注意事项

如果该计算机已经接入到运行中的计算机监控系统上，不允许使用 Ping 命令对其他设备进行不间断的大数据包测试。

模块 7　基本网络设备的类型和一般检修方法

一、操作说明

1. 中继器

中继器是工作于物理层的网络设备，可以互连数据链路层及其以上层协议相同的网络，一般用于拓展局域网的覆盖范围，常用于两个网络节点之间物理信号的双向转发工作。

由于信号在网络传输介质中有衰减和噪声，使数据信号变得越来越弱，衰减到一定程度时将造成信号失真，因此会导致接收错误。为了保证有用数据的完整性，并在一定范围内传送，要用中继器把所有收到的弱信号提取出来，再生放大以保持与原数据完全相同。由于受延时、距离的限制，任意 2 个网上工作站如果不经过桥接器、路由器等设备，所经过的中继器最多不能超过 4 个，即最多只能有 5 个网段，而且这 5 个网段至少有 2 个链路段。

中继器不仅能起到扩展计算机网络的作用，还能将不同传输介质的网络连在一起，如同轴电缆和光纤。按照端口数量中继器有双端口和多端口之分，按照通信介

质则有电中继器和光纤中继器之分。

中继器的优点是价格低廉、使用简单、不需要任何配置即可工作，缺点是不能均衡负载及防止“广播风暴”，无法进行包过滤。由于中继器所连接的网段处于同一个碰撞域和广播域中，网络不能构成环形，否则信息会在环中因为不断循环流动而出错。

中继器只起到信号放大和数据转发的作用，功能比较单一。在总线型网络中，中继器常常使用终端器而不是连接器进行网络的连接，否则由于信号反射的原因将使得中继器两端的网络都陷入瘫痪。

2. 网桥

网桥也称桥接器，是连接两个局域网的设备。网桥能够用于扩展网络的距离，也能够起到在不同的网络介质之间转发数据信号和隔离不同网段之间通信的作用。

网桥在相互连接的两个局域网之间起到帧转发的作用，它允许每个局域网上的站点与其他站点进行通信，看起来就像在一个扩展的局域网上一样。为了有效地转发数据帧，网桥自动存储接收进来的帧，通过查找地址映像表完成寻址，并将接收到的帧格式转换成目的局部域网的帧格式，最后再把转换的帧发到网桥对应的端口上。网桥除了具有存储转发功能外，还具有帧过滤的功能，帧过滤的目的是阻止某些帧通过网桥。

另外，网桥还必须具有一定的管理能力，以便对扩展网络进行有效管理。例如，对网桥转发及丢弃的帧进行统计、及时修改网桥地址数据库等。某些类型的网桥还可以通过生成树算法动态调整扩展网络的拓扑结构，以适应网络的变化。

3. 交换机

交换机的作用主要是减少局域网中的信息流量、避免拥挤和增加带宽。交换技术允许共享型和专用型的局域网段进行带宽调整，交换机能经济地将网络分成小的冲突网域，为每个工作站提供更高的带宽。协议的透明性使得交换机允许在简单进行软件配置的情况下直接安装在多协议网络中，交换机仅仅使用现有的电缆、中继器、集线器和工作站的网卡，不必作高端硬件升级就可以实现网络通信。交换机对工作站是透明的，管理开销低廉，简化了网络节点的增加、删除、移动等网络变化的操作。

按工作链路划分，交换机分为以太网交换机、令牌环交换机、FDDI 交换机、ATM 交换机、快速以太网交换机等；按应用领域划分，交换机分为工作组交换机、主干交换机、企业交换机、分段交换机、端口交换机、网络交换机等。

当前交换机端口的最高通信速率可以达到 1Gbit/s，高端交换机还支持聚合、虚拟局域网、网管功能，还有的交换机集成了交换机和部分路由器的功能，实现所谓的三层交换功能。

4. 集线器

集线器主要用于把网络中的服务器和工作站等连接到网络媒体上，其性能的好坏直接关系到网络数据的传输特性，可以说是一种特殊的中继器。作为网络传输介质间的中央节点，集线器克服了介质单一的缺陷，是工作在物理层的网络设备，是局域网中应用最广的连接设备。集线器是一种以星型拓扑结构将通信线路集中在一起的设备，内部结构相当于总线。以集线器为中心的优点是：当网络系统中某条线路或某节点出现故障时，不会影响网上其他节点的正常工作。

集线器可分为无源集线器、有源集线器和智能集线器。无源集线器只负责把多段介质连在一起，不对信号作任何处理，这样它对每一介质段只允许扩展到最大有效距离的一半。有源集线器具有对传输信号进行再生和放大，从而扩展介质长度的功能。智能集线器除具有有源集线器的功能外，还可将网络的部分功能集成到集线器中，如网络管理功能、网络传输线路选择功能等。

集线器又分为切换式、共享式和堆叠共享式三种。切换式集线器重新生成每一个信号并在发送前过滤每一个包，而且只将其发送到目的地地址，切换式集线器可以使 10Mbit/s 和 100Mbit/s 的站点用于同一个网段中。共享式集线器提供了所有连接点的站点间共享的一个最大频宽。例如，一个连接着几个工作站或服务器的 100Mbit/s 共享式集线器所提供的最大频宽值为 100Mbit/s，与其连接的站点共享这个频宽。共享式集线器不过滤包或重新生成信号，所有与之相连的站点必须以同一速度工作（10Mbit/s 或 100Mbit/s）。堆叠共享式集线器是共享式集线器的一种，当它们级联在一起时，可看做是网中一个大集线器。例如，当 6 个 8 口的集线器级联在一起时，它们可以被整体看做 1 个 48 口的集线器。

二、操作步骤

1. 中继器的安装和检修步骤

（1）确认中继器在停电状态。

（2）连接通信介质（如同轴电缆、双绞线），到终端器或者连接器。

（3）将终端器或者连接器插入中继器接口并固定好。

（4）中继器上电，两侧网络启动后，中继器两端的数据收、发灯指示正常。

（5）在中继器两侧网络上进行连通性检查。

2. 网桥的安装和检修步骤

（1）关闭电源，确认网桥在停电状态。

（2）连接通信介质，固定好连接器。

（3）在通电状态下，使用软件或者硬件拨码进行地址、协议等设置。

（4）各侧网络启动后，工作灯指示正常。

(5) 在网桥各侧网络上进行连通性检查。

3. 交换机的安装和检修步骤

(1) 关闭电源，确认交换机在停电状态。

(2) 连接通信介质，固定好连接器。

(3) 交换机上电，在通电状态下激活相关接口，对所需的其他高级功能进行配置。

(4) 各侧网络启动后，工作灯指示正常。

(5) 在交换机各侧网络上进行连通性检查。

4. 集线器的安装和检修步骤

(1) 确认集线器在停电状态。

(2) 连接通信介质，固定好连接器。

(3) 集线器上电，各侧网络启动后，工作灯指示正常。

(4) 在集线器各侧网络上进行连通性检查。

5. 出具检修工作报告

以上操作结束后，出具检修工作报告。

三、操作注意事项

(1) 设备停电后的再次上电时间间隔在10s以上。

(2) 有些设备端口不允许直接带电插拔，要仔细阅读相关设备用户手册或者说明书进行安全操作。

(3) 路由器、网关、防火墙的检修工作不在本技能级别检修范围内。

模块8　工作站系统的备份和还原

一、操作说明

工作站就是承担特定任务并能够完成特定功能的计算机，如操作员工作站、数据查询站、工程师站等。工作站一般安装客户端操作系统，如 Windows XP Professional、Windows XP Home Edition、Windows 2000 Professional、Windows Vista 等，工作站在监控系统中数量较多、地位非常重要。在日常运行中，工作站很有可能因操作失误或者其他无法预料的原因会导致其无法正常工作，尤其是当系统出现严重故障时，系统的恢复工作将会非常困难，甚至可能无法恢复到原来的状态，会造成监控系统停运，影响安全生产。因此，必须在系统出现故障之前，先采取相应的备份措施，在系统因故障需要恢复时利用已有的备份数据，对工作站系统进行正确和快速的恢复。

本模块将以 Windows XP 为例，介绍系统的备份与恢复过程。对于 Windows XP Professional，可直接使用内置的备份和还原实用程序，但对于 Windows XP Home Edition，则需要另外运行安装盘中的 \ VALUEADD \ MSFT \ NTBACKUP \ Ntbackup. msi 安装备份实用程序。

二、操作步骤

1. 常规备份和还原方法

（1）一般用户资料的备份和还原。一般的用户资料包括用户程序、文档和数据，关于这些内容的备份，用户可以采取直接复制到存储媒体的方法进行备份。还原时，按照需要再复制到工作站的相应位置即可。

（2）硬件配置文件的备份和还原。硬件配置文件可在硬件改变时，指导 Windows XP 加载正确的驱动程序，如果用户进行了一些硬件的安装或修改，就很有可能导致系统无法正常启动或运行，这时用户就可以使用硬件配置文件来恢复以前的硬件配置。建议用户在每次安装或修改硬件之前都对硬件配置文件进行备份，这样可以非常方便地解决许多因硬件配置而引起的系统问题。

1）硬件配置文件的备份。鼠标右键单击“我的电脑”，在弹出的快捷菜单中选择“属性”命令，打开“系统属性”对话框，单击“硬件”选项卡，在出现的窗口中单击“硬件配置文件”按钮，打开“硬件配置文件”对话框，在“可用的硬件配置文件”列表中显示了本地计算机中可用的硬件配置文件清单，在“硬件配置文件选择”区域中，用户可以选择在启动 Windows XP 时（如有多个硬件配置文件）调用哪一个硬件配置文件。要备份硬件配置文件，单击“复制”按钮，在打开的“复制配置文件”对话框中的“到”文本框中输入新的文件名（本例中为 Profile2），然后单击“确定”按钮即可，如图 4-6 所示为“硬件配置文件”对话框。

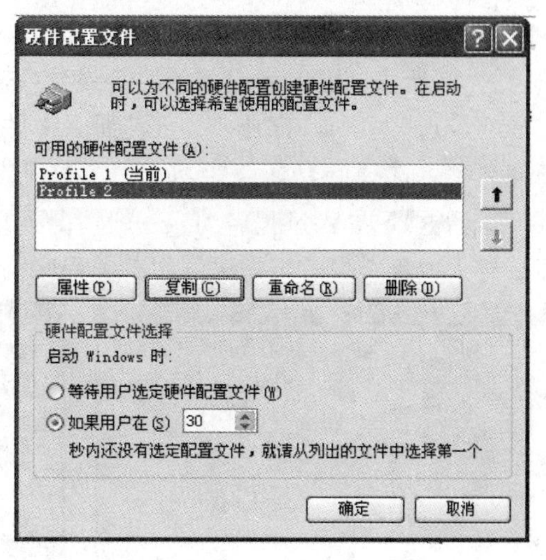

图 4-6 “硬件配置文件”对话框

2）硬件配置文件的还原。可以使用优先级按钮把要应用的硬件配置文件（本例中为 Profile2）调整到第一位，这样系统在重新启动时，如果用户在一定时间内（默认为 30s）没有进行选择，系统会自动选择可用硬件配置文件列表中的第一个文件。当然，也可以在系统重新启动时，用户从可用硬件配置文件列表中选择其中一个作为启动文件。系统正确启动后，在“硬件配置文件”对话框中删除旧的硬件配置文件。

（3）注册表文件的备份和还原。注册表是 Windows XP 系统的核心文件，它包含了计算机中所有的硬件、软件和系统配置信息等重要内容，因此用户有必要做好注册表的备份，以防不测。

1）注册表文件的备份。首先在“运行”命令框中输入“Regedit. exe”打开注册表编辑器（注意：不同操作系统的注册表编辑器会有所区别，例如 Windows 2000 有 16 位和 32 位两个注册表编辑器，分别为 Regedit. exe 和 Regedt32. exe）。如果要备份整个注册表，则选择根节点“我的电脑”，然后在“文件”菜单中选择“导出”命令，打开“导出注册表文件”对话框，在“文件名”文本框中输入新的名称，选择好具体路径，点击“保存”按钮。如果只备份注册表中的某一分支，则在“注册表编辑器”中选择一个分支，然后在“文件”菜单中选择“导出”命令，打开“导出注册表文件”对话框，在“文件名”文本框中输入新的名称，选择好具体路径，点击“保存”按钮。本例中所选分支为“HKEY_LOCAL_MACHINE\SYSTEM”，文件名为 LMACHINE_SYSTEM. reg。图 4-7 所示为“导出注册表文件”对话框。

2）注册表文件的还原。还原步骤为：打开注册表编辑器，在“文件”菜单中选择“导入”命令，打开“导入注册表文件”对话框，在“文件名”文本框中输入新的名称，选择好具体路径，点击“打开”按钮（图 4-8 所示为“导入注册表文件”对话框），导入过程启动。一般情况下，如果有程序在使用注册表的相关内容，那么导入过程会失败，需要停用有关程序以后再执行导入过程。

图 4-7 “导出注册表文件”对话框

图 4-8 “导入注册表文件”对话框

实际上，系统的注册表以数据文件的格式（如 .dat）分别保存在特定的系统目录中，也可以直接复制保存，并在不启动该注册表宿主操作系统的情况下进行还原。

（4）驱动程序的还原。如果在安装或者更新了驱动程序后，发现硬件不能正常工作，可以使用驱动程序的还原功能使用原来的驱动程序。方法是：在“控制面板”“系统”“硬件”选项卡的“设备管理器”中，选择要恢复驱动程序的硬件，双击打开“属性”窗口，选择“驱动程序”选项卡，然后选择“返回驱动程序”按钮。图 4-9 为 Realtek RTL8139/810x Family Fast Ethernet NIC 网卡的驱动程序选项卡示例。

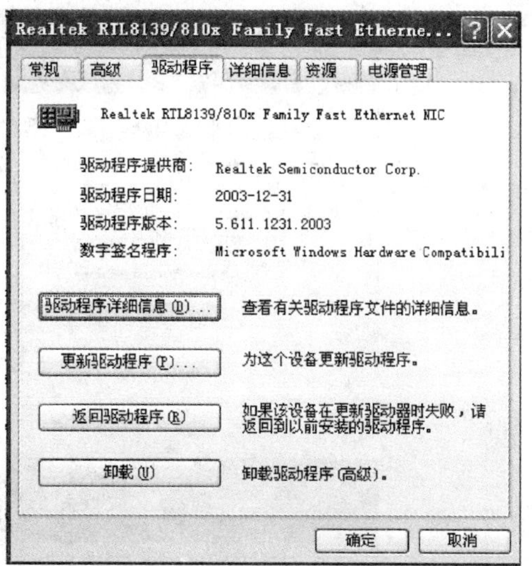

图 4-9　Realtek RTL8139/810x Family Fast Ethernet NIC 网卡的驱动程序选项卡示例

2. 使用系统内置功能备份和还原系统

（1）创建系统还原点和系统还原。“系统还原”是 Windows XP 的组件之一，用以在出现问题时将计算机还原到过去的状态，但同时并不丢失用户数据文件（如 Microsoft Word 文档、历史纪录、收藏夹或电子邮件等）。“系统还原”可以监视对系统和一些应用程序文件的更改，并自动创建容易识别的还原点。这些还原点允许用户将系统还原到过去某一时间的状态。

系统还原点包括系统检查点、手动还原点、安装还原点。

1）创建系统还原点。步骤为：打开“开始”菜单，选择“程序”“附件”“系统工具”“系统还原”命令，打开系统还原向导，选择“创建一个还原点”，点击“下一步”按钮，为还原点命名后（本例为 restore081211），单击“创建”按钮即可创建还原点。图 4-10 所示为创建手动还原点对话框。

2）系统还原。步骤为：打开“开始”菜单，选择“程序”“附件”“系统工具”“系统还原”命令，打开系统还原向导，然后选择“恢复我的计算机到一个较早的时间”，单击“下一步”按钮，选择好系统还原点，单击“下一步”即可进行系统还原。图 4-11 所示为还原点选择窗口。

注意：虽然系统还原支持在“安全模式”下使用，但当计算机运行在安全模式下时，“系统还原”不创建任何还原点。因此，当计算机运行在安全模式下时，无

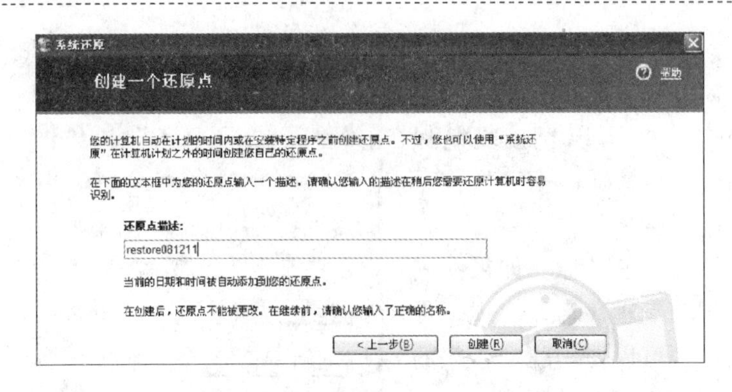

图 4-10　创建手动还原点对话框

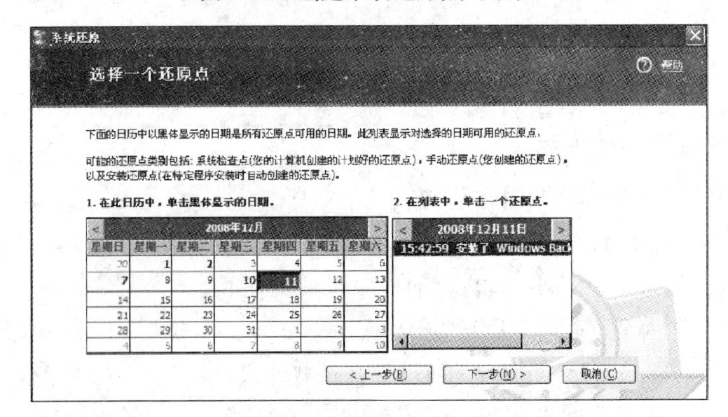

图 4-11　还原点选择窗口

法撤销所执行的还原操作。另外，为了节省硬盘存储空间，要及时删除旧的还原点，只保留最近的还原点，但各个驱动器的“系统还原”监视功能不要取消。

（2）指定文件和数据的备份和还原。

1）备份指定文件和数据。步骤为：打开“开始”菜单，选择“程序”“附件”“系统工具”“备份”命令，运行“备份或还原向导”窗口，单击“下一步”按钮，单选“备份或还原”，单击“下一步”按钮，单选“让我选择要备份的内容”，单击“下一步”按钮，系统将打开“要备份的项目”对话框，在“要备份的项目”选项区域中选择要备份的项目，单击“下一步”按钮，选择好存储位置，定义好文件名后，按照后面的提示开始备份。备份进度窗口如图 4-12 所示。

2）还原指定文件和数据。当 Windows XP 出现数据破坏时，用户可以使用“备份”工具的还原向导，还原整个系统或还原被破坏的数据。要还原常规数据，可打开“备份”工具窗口的“欢迎”标签，然后单击“还原”按钮，进入“还原向导”对话框，单击“下一步”按钮，打开“还原项目”对话框，选择还原文件或还原设备之后，单击“下一步”按钮继续向导即可。图 4-13 为系统数据还原示例。

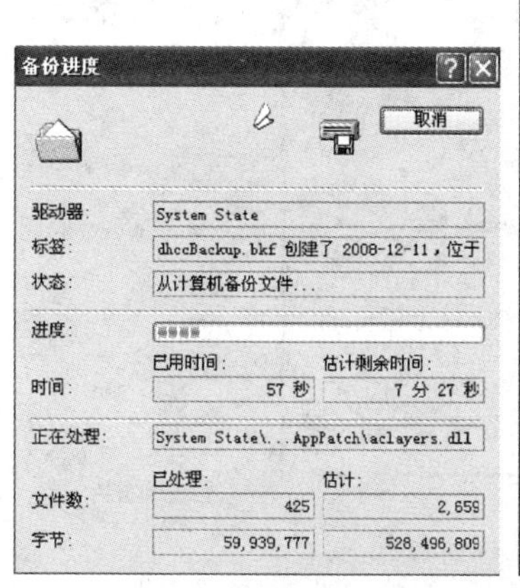

图 4-12　备份进度窗口

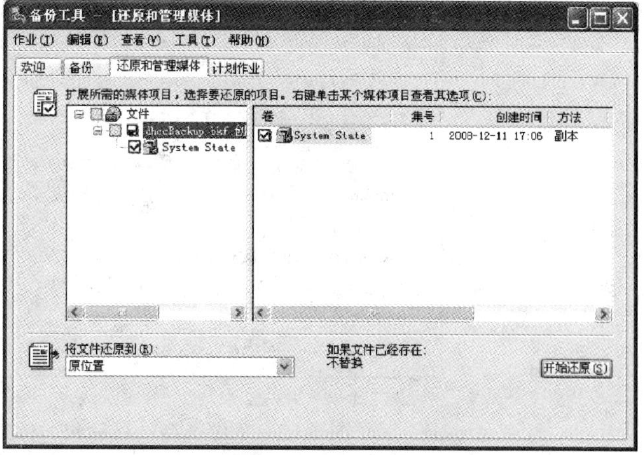

图 4-13　系统数据还原示例

（3）系统全部数据的备份和还原。

1）系统全部数据的备份。步骤为：打开“开始”菜单，选择“程序”“附件”“系统工具”“备份”命令，打开“备份工具”窗口中的“欢迎”选项卡，单击”备份”按钮，打开“备份向导”对话框，单击“下一步”按钮，系统将打开“要备份的项目”对话框，在“选择要备份的项目”选项区域中选择“备份这台计算机的所有项目”单选按钮，然后单击“下一步”按钮。选择好存储位置，定义好文件名后，然后再插入一张空白软盘存储系统恢复数据，单击“下一步”按钮开始备份。图 4-14 所示为备份内容选择窗口，图 4-15 所示为备份类型、目标和名称选择窗口。

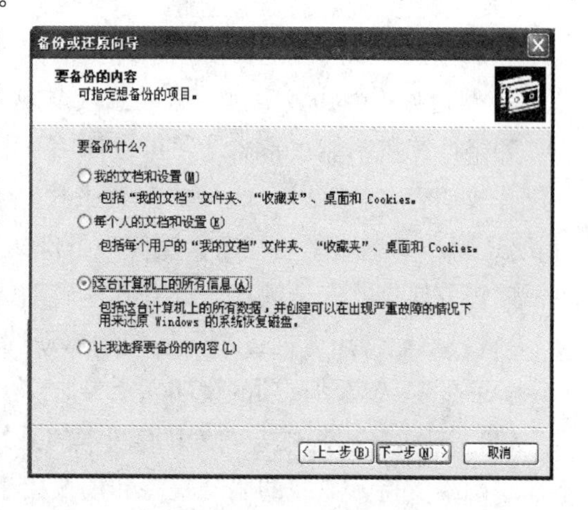

图 4-14　备份内容选择窗口

注意：如果决定备份到光盘上（如 CDRW），则可能无法直接将该设备定为目标，必须先在硬盘上创建一个备份集合，然后备份到文件。当文件完成后，再将该文件复制到光盘。

2）系统全部数据的还原。用户可以使用“备份”工具的还原向导，还原整个

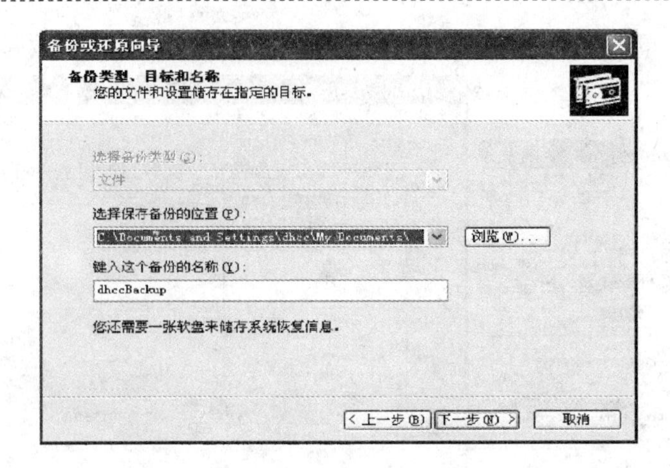

图 4-15　备份类型、目标和名称选择窗口

系统或还原被破坏的数据。要还原常规数据，可打开“备份”工具窗口的“欢迎”标签，然后单击“还原”按钮，进入“还原向导”对话框，单击“下一步”按钮，打开“还原项目”对话框，选择还原文件或还原设备之后，单击“下一步”按钮继续向导即可，这期间可能需要按系统提示插入系统恢复磁盘。

3. 利用安全模式或者其他启动选项实现系统还原

如果计算机不能正常启动，可以使用“安全模式”或者其他启动选项来启动计算机。成功后，就可以更改一些配置来排除系统故障，例如可以使用上面所说的“系统还原”、“返回驱动程序”及使用备份文件来恢复系统。

用户要使用“安全模式”或者其他启动选项启动计算机，在启动菜单出现时按下 F8 键，然后使用方向键选择要使用启动选项后按回车键即可。下面列出了 Windows XP 的高级启动选项的说明：

（1）基本安全模式。仅使用最基本的系统模块和驱动程序启动 Windows XP，不加载网络支持，加载的驱动程序和模块用于鼠标、监视器、键盘、存储器、基本的视频和默认的系统服务，在安全模式下也可以启用启动日志。

（2）带网络连接的安全模式。仅使用基本的系统模块和驱动程序启动 Windows XP，并且加载了网络支持，但不支持 PCMCIA 网络，带网络连接的安全模式也可以启用启动日志。

（3）启用启动日志模式：生成正在加载的驱动程序和服务的启动日志文件，该日志文件命名为 Ntbtlog. txt，保存在系统的根目录下。

（4）启用 VGA 模式。使用基本的 VGA（视频）驱动程序启动 Windows XP，如果导致 Windows XP 不能正常启动的原因是安装了新的视频卡驱动程序，那么使用该模式非常有用，其他的安全模式也只使用基本的视频驱动程序。

(5) 最后一次正确的配置。使用 Windows XP 在最后一次关机是保存的设置(注册信息)来启动 Windows XP，仅在配置错误时使用，不能解决由于驱动程序或文件破坏或丢失而引起的问题。当用户选择“最后一次正确的配置”选项后，则在最后一次正确的配置之后所作的修改和系统配置将丢失。

(6) 目录服务恢复模式。恢复域控制器的活动目录信息，改选项只用于 Windows XP 域控制器，不能用于 Windows XP Professional 或者成员服务器。

(7) 调试模式。启动 Windows XP 时，通过串行电缆将调试信息发送到另一台计算机上，以便用户解决问题。

4. 自动系统故障恢复 (ASR)

常规情况下应创建自动系统恢复 ASR 盘，作为系统出现故障时整个系统恢复方案的一部分。ASR 应该是系统恢复的最后手段，在其他选项之后才可使用。当在设置文本模式部分中出现提示时，可通过按 F2 访问还原部分。ASR 将读取其创建的文件中的磁盘配置，并将还原启动计算机所需的全部磁盘签名、卷和最小磁盘分区；然后，ASR 安装 Windows XP 的简化版本，并使用 ASR 向导创建的备份自动启动系统还原过程。

在工作站系统工作正常时创建系统紧急恢复盘，以便在系统出现问题时，使用它来恢复系统文件。这种方法可以修复基本系统，包括系统文件、引导扇区和启动环境等。步骤为：打开“开始”菜单，选择“程序”“附件”“系统工具”“备份”命令，打开“备份工具向导”窗口，可直接单击“高级模式”，打开“备份工具”窗口，在“欢迎”选项卡中，单击“自动系统恢复向导”按钮，将打开“自动系统故障恢复准备向导”对话框，单击“下一步”按钮，进入“备份目的地”对话框，在软驱中插入一张空白的软盘，然后单击“下一步”按钮，继续下去即可完成备份工作。图 4-16 所示为自动系统故障恢复创建窗口。

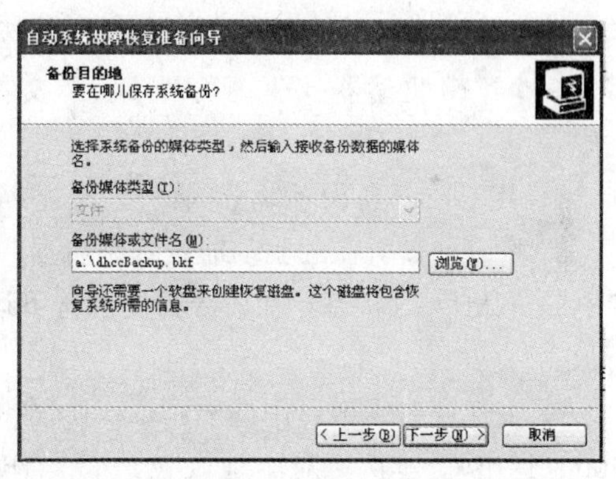

图 4-16 自动系统故障恢复创建窗口

注意：如果从光盘将 NtBackup 安装到 Windows XP Home Edition，则在备份会话过程中 ASR 功能看起来工作很正常。由于安装程序在 Windows XP Home Edition 中不支持 ASR，因此一旦发生故障将无法启动 ASR 还原。如果需要从此会

话中还原，应手动安装 Windows XP Home Edition，然后使用 ASR 盘还原。

5. 使用专门软件进行系统的备份和还原

如果使用上述方法后系统仍不能恢复正常，那么只能选择重新安装系统。实际上，就算使用故障恢复控制台、ASR 对系统进行了恢复，也可能出现丢失数据的现象，而重新安装系统在工作效率、系统一致性和完整性上都会存在问题，后续的试验和调试更是非常烦琐耗时。基于以上原因，在系统出现严重故障的情况下，可以选择所谓的“克隆”软件进行系统的快速恢复。

本模块将以最流行的克隆软件 Symantec Ghost 8.0 为例介绍系统的备份和还原过程。Ghost8.0 支持 FAT、FAT32 和 NTFS 文件系统，有硬盘和硬盘分区两种备份和还原方式，这里仅介绍硬盘分区的备份和还原方法。

使用 Ghost 进行系统备份时有下列几点要求：

(1) 备份之前，确认系统整体或系统的主要部分能够正常工作。

(2) 为了减小备份大小，在备份之前先清除临时文件和垃圾文件，并尽量将虚拟内存设置到非系统区。

(3) 对于非系统运行所必需的历史数据和用户文档，建议将其另行备份。

假定本工作站只有一块 IDE 硬盘，该硬盘有一个主分区（驱动器号 C:），文件系统为 NTFS 格式，其上已经成功安装和运行某 Windows 操作系统；该硬盘还有另外一个逻辑驱动器（驱动器号 D:），文件系统为 FAT32 格式，并已经格式化完毕。

1) 用 Ghost 备份系统分区：

a. 将启动盘所在的驱动器设置到启动顺序的第一位，然后插入 DOS 启动盘重启电脑进入 DOS 状态，在命令行提示符下运行 Ghost 程序，主程序界面如图 4-17 所示。

b. 主程序有 4 个可用选项：Local（本地）、Options（选项）、Help（帮助）和 Quit（退出）。本例将对本地硬盘进行操作，按向右方向键展开菜单，依次选择 Local→Partition（分区）→To Image（到映像文件）菜单项，如图 4-18 所示。

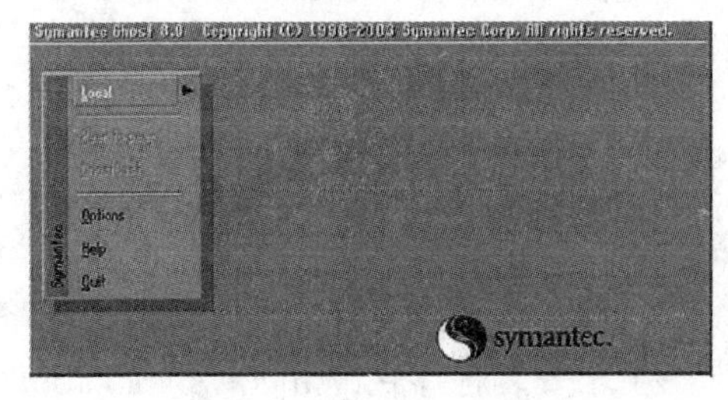

图 4-17 Symantec Ghost 8.0 主程序界面

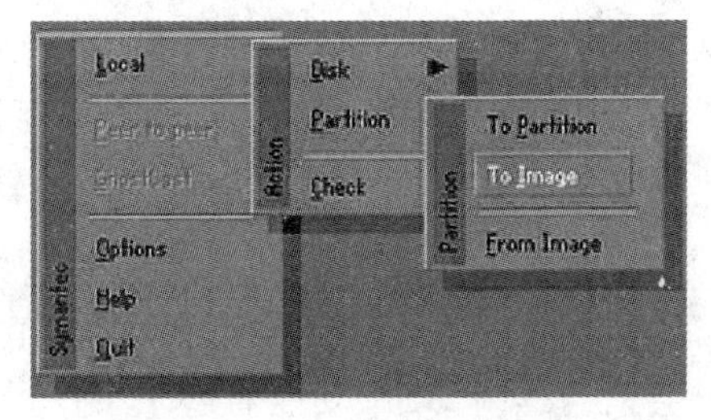

图 4-18 备份菜单选择

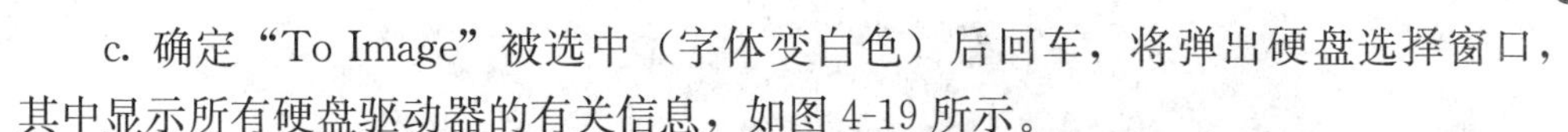

c. 确定“To Image”被选中（字体变白色）后回车，将弹出硬盘选择窗口，其中显示所有硬盘驱动器的有关信息，如图 4-19 所示。

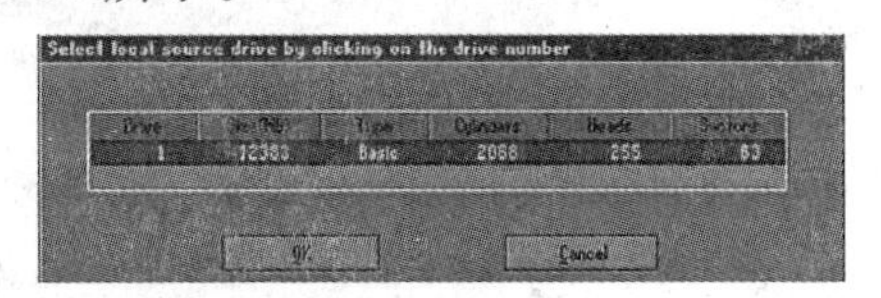

图 4-19　硬盘选择窗口

因为只有一个硬盘，所以直接按回车键后，将显示硬盘分区选择窗口，如图 4-20 所示。

d. 用方向键选择选择要操作的分区（本例为第一个分区，即 C 盘）后回车，这时 OK 按键由不可操作变为可用，按 TAB 键切换到 OK 键，按回车键进行确认。弹出存放备份映像文件的目标路径选择窗口，如图 4-21 所示。

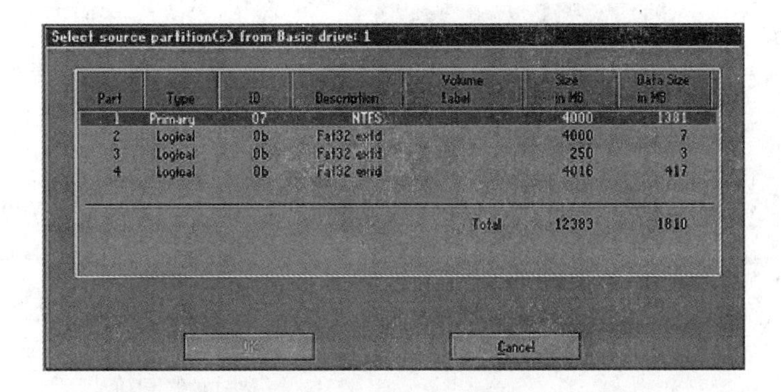

图 4-20　硬盘分区选择窗口

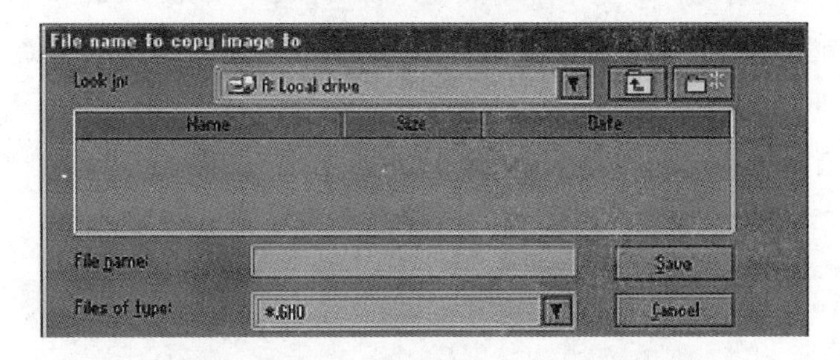

图 4-21　存放备份映像文件的目标路径选择窗口

e. 使用 Tab 键和方向键，选择存放备份映像的目标分区、目录，并定义备份映像文件名。这里选择 D 盘的根目录，文件名为 sysbackup. gho。按回车键后准备开始备份，程序会询问是否压缩备份文件，可选择“High ”压缩比以缩小文件规模，按回车键后即开始进行备份，备份进度如图 4-22 所示。

f. 整个备份过程需要的时间与要备份的容量和机器速度有关，一般需要几至十几分钟，备份完成后系统会提示操作已经完成，回车键退回到程序主画面。如果

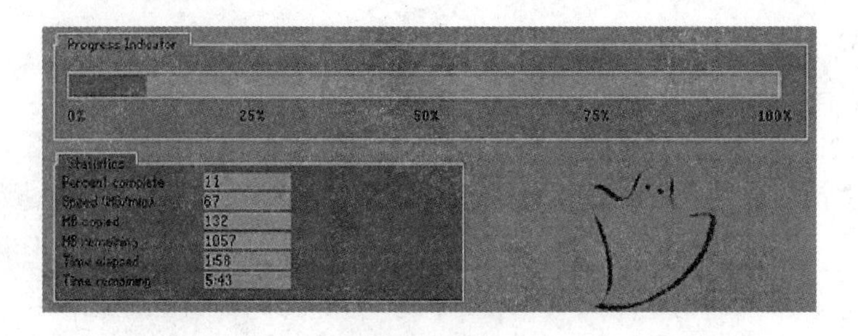

图 4-22　备份进度窗口

要退出 Ghost 程序，可选择 Quit 后回车。

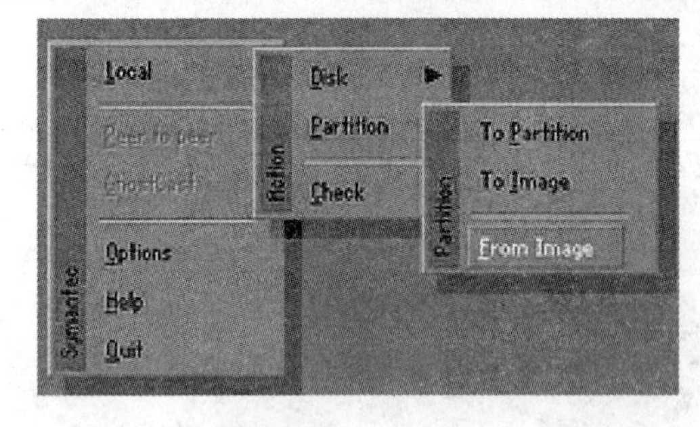

图 4-23　还原菜单选择

2）用 Ghost 还原系统分区：

a. 将启动盘所在的驱动器设置到启动顺序的第一位，然后插入 DOS 启动盘重启电脑进入 DOS 状态，在命令行提示符下运行 Ghost 程序，在主程序界面中依次选择 Local→Partition→From Image（从映像文件），如图 4-23 所示。

b. 按回车键确认后将会弹出备份映像文件定位和选择窗口，本例选择备份映像文件 D：\ sysbackup. gho，显示结果如图 4-24 所示。

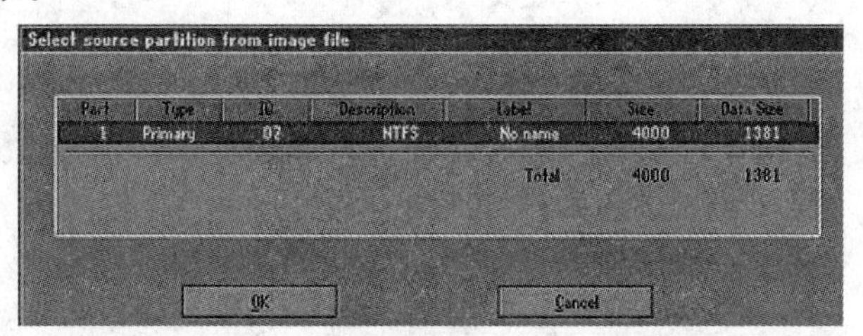

图 4-24　备份映像文件选择窗口

c. 检查备份映像文件信息无误后，选择并按回车键，将弹出目标硬盘和分区选择窗口，如图 4-25 所示。

d. 本例将还原硬盘主分区，因此选择“Primary”，然后按回车键，系统会提示还原操作即将进行，同时还提示本操作将破坏选中分区的现有数据。确认无误后，选中“Yes”，按回车键开始还原过程，不久后系统会提示还原完成情况，还原成功后，先取出启动盘，然后按回车键使计算机重新启动。

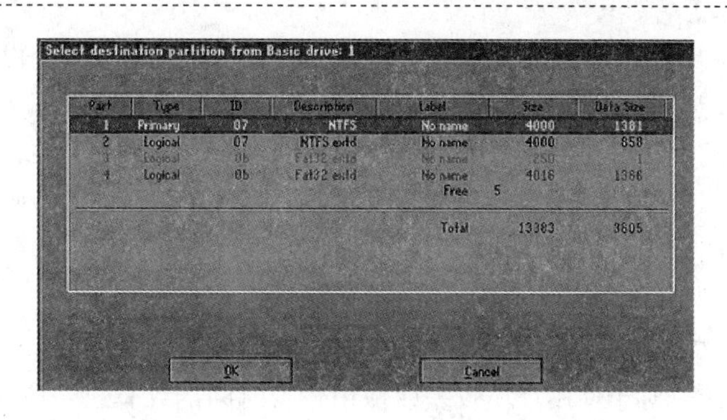

图 4-25　硬盘分区选择窗口

e. 观察启动过程，并检查启动后的系统是否与原来一样。

f. 还原成功后，将正确的备份映像文件复制到专用备份介质上保存，同时注明编号、名称、日期、工作人员及相关说明。

三、操作注意事项

（1）每个备份必须有明确的标识和说明，不得混淆。

（2）系统的整体备份要进行还原试验。

模块 9　常见计算机故障的一般处理方法

一、操作说明

1. 计算机故障的原因

（1）机械的正常磨损、元件的老化、使用寿命引起的正常使用故障。

（2）硬件损坏或不兼容。

（3）软件本身错误或不兼容。

（4）病毒破坏引起的故障。

（5）人为操作不当引起的故障。

（6）电源故障。

2. 计算机故障的分类

计算机故障分为硬件故障和软件故障两大类。硬件故障是指由计算机硬件引起的故障，如主机内的各种板卡、存储器、显示器、电源等不能正常工作引起的故障。软件故障一般是由计算机软件错误、人为操作不当或参数设置不正确引起的故障，软故障一般可以恢复。

二、操作步骤

1. 常见故障的判断步骤

（1）首先判断是软件故障还是硬件故障：断开所有可断开的外设后，启动计算机，如果系统能够进行自检，并能显示自检后的系统配置情况，那么可以判定主机硬件基本没有问题，应该判断故障是不是由软件引起。

（2）如果当前的计算机故障确实是由软件引起，则需要进一步确认是操作系统还是应用软件的原因，可以先将应用软件删除，然后重新安装。如果还有问题，则可以判断是操作系统的故障，这时需要重新安装操作系统。

2. 计算机常见硬件故障的处理

（1）清洁法。对于使用环境较差或使用较长时间的计算机，应首先进行清洁。可用毛刷轻轻刷去主板、外设上的灰尘，如果灰尘已清洁掉或无灰尘，那么进入下一步检查。

（2）观察法。观察法分为"看、听、闻、摸"4个步骤。

1）"看"：观察系统板卡的插头、插座是否歪斜，元件引脚是否相碰，表面是否烧焦，芯片表面是否开裂，主板上的铜箔是否烧断，是否有异物掉进主板的元器件之间造成短路。

2）"听"：监听CPU风扇、电源风扇、软硬盘电机或寻道机构、显示器、变压器等设备的工作声音是否正常。

3）"闻"：辨闻主机、板卡中是否有烧焦的气味，便于发现故障和确定短路所在处。

4）"摸"：用手按压管座的活动芯片，查看芯片是否松动或接触不良。另外，在系统运行时，用手靠近或触摸CPU、显示器、硬盘等设备的外壳，根据其温度可以判断设备运行是否正常，也可以用手触摸一些芯片的表面，如果发烫，说明该芯片可能已经损坏。

（3）拔插法。计算机故障产生的原因很多，如主板自身故障、I/O总线故障、各种插卡故障均可导致系统运行不正常。拔插法是确定主板或I/O设备故障的简捷方法。该方法的具体操作是：关机将插件板逐块拔出，每拔出一块板就开机观察机器运行状态，一旦拔出某块后主板运行正常，那么故障原因就是该插件板有故障或相应I/O总线插槽及负载有故障。若拔出所有插件板后，系统启动仍不正常，则故障很可能就在主板上。故障如果是由于一些芯片、板卡与插槽接触不良引起的，那么先将这些芯片、板卡拔出后再重新正确插入，便可找到和解决因安装接触不良引起的计算机故障。

（4）交换法。将同型号插件板与总线方式一致、功能相同的插件板相互交换，或者在同型号芯片之间相互交换，根据故障现象的变化情况，判断故障所在处。若芯片被交换后故障现象依旧，说明该芯片正常；若交换后故障现象变化，则说明交

换的芯片中有一块是坏的，可进一步通过逐块交换而确认故障部位。

（5）软件测试法。运行专用诊断程序来识别故障部位。

3. 计算机常见软件故障的处理

（1）计算机启动后提示计算机没有检测到硬盘（提示“DISK BOOT FAILURE，INSERT SYSTEM DISK AND PRESS ENTER”）：重新启动计算机，进入CMOS设置，自动检测硬盘。如果没有检测到硬盘，则关机检测硬盘数据线是否完好，硬盘和主板是否连接正常，硬盘电源线连接是否正常，硬盘跳线是否正确。如果这些都正常，但还是检测不到硬盘，就有可能是硬盘或主板坏了。

（2）启动时找不到引导文件（提示“Invalid system disk”）：有可能是硬盘系统里面没有“io.sys”等系统引导文件引起的，用Windows的DOS启动软盘或光盘启动计算机，然后在DOS下用“SYS C:”命令给硬盘传送引导文件。

（3）系统检测完硬件后就死机，硬盘灯长亮，没有提示任何启动信息：出现这种问题的原因很多，一般情况下是硬盘主引导分区标识被改变，而造成计算机启动时找不到主引导分区，导致系统死机，可用软盘或光盘启动计算机后再用软件（如DISK EDIT、DEBUG等）来修复。

（4）操作系统启动过程中死机：可能是Windows文件损坏，使用操作系统故障恢复功能或者重新安装操作系统可以解决。

（5）关闭系统时死机：一般由驱动程序的设置不当引起，再次开机后进入“设备管理器”，在这里一般能找到出错的设备（前面有一个黄色的问号或叹号），删除它之后再重装驱动程序即可解决问题。也可以采用系统本身的“还原点”和“返回驱动程序”功能解决。

（6）应用程序运行时死机：

1）可能是程序本身存在一些BUG或者与Windows的兼容性不好，存在冲突。可通过修改或者升级应用程序来解决问题。

2）不适当的删除操作可能会引起死机。这里的不适当是指既没有使用应用软件自身的反安装程序卸载，也没有在“添加或删除程序”里删除这个软件，而是直接在资源管理器中把该软件的安装目录删除。可通过重新安装应用软件来恢复系统，或者修改“系统注册表”来避免对已删除软件的调用错误。

3）病毒导致死机。应进行病毒扫描和清除。

4）硬盘的剩余空间不足。应删除不必要的文件，然后使用“磁盘清理”和“磁盘碎片整理”功能优化硬盘，有条件时可更换大容量硬盘。

5）系统的资源不足。如果在系统中同时打开了多个大型软件，那么当系统资源耗尽时，很容易引起系统死机。应当避免同时运行多个大型软件，否则应升级系

统，使之具备更充足的可用资源。

4. 出具监控系统故障处理报告

上述操作结束后，出具监控系统故障处理报告。

三、操作注意事项

(1) 为防止静电危害计算机元件，工作之前人体要进行静电释放或穿静电防护服。

(2) 在修改、优化计算机软件之前要进行系统备份。

(3) 正常开机顺序为先打开显示器、音箱等外设的电源，然后再开主机电源。

(4) 正常关机顺序为先关闭所有的程序，再关闭主机电源，最后关闭外设电源。关机时应避免强行关机操作，关机后距离下一次开机至少应有 10s 的时间间隔。

(5) 不能在开机状态下对计算机的硬件设备进行安装、拆除、移动等。

(6) 拆装、移动、清洁配件时要轻拿轻放。

(7) 禁止将水洒到计算机部件上，否则可能引起电路短路而烧毁部件。

模块 10　可编程控制器基本构成与安装

一、操作说明

可编程控制器（PLC）是现地单元最重要的组成部分。

国际电工委员会（IEC）对的定义是：可编程控制器是一种数字运算操作的电子系统，专为在工业环境下的应用而设计。它采用可编程序的存储器，用来在其内部存储执行逻辑运算、顺序控制、定时、计数和算术运算等操作的指令，并通过数字的、模拟的输入和输出，控制各种类型的机械或生产过程。可编程控制器具有通用性强、使用方便、适应面广、可靠性高、抗干扰能力强、编程简单等特点。

可编程控制器的基本构成有四部分：中央处理单元（CPU）、存储器、输入/输出（I/O）部件、电源部件，其基本构成如图 4-26 所示。

可编程控制器从结构上分，有固定式和模板式两种。固定式可编程控制器包括 CPU 板、I/O 板、显示面板、内存块、电源等，这些元素组合成一个不可拆卸的整体。模板式可编程控制器包括 CPU 模板、I/O 模板、电源模板、网络（通信）模板、底板或机架，这些模板可以按照一定规则组合配置，另外，可编程控制器还需要使用编程器将用户程序下载到可编程控制器的存储器中。

下面简要介绍施耐德公司 QUANTUM TSX 系列可编程控制器的典型模板。

(1) CPU 模板：140CPU43412A、140CPU53414A、140CPU65160。

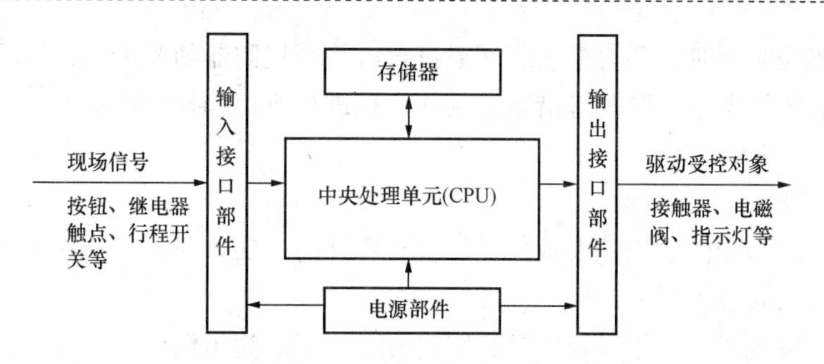

图 4-26　可编程控制器的基本构成

（2）I/O 模板：开入 140 DDI15310、140DDI35300，开出 140DRA84000、140DRC83000，模入 140ACI03000、140AVI03000，模出 140AVO02000、140ACO02000。

（3）网络模板：以太网 140NOE77110 模板、ProfibusDP 140CRP81100 通信模板。

（4）远程 I/O（RIO）模板：RIO 主站模板 140CRP93200、RIO 分站模板 140CRA93200。

（5）电源模板（CPS）：140CPS12400、140CPS21100。

（6）底板和底板扩展模板：140XBP10000、140XBE10000。

QUANTUM TSX 可编程控制器系统典型配置如图 4-27 所示。

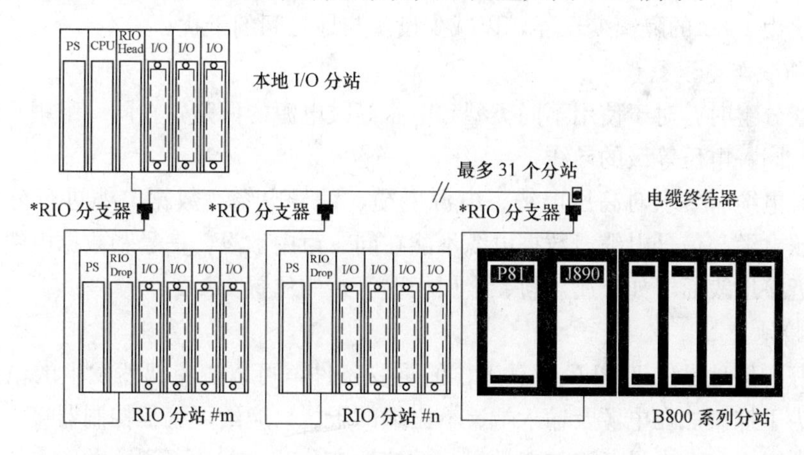

图 4-27　QUANTUM TSX 可编程控制器系统典型配置

二、操作步骤

1. 环境要求

虽然可编程控制器适用于大多数工业现场，但它对使用场合、运行环境还是有一定要求的。控制可编程控制器的工作环境，可以有效地提高其工作效率和寿命。

安装可编程控制器时，要力求场所环境符合可编程控制器的要求，如果环境不符合要求，安装时要考虑采取改善措施。例如，在进行机柜选择时，要根据安装环境决定机柜的防护等级（IP××）。

2. 机架和模板的安装

在确认组态配件数量、模板数量、所有组件的总功率损耗、电源功率容量正确后，才能开始安装工作。

（1）安装机架。使用夹板或螺钉固定各个机架。为了保证可编程控制器在工作状态下其温度保持在规定的环境温度范围内，应有足够的通风空间，机架之间要求间隔 30mm 以上。

（2）安装模板。将模板安装在机架上，其安装顺序从左到右一般为：电源模板、CPU 模板、输入/输出模板、功能模板、通信模板、接口模板。为了保证电源模板散热，要求将其安装在机架的两侧。

（3）垂直安装要求。垂直安装可编程控制器时，要严防导线头、铁屑等从通风窗掉入其内部，造成印刷电路板短路，使其不能正常工作甚至产生永久损坏。

3. 电源接线

根据电源类型和电压等级，须正确设置电源模板的电压选择开关。对于电源线引来的干扰，PLC 本身具有足够的抵制能力。如果电源干扰特别严重，可以安装一个变比为 1∶1 的隔离变压器，以减少设备与地之间的干扰。

4. 布线与电缆敷设

布线分组时，对于使用不同类型和电压等级电源的回路，在同一组中只能用同一类型、同一电压等级的导线。

敷设电缆时要求对高压电缆、电源电缆、信号电缆、数据电缆进行分类和分束，高压电缆与信号电缆、数据电缆不能在同一束中敷设，信号和数据电缆应敷设在最靠近接地表面（如金属导轨、金属柜壁等）的位置。

5. 接地

良好的接地是保证 PLC 可靠工作的重要条件，可以避免偶然发生的电压冲击危害。为了抑制加在电源及输入端、输出端的干扰，应给可编程控制器接上专用地线，接地点应与动力设备（如电动机）的接地点分开。若达不到这种要求，也必须做到与其他设备公共接地，禁止与其他设备串联接地，接地点应尽可能靠近 PLC。所有模板及机架都要按要求实施接地，有屏蔽接地要求的电缆的屏蔽，如模拟量电缆的屏蔽必须接地。

6. 其他要求

由于 PLC 的输出元件被封装在印制电路板上，并且连接至端子板，若将连接

输出元件的负载短路，将烧毁印制电路板，因此，应用熔丝保护输出元件。为防止电感过电压，应加装防电涌元件到电感设备，例如给直流线圈加装钳位二极管，机柜内照明应使用白炽灯或无干扰抑制的荧光灯。

三、操作注意事项

（1）为防止静电危害计算机元件，工作之前人体要进行静电释放或穿静电防护服。

（2）拆装、移动、清洁配件时，要轻拿轻放。

模块11　不间断电源系统工作原理及安装

一、操作说明

1. 使用不间断电源系统的优点

为保证计算机监控系统的电源高度可靠，系统应采用不间断电源系统（UPS）供电，对于全计算机监控系统和以计算机为主的监控系统，不间断电源应采取双重化等冗余措施，现地控制单元应采用不间断电源系统或由厂内直流蓄电池供电的逆变电源供电，电源质量应符合设备要求。

不间断电源系统的优点有：

（1）提高供电质量。不间断电源系统通过内部电压和频率调节器，使其输出不受其输入电源变化的影响。

（2）有效抑制噪声。输入电源中的杂波被有效地滤除，使负载能得到干净的电源。

（3）厂用电（或市电）掉电保护。若输入电源断电，则不间断电源系统由电池供电，负载供电无中断。

2. 不间断电源系统的工作原理

不间断电源系统主要由整流器、充电器、逆变器、电池组、静态开关等构成，是一套具有自动控制功能的电源装置。电池组的充电器与逆变器前的整流器，功能相似。整流器承担着不间断电源系统的经常性负荷，充电器给电池组浮充电，且与电池并列作为整流器的后备，旁路电源则是逆变器的后备。逆变器和旁路之间转换时，若不间断电源系统旁路侧与逆变器输出侧电压的相位和频率不一致，转换瞬间将短路或因差压大而产生很大的冲击电流，导致掉电及元件损坏。所以，逆变器输出的交流电压与旁路电源的交流电压应同步，才能实现无间断转换。不论旁路取自哪里，逆变器都应能够调整输出电压，与旁路电压同频同相。图4-28所示为不间断电源系统的构成（整流器兼作充电器）。

不间断电源系统按照工作原理分为后备式不间断电源系统和在线式UPS。后

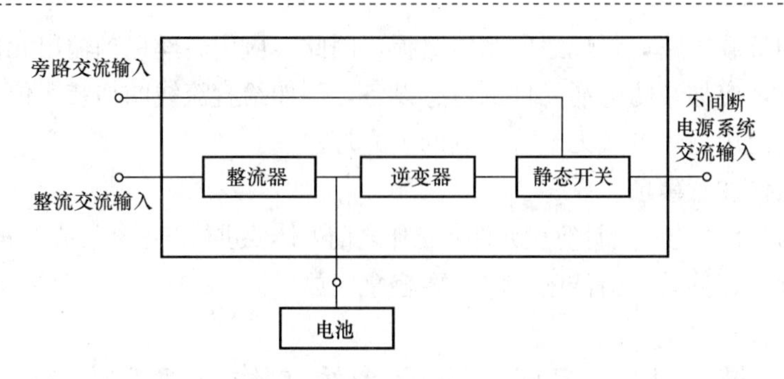

图 4-28　不间断电源系统的构成

备式不间断电源系统在有厂用电时仅对交流电源进行稳压，逆变器不工作，处于等待状态；当交流电源异常时，后备式不间断电源系统会迅速切换到逆变状态，将电池组电能逆变成为交流电对负载继续供电。因此，后备式不间断电源系统在由交流电源转到电池组逆变工作时会有一段转换时间，一般小于 10ms。而在线式不间断电源系统开机后逆变器始终处于工作状态，因此在交流电源异常转电池放电时不需要转换时间。水电厂计算机监控系统供电系统多采用容量较大的在线式不间断电源系统，而现地单元由于容量较小，可以选用在线式不间断电源系统，也可以选用后备式不间断电源系统，这里主要介绍在线式不间断电源系统。

在线式不间断电源系统的工作状态分为以下 4 种情况：

（1）厂用电（或市电）正常。在正常工作状态，由厂用电提供能量，整流器将交流电转化为直流电，逆变器将经整流后的直流电转化为交流电提供给负载，同时电池组通过充电器浮充电。

（2）厂用电异常。厂用电断电或者厂用电的电压或频率超出允许范围时，整流器自动关闭。此时，由电池组提供的直流电经逆变器转化为交流电提供给负载。电池组维持不间断电源系统工作，直至电池电压降到电池放电终止电压而关机的时间称为后备时间，后备时间的长短取决于电池的容量和所带负载的大小。

（3）厂用电恢复正常。当厂用电恢复到正常后，整流器重新提供经整流后的直流电给逆变器，同时由充电器对电池组充电。

（4）旁路状态。大、中功率不间断电源系统的静态旁路开关是为提高不间断电源系统工作的可靠性而设置的，能承受负载的瞬时过载或短路。因不间断电源系统的逆变器采用电子器件，过载能力有限，因此，当不间断电源供电系统出现过载或短路故障时，不间断电源系统将自动切换到旁路，以保护不间断电源系统的逆变器不会因过载而损坏。不间断电源供电系统转入旁路供电后，是由厂用电直接供给负载，待过载或短路故障消除后，旁路开关将自动转换回由不间断电源系统继续向负

载供电。在下列两种情况下，不间断电源系统处于旁路：

1）当负载超载、短路或者逆变器故障时，为了保证不中断对负载的供电，静态旁路开关动作，由厂用电直接向负载供电。

2）当不间断电源系统需维修或测试时，将维护旁路开关闭合，由厂用电直接向负载供电。

一般情况下，不间断电源系统除了带有旁路和整流器静态开关以外，还配置有整流器输入开关、旁路输入开关、不间断电源系统输出开关、内部维护旁路开关、电池开关，单独配置充电器的还有充电器输入开关。在此基础上，为了在检修时彻底分离出不间断电源系统，还配有外部维护开关和外部隔离开关。图 4-29 所示为带隔离开关和维护旁路开关的不间断电源系统。

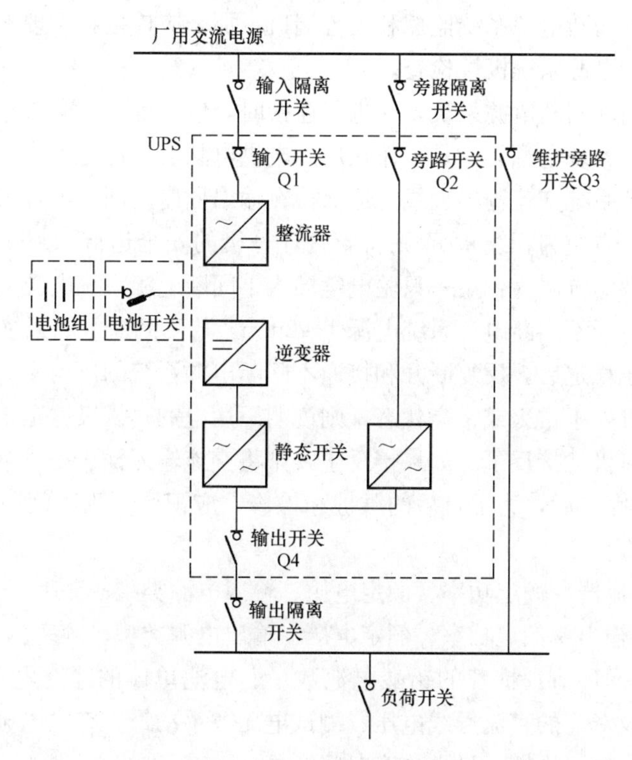

图 4-29　带隔离开关和维护旁路开关的不间断电源系统

二、操作步骤

(1) 在合适的位置固定好不间断电源系统本体和电池柜（架）。

(2) 依据每组单体间串联、组间并联的原则按顺序连接经过完好性检查的电池，并置入电池柜（架）内。连接时要确保极性正确、连线和极板接触良好牢固，由于电池已经充电，还须防止电极间出现短路而发生危险。

（3）连接不间断电源系统输入电缆、旁路电缆、输出电缆。连接时，应正确连接交流输入的极性。

（4）连接电池电缆，通过正负极的两根电缆把不间断电源系统与电池组相连接。连接时，确保电池连接极性的正确性。

（5）将保护地线连接到保护地母线上，并与系统的各机柜相接，所有柜体都应按规定接地。

（6）不间断电源双机系统的连接要确认各单机应具有相同的容量，软件和硬件也应相同。

（7）不间断电源双机系统间电缆的连接，包括并机、通信等辅助电缆。

（8）如果不间断电源系统监控和设置端口，那么应连接到管理工作站。

（9）不间断电源系统极性检查。

初次安装的不间断电源系统，在进行连接时，应正确连接交流输入的极性，以确保不间断电源系统电源无论是工作在厂用电供电状态，还是工作在逆变器供电状态，不间断电源系统交流输出火线永远保持在输出插座的同一位置（按规定，插座的左边为零线，右边为相线），否则将影响计算机的安全运行。判断不间断电源系统交流输入极性的方法为：用一只验电笔插入不间断电源系统电源交流输出插座的任一插孔内，打开不间断电源系统电源1～2min，待不间断电源系统电源的交流输出插孔对地电压稳定后，反复断开和接通不间断电源系统的厂内交流输入电源，如果试电笔的氖灯处于常灭或常亮状态，则说明厂用电的输入极性是正确的，否则就是厂用电的交流极性接反了。如果接反了，则将交流输入插头换一个方向即可。

（10）安装完成后，为了日后的维护和检修，应记录下列不间断电源系统电气特性：

1）输入整流器：额定功率、额定电压、输入电源类型、频率。

2）逆变器输出：额定功率、额定电压、输出电源类型、频率。

3）直流中间环节：推荐的铅酸电池数量、电池单体的浮充电压、均充电压、放电中止电压及对应的直流母线电压、测试电压、手动最大充电电压及对应的直流母线电压、电池均充周期、最大均充时间。

三、操作注意事项

（1）确认不间断电源系统外部的所有输入和隔离配电开关彻底断开，不间断电源系统内部电源开关全部断开。

（2）在这些开关处悬挂“有人工作、禁止合闸”标示牌，以防他人对开关进行操作。

（3）配戴护眼罩，以防电弧造成意外伤害。

（4）取下身上的戒指、手表、项链、手镯及其他金属饰物。

（5）使用具有绝缘手柄的工具。

（6）操作电池时，应戴橡胶手套和围裙。如果出现电池漏液或损坏，应将电池置于抗硫酸的容器中，并按规定进行报废处理；如皮肤接触到电解液，应立即用水清洗。电池的报废处理应遵守环境保护规定。

模块12　不间断电源单机系统的操作

一、操作说明

小型水电厂的计算机监控系统一般配置为不间断电源单机系统。无论是不间断电源单机系统还是不间断电源双机系统甚至不间断电源系统 $1+N$ 系统，不间断电源单机系统的操作都是最重要的基础性操作。

不间断电源系统可处于下列几种运行方式之一：

（1）正常运行：所有相关电源开关闭合，不间断电源系统带载。

（2）维护旁路：不间断电源系统关断，负载通过维护旁路开关直接连接到旁路电源。

（3）关机：所有电源开关断开，负载断电。

（4）静态旁路：负载由静态旁路厂用电供电。这种供电方式可以看做是负载在逆变器供电和维护旁路供电之间相互转换的一种中间供电方式，或异常工作状态的供电方式。

（5）经济模式：所有相关电源开关及电池开关均处于闭合状态，负载通过不间断电源系统静态转换开关由旁路厂用电供电，逆变器处于后备状态。出于安全性和可靠性考虑，建议水电厂计算机监控系统慎用经济模式；另外，双机系统和 $1+N$ 系统一般不支持经济模式。

本模块介绍在上述运行方式（不包括经济模式）之间互相切换、复位及开关逆变器的操作等。

二、操作步骤

1. 不间断电源系统开机（不中断负载供电）

该步骤用于不间断电源系统开机，以及将负载从外部维护旁路状态切换到逆变器供电状态。假设不间断电源系统已经安装和调试完毕，外部电源开关已闭合，并且相序或极性正确。

（1）合维护旁路开关及外部开关（维护旁路内）合向负载侧。

（2）合输出电源开关及旁路电源开关。此时面板上的旁路电源正常指示灯闪烁，约20s（这里和后面的时间仅作为举例使用，具体的时间长度随不间断电源系统型号而定）后，旁路带载指示灯闪烁。

（3）合整流器输入开关。

（4）等待约20s后合电池开关。面板上无电池指示灯灭，电池容量指示灯根据实际容量点亮，整流器逐步启动并稳定在浮充电压。

（5）断开维护旁路电源开关，并上锁。面板上旁路带载指示灯闪烁。

（6）5s后，面板上逆变器带载指示灯亮，旁路带载指示灯灭。

2. 不间断电源系统开机和加载（无负载的启动）

该步骤用于不间断电源系统开机加载，即在不间断电源系统未对负载进行供电的情况下，对不间断电源系统进行开机操作。假设已经安装和调试完毕，外部电源开关已闭合，并且相序或极性正确。

（1）合整流器输入开关。面板指示交流输入正常，约20s后，逆变器输出正常指示灯亮、无电池指示灯亮。

（2）合不间断电源系统输出电源开关。面板上逆变器带载指示灯亮、无电池指示亮。

（3）合旁路开关输入。面板上的旁路电源指示灯亮，20s后，逆变器与厂用电旁路同步。

（4）在合电池开关前，检查直流母线电压。

（5）手动合电池开关。面板上无电池指示灯灭，电池容量指示根据实际容量点亮。

（6）观察逆变器工作稳定后，操作结束。

3. 不间断电源系统从正常运行到维护旁路

该步骤用于将负载从不间断电源系统逆变器输出切换到维护旁路，这在不间断电源系统维护时可能会用到。

（1）检查旁路电源正常，并且逆变器与旁路同步，以免造成负载供电中断。

（2）关闭逆变器，此时负载被切换到旁路供电。面板上逆变器带载指示灯灭、旁路带载指示灯闪烁，通常情况下会同时伴有声音告警。

（3）给维护旁路电源开关解锁，然后合上维护旁路电源开关。

（4）拉开整流器输入电源开关、输出电源开关、旁路电源开关和电池开关。此时，不间断电源系统下电，负载由维护旁路供电。

注意：如果要对不间断电源系统进行内部检查，应等待约5min，使内部直流母线电容电压放电。同时，不间断电源系统内部以下部件带电，要做好防触电安全保护措施：旁路交流输入端子和母线、维护旁路电源开关、静态旁路电源开关、不间断电源系统输出端子和母线。

4. 不间断电源系统在维护旁路下开机

该步骤用于将负载从外部维护旁路状态切换到不间断电源系统逆变器供电状态。假设不间断电源系统已经安装和调试完毕，外部电源开关已闭合，并且相序或极性正确。

（1）合输出电源开关及旁路电源开关。此时面板上的旁路电源正常指示灯闪烁，约20s（这里和后面的时间仅作为举例使用，具体的时间长度随不间断电源系统型号而定）后，旁路带载指示灯闪烁。

（2）合整流器输入开关。

（3）等待约20s后合电池开关。面板上无电池指示灯灭，电池容量指示灯根据实际容量点亮，整流器逐步启动并稳定在浮充电压。

（4）断开维护旁路电源开关，并上锁。面板上旁路带载指示灯闪烁。

（5）5s后，面板上逆变器带载指示灯亮、旁路带载指示灯灭。

5. 不间断电源系统完全关机

该步骤介绍不间断电源系统的完全关机，且使负载断电的操作，所有电源开关将断开，且不再对负载供电。

（1）计算机监控系统退出运行，关闭计算机监控系统各设备电源。

（2）拉开不间断电源系统输出侧母线上的外部负荷配电开关。

（3）断开不间断电源系统电池开关和整流器输入电源开关。逆变器带载指示灯灭，旁路带载指示灯闪烁，无电池指示灯亮，电池容量的所有指示灯灭。

（4）断开不间断电源系统输出开关和旁路电源开关。经一段时间延时，内部辅助电源消失后，所有面板指示灯灭。

（5）若要不间断电源系统与厂用电完全隔离，则应断开外部所有厂用电配电开关，此时不间断电源系统已完全下电。

（6）在厂用电配电屏已拉开刀闸上悬挂“有人工作、禁止合闸”标示牌，指明不间断电源系统处于维修状态。

注意：如果要对不间断电源系统进行内部检查，应等待约5min，使内部直流母线电容电压放电。不间断电源系统关机状态下，如有需要，可随时合上维护旁路电源开关，给负载接通维护旁路电源。但是，当负载由维护旁路供电时，负载无电源异常保护。

6. 不间断电源系统复位

当操作人员使用不间断电源系统紧急关机功能使不间断电源系统关机或因不间

断电源系统出现故障（如逆变器温度过高、过负荷、电池过压、切换次数过多等）自动关机后，应根据不间断电源系统提示采取措施排除故障后进行复位操作，使不间断电源系统恢复正常工作状态。

（1）按照提示排除故障。

（2）通过不间断电源系统面板，输入正确的口令，进入操作状态。

（3）使用复位功能，对不间断电源系统报警进行复位。不间断电源系统内部的逻辑电路将进行复位，整流器、逆变器和静态开关将重新正常运行。

（4）如果是紧急关机后的复位，还需手动合电池开关。

三、操作注意事项

（1）熟悉相关电源开关的位置和作用，防止误操作。

（2）由于不间断电源系统型号间的差异，操作方式和方法会有所区别，所以操作之前应掌握操作方式和方法。

（3）在标志不清楚和对负荷情况不了解的情况下，暂时不要操作，了解清楚以后再进行操作。

（4）操作时要保证各个电源开关完全闭合或者完全切除。

（5）操作完成后（已拉开的刀闸或开关上）应悬挂标志牌的必须悬挂标志牌，应加锁保护的一定要加锁（如维护旁路开关）。

（6）合电池开关前，要先检查直流母线电压，当直流母线电压达到其规定的合格电压后才能合电池开关，否则有些型号的不间断电源系统会退出运行。

模块 13　不间断电源双机系统的操作

一、操作说明

计算机监控系统最常见的不间断电源系统配置方案是双机系统，即两个不间断电源系统并联运行的电源系统。两个不间断电源系统并联的情况下，既可给每台不间断电源系统配置独立的电池组，即分离电池系统；也可以两个不间断电源系统采用一组公共电池，即公共电池系统，此时一般配置公共电池开关。此公共电池开关内含两个开关，可用来切断一个不间断电源系统而不影响另一台不间断电源系统的运行。

多台容量相同、软件和硬件相同的不间断电源系统可以并列运行。并列运行时，由于系统中各不间断电源系统单机的输出并联在一起，系统会检查各逆变器控制电路是否相互同步，以及与厂用电旁路的频率及相位的完全同步性，保证它们各自的输出电压完全相同。并列运行时负载的供电电流自动由各不间断电源系统单机均衡承担。并列运行的不间断电源系统中若某个单机发生故障，该单机的静态转换开关会自动将此单机退出系统。如系统中剩余的单机仍能满足负载的供电要求，系统将继续给负载供电，负载电源不中断。如果剩余的单机不再能够满足负载的供电要求，负载将自动被切换到旁路厂用电。这种情况下的负载切换，如果逆变器与电网同步，负载电源不会中断，否则负载电源将中断。由于不间断电源系统不跟踪维护旁路电源，切换时不能保证逆变器与电网同步，因此配置有内部维护旁路开关的不间断电源系统在并列运行时禁止使用内部维护旁路开关。为了保证并列运行的不间断电源系统间同步，不间断电源系统间还设有并机母线或同步通信电缆。图 4-30 所示为带维护旁路开关和分离电池系统的不间断电源双机系统。

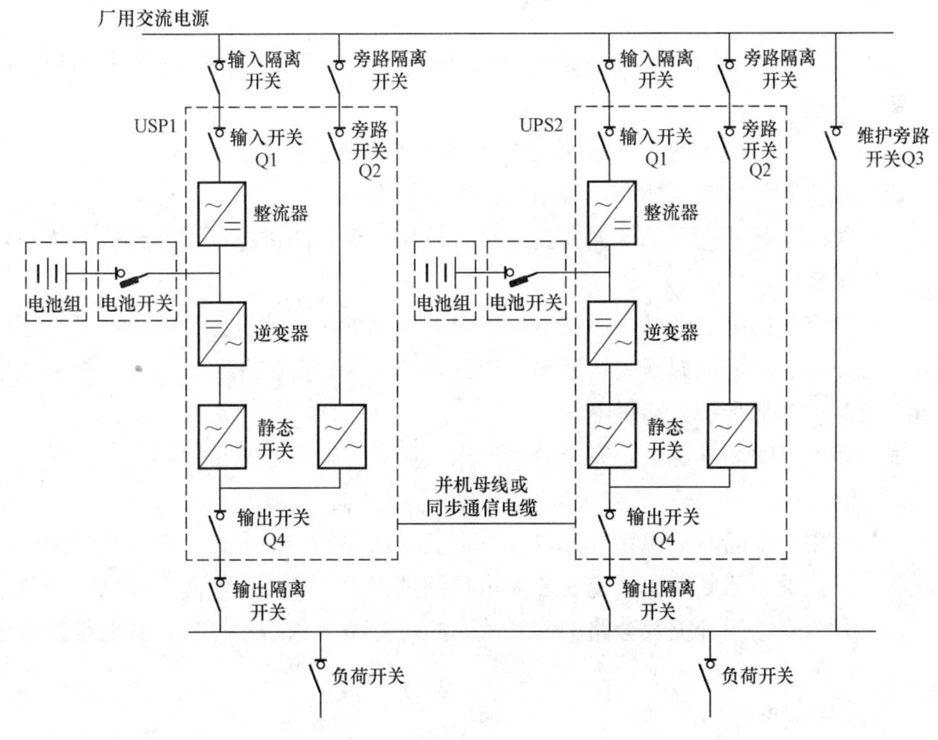

图 4-30　带维护旁路开关和分离电池系统的不间断电源双机系统

不间断电源系统在日常的维护和检修中，由于负荷容量、类型、要求不同，要面临各种各样的操作，不同型号的不间断电源系统的功能有所区别，其操作步骤也会有些不同，但保证系统供电安全的目标却是一致的。下面以艾默生 HIPULSE 不间断电源系统为例，就带分离电池双机系统的操作步骤加以介绍，作为参考。

二、操作步骤

1. 系统开机（开机前不间断电源系统不带负载）

该步骤用于不间断电源系统完全下电状态下对不间断电源系统进行开机，即开机前不间断电源系统不带负载。假设不间断电源系统安装完毕且调试正常，且外部电源开关已闭合。

（1）合上旁路开关，面板将显示旁路电源正常及旁路带载。

（2）合上整流器输入开关和不间断电源系统输出开关，等待片刻后，面板上逆变器带载指示灯亮、旁路带载指示灯灭。

（3）合电池开关前，检查直流母线电压，确认直流母线电压达到额定值。

（4）手动合电池开关，面板上无电池指示灯灭，电池容量指示灯根据实际容量点亮。

（5）第二台不间断电源系统开机步骤见下文“5. 已关闭并脱离系统不间断电源系统的开机”。

2. 双机不间断电源系统从正常运行状态到外部维护旁路的操作

通过该步骤将负载从逆变器输出切换到维护旁路。

（1）关闭不间断电源系统逆变器，负载被切换到旁路供电。逆变器带载指示灯灭、旁路带载指示灯亮。

（2）检查外部维护旁路电源正常后，合上外部维护旁路电源开关。拉开整流器输入电源开关、输出电源开关、旁路电源开关和电池开关。此时，不间断电源系统下电，负载由外部维护旁路供电。

（3）要使不间断电源系统完全分离出来，应拉开输入、输出隔离开关。

3. 双机不间断电源系统在外部维护旁路下的开机

该步骤用于不间断电源系统开机以及将负载从外部维护旁路状态切换到逆变器供电状态。假设不间断电源系统安装完毕且调试正常，且外部电源开关已闭合。

（1）合输出电源开关及旁路电源开关，此时旁路电源指示灯亮、旁路带载指示灯亮。

（2）合整流器输入开关。

（3）等待 20s 后合电池开关，无电池指示灯灭、电池容量指示灯点亮，整流器逐步启动并稳定在浮充电压。

（4）断开外部维护旁路电源开关。旁路带载指示灯闪烁，数秒钟后，逆变器带载指示灯亮、旁路带载指示灯灭。

4. 关断并分离运行中双机系统的其中一台不间断电源系统

（1）依次拉开该不间断电源系统输出开关、整流器输入开关和旁路输入开关。

（2）拉开电池柜内的电池开关。

（3）为完全分离该不间断电源系统，拉开各隔离开关。

5. 已关闭并脱离系统不间断电源系统的开机

（1）合上被关闭不间断电源系统的外部配电开关和隔离开关。

（2）合上不间断电源系统整流器输入开关和旁路输入开关。

（3）确认直流母线电压达到额定值，合上电池开关。

（4）合上不间断电源系统输出开关，自动进入并列运行状态。

6. 不间断电源系统完全关机

不间断电源系统的完全关机是指使负载断电的操作，所有电源开关将断开，且不再对负载供电。具体操作步骤如下：

（1）先停运所有计算机设备，然后依次分开不间断电源系统输出开关以外的所有配电负荷开关。

（2）拉开电池开关和整流器输入电源开关，逆变器带载指示灯灭、旁路带载指示灯闪烁，无电池指示灯亮，电池容量指示灯灭。

（3）断开不间断电源系统输出开关和旁路电源开关。

（4）若要不间断电源系统与外部完全隔离，则应拉开外部所有配电开关和隔离开关。

（5）等待几分钟，使直流母线电容电压放电。

（6）设置标志牌，不间断电源系统进入维修状态。

带公共电池双机系统与带分离电池双机系统的区别在于：合/分电池开关时要求进行两个电池开关的操作，当某一个不间断电源系统要投运或退出时，要合/分对应的电池开关；当两个不间断电源系统要同时投运或退出时，要同时合/分对应的电池开关。其他与带分离电池双机系统的操作步骤一样。

三、操作注意事项

（1）熟悉相关电源开关的位置和作用，防止误操作。

（2）由于不间断电源系统型号间的差异，操作方式和方法会有所区别，所以操作之前应掌握操作方式和方法。

（3）在标志不清楚和对负荷情况不了解的情况下，暂时不要操作，了解清楚以后再进行操作。

（4）操作时要保证各个电源开关完全闭合或者完全切除。

（5）操作完成后（已拉开的刀闸或开关上）应悬挂标志牌的必须悬挂标志牌，应加锁保护的一定要加锁（如维护旁路开关）。

（6）合电池开关前，要先检查直流母线电压，当直流母线电压达到其规定的合

格电压后才能合电池开关，否则有些型号的不间断电源系统会退出运行。

（7）双机系统的操作要求必须一次执行一个步骤，只有在每个单机都完成了相同一个步骤以后，才能继续下一步骤。

模块 14　不间断电源系统试验

一、操作说明

本模块适用于安装或大修阶段的不间断电源系统电气特性试验。

二、操作步骤

（1）计算机监控系统负荷转到维护旁路或监控系统停止运行，负载开关分开。

（2）不间断电源系统输出开关和输出隔离开关分开。

（3）如果计算机监控系统由维护旁路供电，为了不中断供电，可能需要在两台不间断电源系统的输出开关的下端使用合适的电缆将其并联，重新构成一条“母线”，以进行后续试验，此时输出隔离开关必须在分开位置（见图 4-30），然后按照说明书将交流假负载通过一个断路开关接入母线，断路开关分开。通过不间断电源系统输出开关和断路开关的分合操作分别对两台不间断电源系统进行试验。

（4）投入一台不间断电源系统的输入、输出开关，上电运行在正常工作状态，合上断路开关接入交流假负载；调节交流假负载使不间断电源系统工作在空载和满载位置，分别测量不间断电源系统的输出波形、频率、电压，应符合技术要求。

（5）调节交流假负载，突加或突减负载（50%），若不间断电源系统输出瞬变电压变化幅度在－10%～10%之间，且在 20ms 内恢复到稳态，则此不间断电源系统该项指标合格。

（6）调节交流假负载在不间断电源系统满载位置，测试由逆变器供电转换到旁路供电，或由旁路供电转换到逆变器供电时的转换特性。转换时使用示波器录波，切换时间应小于 10ms。

（7）对另一台不间断电源系统进行同样的试验，两台不间断电源系统试验合格后，调节交流假负载模拟实际负荷（50%），两台不间断电源系统进行热备试验，使用示波器录波，分析同步过程、切换时间是否符合要求。有条件时，建议进行不间断电源系统过载试验。

（8）调节交流假负载为实际负荷大小，分开不间断电源系统输入交流开关，使其工作在电池放电状态；进行核对性放电试验，放电 30min，注意电池不能深度放电。

（9）调整电池开关的跳闸定值到高于电池终止电压位置，放电使其正确动作一次，然后恢复原来定值，合上不间断电源系统输入交流开关和电池开关。

（10）分开不间断电源系统交流输出开关，拆除所有试验接线和试验设备，然后检查不间断电源系统工作状态是否正常。

（11）确认不间断电源系统正常后，计算机监控系统负荷转不间断电源系统或者计算机监控系统投入运行。

（12）整理检修报告。

三、操作注意事项

（1）试验环境温度 20℃。

（2）清洁和不间断电源系统内部检修时，要在不间断电源系统停运并拉开电池开关等待约 10min 后，使内部直流母线电容电压放电，然后才能对不间断电源系统内部进行检修。

（3）防止触电和误操作。

（4）电池不能深度放电。

模块 15　不间断电源系统日常维护

一、操作说明

不间断电源系统蓄电池放电试验应有两人以上参与，有报警或异常时禁止进行不间断电源系统蓄电池放电试验。

二、操作步骤

（1）通过不间断电源系统面板和外观检查，正常运行应满足下列条件：

1）电池运行温度范围：15～25℃。

2）不间断电源系统交流输入和输出电压在要求范围内。

3）正常运行时，有下列指示：旁路电源正常但不允许旁路带载，输入电源正常且整流器工作，电池工作状态正常，逆变器输出正常，逆变器带载状态。无下列现象和指示：蜂鸣器警报声、放电声、异味、电池极板腐蚀、电池有漏液、电池欠压指示、不间断电源系统过载指示。

（2）为达到激活电池的目的，每隔 3 个月应人为中断厂用电供电，让不间断电源系统的蓄电池放电 5min，注意不要深度放电。

（3）电池定期放电运行时，人员不能离开，同时有下列指示：电池放电状态、电池工作状态正常、逆变器输出正常、逆变器带载状态。

三、操作注意事项

（1）不要使用带漏电保护器的装置。

（2）电动工具、检修设备及其他非计算机监控系统设备应使用检修电源，禁止

以不间断电源系统作为电源。

(3) 环境设备（如空调机）、环境检验设备不能以不间断电源系统作为电源。

(4) 现地单元（如PLC、现地工作站）的电源应使用单独的不间断电源系统供电或由厂内直流蓄电池供电的逆变装置，同时不间断电源系统的输入不能接到计算机监控系统不间断电源系统的输出端。

模块16 计算机运行场地环境检测

一、操作说明

本检测项目适用于计算机室、现地控制单元以及其他有环境要求的场所。值班人员所在的中央控制室由于设备较复杂、人员来往较频繁，环境条件可适当放宽，但不能对人员工作和设备运行造成影响。

由于环境监测技术的快速发展，目前已有针对部分环境参数的自动化监测设备投入实际应用，实现了环境参数的连续监视，使环境监测结果更准确、更及时。在实际应用中，应优先采用这类自动化和智能化程度较高的设备对环境进行全天候监测，同时定期对该设备应进行维护和校验。

对环境参数的检修可安排进行定期和不定期检修。不定期检修是指当设备变化时要进行一次环境参数的检修，定期检修可安排每年1～2次，环境参数的检修涉及计算机监控系统设备启停的，时间安排上应服从计算机监控系统设备的检修工期。环境调节设备（空调机、空气净化器、湿度调节器、环境自动化监测设备等）的检修随计算机监控系统设备检修周期安排大、小修，按照设备说明书进行简单清灰、保养；进一步的检修由设备供应商完成，检修周期应短于计算机监控系统设备的检修周期。

环境检测的主要项目是温度、相对湿度、尘埃和磁场干扰场强。

二、操作步骤

1. 温度

(1) 技术要求：

1) 计算机房：开机时温度为20～24℃，停机时温度为5～35℃。

2) 现地控制单元：0～40℃。

3) 温度变化率：小于5℃/h，要不凝露。

(2) 测试仪表：

1) 水银温度计。

2) 双金属温度计。

(3) 测试方法：

1）开机时的测试应在计算机设备正常运行 1h 以后进行。

2）测点选择高度应离地面 0.8m，距设备周围 0.8m 以外处，共测 5 点，并应避开出、回风口处。

3）测点分布如图 4-31 所示。

4）停机时的测试方法与开机时的测试方法相同（停机 1h 以后）。

（4）测试数据：每个测点数据均为该房间的实测温度，各点均应符合要求。

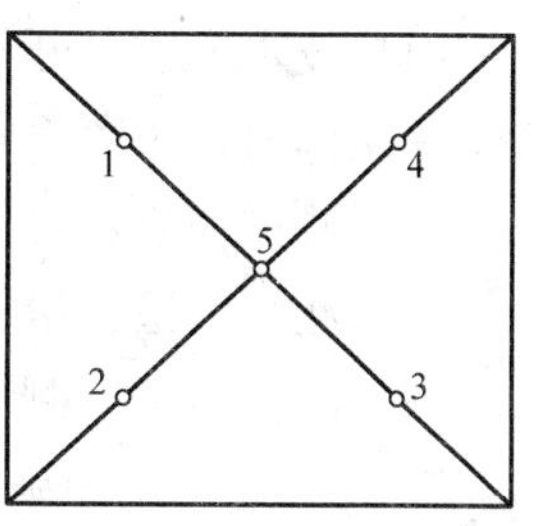

图 4-31　温度测点分布

2. 相对湿度

（1）技术要求：

1）计算机房：40%～70%。

2）现地控制单元：20%～80%（无凝露）。

（2）测试仪表：

1）普通干湿球湿度计。

2）电阻湿度计。

（3）测试方法：

1）开机时的测试应在计算机设备正常运行 1h 以后进行。

2）测点选择高度应离地面 0.8m，距设备周围 0.8m 以外处，共测 5 点，并应避开出、回风口处。

3）测点分布与温度测点相同，如图 4-31 所示。

4）停机时的测试方法与开机时的测试方法相同（停机后 1h 以后）。

（4）测试数据：每个测点数据均为该房间的实测湿度，各点均应符合要求。

3. 尘埃

（1）技术要求。粒度大于 0.5μm 的个数：①计算机室，≤10000 粒/dm^3；②现地控制单元，≤18000 粒/dm^3。

（2）测试仪表：尘埃粒子计数器。

（3）测试方法：

1）开机时的测试应在计算机设备正常运行 24h 以后进行。

2）对粒径大于或等于 0.5μm 的尘粒计数，采用光散射粒子计数法。

3）粒子计数器每次采样量应为 1dm^3。

4）采样注意事项：采样管必须干净，连接处严禁渗漏；管的长度应根据仪器允许长度确定，无规定时不宜大于 1.5m，测试人员应在采样口的下风侧。

5）测点布置如图 4-31 所示，每增加 20～50m^2，增加 3～5 个测点。

（4）测试数据：每个测点连续测试三次，取其平均值为该点的实测数值。各测点的实测数值均代表房间内的含尘数量。

4．噪声

（1）技术要求：开机时机房内的噪声，在中央控制台处测量应小于60dB。设备正常工作时，距离设备1m处产生的噪声应小于70dB。

（2）测试仪表：普通声级计。

（3）测试方法：机器运行后，在中央控制台处进行测量。

（4）测试数据：测量的稳定值即为该房间的噪声值。

5．无线电干扰场强

（1）技术要求：无线电干扰场强，在频率范围为0.15～1000MHz时不大于120dB。

（2）测试仪表：干扰场强测试仪。

（3）测试方法：在房间内一点进行测试。

（4）测试数据：测试三次，取最大值。

6．磁场干扰场强

（1）技术要求：机房内磁场干扰场强不大于800A/m，在磁场强度过强的地方，计算机如果是带屏蔽工业控制机，则其可耐磁场干扰场强可适当放宽，具体数值参照其性能手册而定。

（2）测试仪表：交直流高斯计。

（3）测试方法：在房间内一点进行测试。

（4）测试数据：测试三次，取最大值。

7．照明

（1）技术要求：

1）日常照明：计算机机房内在离地面0.8m处，照度不应低于200lx。

2）事故照明：计算机机房、终端室、已记录的媒体存放室应设事故照明，其照度在距地面0.8m处不应低于5lx；主要通道及有关房间依据需要应设事故照明，其照度在距地面0.8m处不应低于1lx。

（2）测试仪表：照度计。

（3）测试方法：

1）在房间内距墙面1m（小面积房间为0.5m）、距地面为0.8m的假定工作面上进行测试，或在实际工作面上进行测试。

2）测试点选择3～5点，大面积房间可多选几点进行测试。

（4）测试数据。每个测点数据即为该房间的实际照度。

8. 有害气体

(1) 技术要求：表 4-6 中所列数值为对有害气体含量限值的规定。

表 4-6　　有害气体含量限值

有害气体 (mg/m^2)	二氧化硫 (SO_2)	硫化氢 (H_2S)	二氧化氮 (NO_2)	氨气 (NH_3)	氯气 (Cl_2)
限值（≤）	0.15	0.01	0.15	0.15	0.3

有害气体主要测试二氧化硫（SO_2）和硫化氢（H_2S），有条件时可以测试其他有害气体。由于有害气体的影响在很大程度上受环境温度、湿度和尘埃量高低的影响，故技术标准要求是周围环境温度为（25±5）℃、相对湿度为 40%～80%时的测量值。

二氧化硫（SO_2）浓度：≤0.15mg/m³；硫化氢（H_2S）浓度：≤0.01mg/m³。

(2) 二氧化硫（SO_2）和硫化氢（H_2S）浓度测试方法：二氧化硫气体的分析方法推荐采用副玫瑰苯胺比色法，硫化氢则推荐采用亚甲基蓝比色法。

(3) 测试仪表：

1）多孔玻璃板吸收管或大型气泡吸收管。

2）采样器，流量范围为 0～2dm³/min。

3）具塞比色管，10cm³。

4）分光光度计。

(4) 数据计算

$$C = a/V_0$$

式中　C——二氧化硫或硫化氢浓度，mg/m³；

a——二氧化硫或硫化氢含量，μg；

V_0——换算成标准状况下的采样体积，dm³。

三、操作注意事项

当环境不符合标准时，要对环境进行治理；对温度、湿度、腐蚀性气体，要通过投入相应的设备，如空调机、空气净化器、湿度调节器来进行调节；尘埃过多时，机柜采用密封机柜和带过滤器的通风孔；对电磁辐射，采取隔离、屏蔽、滤波等衰减技术改善电磁环境；更换或加装灯具，改善照明条件。

模块 17　监控系统常规检修

一、操作说明

水电厂监控系统是各种信息传输执行系统，一般不允许停运，故实际上一般不安排监控设备的停电定期检修工作，而主要以加强监控设备的日常维护和定期检查，来保证监控设备的正常运行。经验表明，一个复杂的电子设备长期保持通电运行状态将会增加其可靠性，经常进行检查或投/切电源，将会对稳定运行的水电厂监控系统产生外部干扰，引起元件损坏，也可能产生一些不必要的故障。因此，竭力推荐水电厂监控系统应总是处于运行状态，从而保证设备的稳定、正常运行。

二、操作步骤

(1) 设备清洁：盘屏内外清洁、设备表面清洁、可拆卸机箱内部清洁，清洁时注意不能让灰尘从一个设备转移到另一个设备，同时防止产生静电。

(2) 外设检查：能够正常使用。

(3) 工作站、通信服务器检查：参数配置正确，程序运行正确，调节和操作指令执行快捷、正确。

(4) 服务器、数据库检查：网络服务工作正常，用户和计算机权限配置正确，组策略配置和应用正确，数据库工作正常。

(5) 容灾备份设备检查：手工备份数据一次，备份过程应正确。

(6) AGC/AVC 检查：

1) 投入到“本地”位置，输入三组不同的 AGC/AVC 控制量，观察全厂出力(或分配到各机组的功率总和) 应与控制量基本吻合。

2) 投入到“远方”位置，联系网调 AGC/AVC 控制量变化三次，观察全厂实际出力(或分配到各机组的功率总和) 应与控制量基本吻合。

(7) 低周自启动(或 AFC) 检查：每挡低周启动值设为稍大于当前系统频率，低周位置置入一台或多台机组，分别模拟启动一次，然后恢复原来的启动值。

(8) 同步时钟校验：根据远动同步时钟或 GPS 时钟检查各计算机和设备的时钟是否准确和同步。

(9) 网络连接状态检查：以太网内计算机和网络设备各端口工作状态检查，带宽和通信速率测定。

(10) 网络配线架检查：设备端口、跳线接头清洁和检查，接口插接牢固、正确。

(11) 电源盘、不间断电源系统检查：

1) 电源盘端子接线牢固，各开关投切无卡阻，仪表及指示灯指示正确。

2) 不间断电源系统分别在正常供电模式、蓄电池逆变模式和内部旁路模式间进行切换试验，蓄电池逆变模式要求持续供电时间不少于 30min，设有外部维护旁路开关时要进行维护旁路开关和不间断电源系统之间的供电切换试验。多不间断电源系统并列配置的还要求做同步并列和负荷转移试验，所有切换过程要平稳，无大

的电压波动，无大的电流冲击，负载设备无掉电重启和其他故障。

（12）病毒查杀：对工作站和服务器进行病毒扫描和清理，并做好病毒感染和清理情况记录。

三、操作注意事项

（1）监控系统整体检修包括维护项目。

（2）注意监控系统整体检修顺序要求。

科　目　小　结

本科目面向水电厂自动装置现场维护和检修工作，按照培训目标，以自动装置维护和检修工作中的基本技能操作为主要培训内容，对水电监控系统布线系统的安装、基本网络设备的安装、可编程控制器的安装、工作站系统的备份与还原、不间断电源系统的安装与操作等专业技能操作项目进行了详细的阐述。

参加本科目内容的学习以前，要求学员必须初步了解现场设备及其检修规程，熟悉电气安全规程，并具有一定的计算机软、硬件和网络理论基础。

通过本科目的技能操作培训，使水电自动装置检修工能正确运用安全规程和维护检修规程，掌握自动装置维护检修工作中规范的维护检修工艺，标准的测量、检查步骤，以及正确的安装、调试方法。

练　习　题

1. 水电厂可采用的监控系统类型有哪些？

2. 水电厂计算机监控系统的主要构成部件有哪些？

3. 电厂是电磁干扰比较严重的地方，在选择布线系统时可以采取哪些方法防止电磁干扰？

4. 采用双绞线和同轴电缆布线有什么要求？

5. 计算机监控系统主要有几种接地方式？

6. 计算机监控系统的接地原则是什么？

7. 双绞线有几种类型？分别是什么？

8. 简述 RJ45 接头的压接步骤。

9. 光纤通信具有什么优点？

10. 光纤清洁包括哪些部位？光纤清洁有哪几种方法？最常用的是哪一种？

11. IP 地址分为几类？分别是什么？

12. 网络规划表有什么作用？试建立一张网络规划表。

13. 如果计算机的本地网络已配置完毕，在命令行提示符后输入“Ipconfig”

命令后回车，会显示哪些内容？

14. 简述使用常用命令检测网络连通性的步骤。

15. 交换机属于基本网络设备，它在网络中起什么作用？

16. 交换机的基本检修步骤是什么？

17. 工作站系统的备份具有什么意义？

18. 如何手动建立系统还原点？如何利用系统还原点恢复系统？

19. 如何使用专门软件备份和还原系统分区？

20. 计算机的正常开、关机顺序是什么？

21. 计算机常见硬件故障的处理方法有哪些？

22. 可编程控制器的基本构成部分有哪些？

23. 为防止外部短路烧毁可编程控制器和电感过电压，应分别采取什么措施？

24. 计算机监控系统采用不间断电源系统供电有什么优点？

25. 不间断电源系统主要由哪些部件构成？

26. 在线式不间断电源的工作状态有哪几种？

27. 为什么要进行不间断电源输出电源极性检查？如何检查？

28. 简述无负载条件下不间断电源单机系统的开机和加载步骤。

29. 简述负载从不间断电源单机系统正常供电状态切换到外部维护旁路状态的操作步骤。

30. 简述负载从外部维护旁路状态切换到不间断电源单机系统正常供电状态的操作步骤。

31. 计算机运行场所环境参数有哪些？

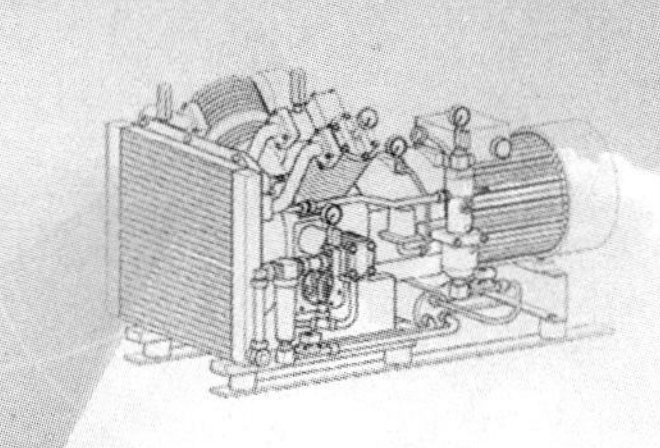

科目五

同期系统设备的维护、检修及故障处理

同期系统设备的维护、检修及故障处理培训规范

科目名称	同期系统设备的维护、检修及故障处理	类　别	专业技能
培训方式	实践性/脱产培训	培训学时	实践性32学时/ 脱产培训16学时
培训目标	1. 掌握同期回路组成、端子及元件接线检查方法及标准。 2. 掌握同期控制器接线检查方法、步骤、工艺及检查的方法及标准。 3. 掌握同期控制器参数检查方法。		
培训内容	模块1　同期控制器不带电检查 模块2　同期回路端子及元件接线检查 模块3　同期控制器及回路带电检查 模块4　同期控制器参数检查		
场地、主要设施、设备和工器具、材料	1. 场地：中控室、同期设备现场及同期地点。 2. 主要设施和设备：同期设备、同期回路及自动化元件等。 3. 主要工器具：电工组合工具、清洁工具包、数字式万用表、验电笔、绝缘电阻表、吸尘器、毛刷、试验电源盘、温度计、湿度计等。 4. 主要材料：控制电缆、双绞线、酒精、标签、尼龙扎带、抹布等。		
安全事项、防护措施	1. 检修前交代作业内容、作业范围、危险点告知、安全措施和注意事项。 2. 戴安全帽，穿工作服（防静电服），穿绝缘鞋，高空作业需系好安全带。 3. 加强监护，严格执行电业安全工作规程。 4. 对于需停电检修的设备，要认真进行验电检查，确保无电及安全措施完善后才能开始检修工作。		
考核方式	笔试：120分钟 操作：120分钟 完成维护和检修任务后，针对模块技能操作评分标准进行考核。		

同期系统基本结构与类型

一、同期系统的作用

在水电厂乃至统一的电力系统内，许多台水轮发电机是并列运行的。这些并列运行的发电机转子都以同一个电角度旋转，并且转子间的相对位移角也在允许的范围内，这种运行状态称为同步，亦称同期。一般情况下，未投入系统运行的水轮发电机是不同步的，将水轮发电机投入系统作并联运行的操作过程称为水轮发电机同期并列，也称整步并车。

待并发电机只有在满足一定条件时才能投入电力系统并列运行。在发电机投入电力系统并列运行时，必须完成一定的操作，这种操作称为并列操作或同期并列。发电机非同期投入电力系统，会引起很大的冲击电流，这不仅会危及发电机本身，甚至可能使整个系统的稳定受到破坏。

目前，电力系统采用的同期并列方式有两种：准同期并列方式和自同期并列方式。

1. 准同期并列方式

准同期并列方式是将待并发电机转速升至接近同步转速后加励磁，然后对发电机进行电压、频率的调节，使之满足下列三个条件后将发电机断路器合闸，合闸瞬间发电机定子电流接近于零：

(1) 待并发电机电压与运行系统电压大小相等。

(2) 待并发电机的频率与运行系统的频率相等。

(3) 待并发电机电压的相角与运行系统电压的相角相等。

准同期并列方式的优点是在满足上述条件时并列，冲击电流较小，发电机能较快地被拉入同步，对系统的扰动小；缺点是如果并列操作不准确（误操作）或同期装置不可靠时，可能引起非同期并列事故。例如，频率差太大，将引起非同期振荡失步或经过较长时间振荡才能进入同步运行；电压差太大，则在合闸时会出现较大无功性质的冲击电流；合闸时相角太大，则会出现较大的有功性质的冲击电流，当相角差 $\delta=180°$ 时，则冲击电流将大于发电机出口短路电流，从而引起主设备严重破坏，并引起系统的非同期振荡，以致瓦解。目前，发电厂和变电站广泛采用准同期并列方式。

2. 自同期并列方式

自同期并列方式是对未经励磁的发电机转速升至接近同步转速，在不超过允许转差率的情况下，先把发电机投入系统，然后给发电机加励磁，使发电机自行投入

同步。

自同期并列方式的优点在于并列过程快；操作简单，避免了误操作的可能性；易于实现操作过程自动化，特别是在系统事故时能使发电机迅速并入系统。缺点是未加励磁的发电机投入系统，将产生较大的冲击电流和电磁力矩，并使系统电压、频率短时下降。

我国规程规定，在故障情况下，为加速故障处理，水轮发电机一般采用自同期并列方式。

准同期按同期过程的自动化，又可分为手动准同期和自动准同期。目前，在发电厂和变电站内一般装设手动和自动准同期装置，供发电机正常并列用；若电力系统要求且机组性能允许时，可装设手动或半自动自同期装置，供电力系统事故情况下紧急并列用。

3. 同期点的设置和同期方式的设置

发电机和变电站的诸多断路器中，并不是每个断路器都可用于并列。只有当断路器断开时，其两侧电压来自不同的电源，该断路器必须由同期装置进行同期并列操作才能合闸。这些担任同期并列任务的断路器，叫做同期点。

同期点和同期方式的设置原则是：

(1) 直接与母线连接的发电机出口断路器、发电机—双绕组变压器单元接线的高压侧断路器，以及发电机—三绕组变压器单元接线的各侧断路器应设为同期点。水电厂同时设有手动准同期、自动准同期和自动自同期，火电厂同时设有手动准同期和自动准同期。

(2) 两侧有电源的双绕组变压器低压侧断路器、三绕组和自耦变压器有电源的各侧断路器应设为同期点，其同期方式一般采用手动准同期。

(3) 母线联络断路器、母线分段断路器、旁路母线断路器应设为同期点，其同期方式一般采用手动准同期。

(4) 接在母线上且对侧有电源的线路断路器，应设为同期点，一般采用手动准同期方式，有些线路则采用半自动准同期方式。

(5) 对于110kV及以上线路，当设有旁路母线时，也可用旁路母线上的电压互感器进行同期并列。

(6) 多角形接线和外桥接线中，与线路相关的两个断路器均设为同期点；一个半断路器接线的运行方式变化较多，一般所有断路器均设为同期点，且采用手动准同期方式。

在变电站中，一般不考虑设置同期点。根据电力系统运行的要求，对需要经常并列或解列的断路器及调相机，可设置手动准同期装置。

二、同期系统的结构组成

电力系统中，同期系统由同期点电压互感器、同期装置、同期控制回路组成。同期系统可分为手动准同期装置、自动准同期装置。手动准同期装置作为自动准同期故障时的备用装置，或手动准同期回路进行试验时，进行断路器并列操作。自动准同期装置有 SID-2CM 或 SID-2V 型微机同期控制器、自动同期控制回路等组成，目前在电厂中使用较多的是 SID-2CM 型发电机线路复用微机同期控制器。

三、同期系统的设备类型

（1）同期控制器型号有 SID-2CM、SID-2V 等。

（2）同步指示器型号有 MZ10 型组合式等。

（3）同期闭锁继电器型号有 BT-1B 等。

四、同期系统的检验周期

（1）设备巡回：每周 1～2 次。

（2）小修：每半年一次，工期 7～15 天。

（3）大修：每 4 年一次，大修工期可采用分阶段检修的方式，工期一般为 20～30 天。

（4）随生产设备的改造同步进行检修。

（5）根据设备的实际运行情况进行检修。

五、同期系统的检修前准备

（1）作业前组织作业人员学习相关标准化作业指导书、技术资料、检修规程，根据运行及试验中发现的设备缺陷及上次检修的情况，确定施工方案及重点检修项目。

（2）准备有关维护、检修技术资料（技术图纸、设备说明书等）、记录（原始记录、缺陷及故障记录、巡回记录）及报告（上次检修报告、上次试验报告、上次技改报告）。

（3）工作负责人填写标准化作业卡，办理工作票。

（4）检查工作组成员健康状况、安全帽、工作服（或防护服）、绝缘鞋、安全器具是否完备和合格。

（5）准备并检查工器具、材料、备品配件、试验和检测设备是否满足要求，并运至现场。

（6）分析现场作业危险点，提出相应的防范措施，并核对现场安全措施是否正确和完善。

（7）确认维护和检修的设备编号、位置和工作状态。

（8）工作负责人由高级工及以上等级人员担任，工作组成员若干名。

模块1　同期控制器不带电检查

一、操作说明

同期控制器不带电检查是防止装置端子接线松动或螺栓损坏造成接触不良，消除装置拒动的一项重要工作。同期控制器控制电缆屏蔽线接地必须可靠。在停电工况下回路检查工作可独立进行。

二、操作步骤（以SID-2CM型同步控制器及回路检查为例）

（1）熟悉SID-2CM型同步控制器背面接线。SID-2CM型同步控制器背面接线布置如图5-1所示。

（2）检查同期控制器直流工作电源端子接线是否牢固、不松动。

（3）检查系统、发电机TV输入信号端子接线是否牢固，不松动。

（4）实测断路器合闸时间。

（5）检查断路器位置触点是否牢固、不松动。

（6）检查同期点断路器位置触点是否牢固、不松动。

（7）检查同期控制器合闸继电器输出端子接线是否牢固、不松动。

（8）检查故障报警输出端子接线是否牢固、不松动。

（9）检查同频加速输出端子接线是否牢固、不松动。

（10）检查复位信号输入端子接线是否牢固、不松动。

（11）检查启动同期工作端子接线是否牢固、不松动。

（12）检查同期控制器外部接线插排与同期控制器插座连接是否牢固、接触良好，端子接线插排不应有受力现象。

（13）检查同期控制器连接的电源插头、各航空插头是否连接牢固，航空插头有无裂纹、脱扣现象。

（14）检查同期控制器基础螺栓是否紧固、安装端正。

（15）检查同期控制器面板开关、元件检查工作是否正常，位置是否准确。

（16）检查同期控制器电源插座、航空插座、熔丝插座安装是否牢固，无损坏。

（17）检查电源熔丝管、系统TV电压熔丝管、待并侧发电机TV电压熔丝管，用万用表欧姆挡$R\times10$挡检测，熔丝管应为导通状态。

（18）进行设备清扫。

（19）出具同期装置检查工作报告。

三、操作注意事项

（1）同期控制器接线检查，注意接线端标号应正确，现场接线应与图纸相符，

熔断器 FU4
测试电源

JK7
测试电源 AC 220V

JK6
3 4
1 2
录波输出

熔断器 FU1
系统侧 TV

熔断器 FU2
待并侧 TV

熔断器 FU3
电源

JK5
38 39 40 41 42
32 33 34 35 36 37
25 26 27 28 29 30 31
19 20 21 22 23 24
12 13 14 15 16 17 18
6 7 8 9 10 11
1 2 3 4 5
测试模块接口

JK4
17 18 19
13 14 15 16
8 9 10 11 12
4 5 6 7
1 2 3
控制继电器

JK3
25 26
20 21 22 23 24
14 15 16 17 18 19
8 9 10 11 12 13
3 4 5 6 7
1 2
1～8并列点 复位辅助触点RS 232/485串口

JK2
6 7
3 4 5
1 2
TV 输入

JK1
3 4
1 2
电源AC或DC 48～220V

JK1插座使用引脚定义

1	2
电源－	电源＋
ZT-22	ZT-21

JK3 插座使用引脚定义

1	2	9	10	11	12	17	18
主变压器高压侧断路器同期点选择	发电机出口断路器同期点选择	主变压器高压侧发电机出口断路器实测合闸时间选择	主变压器高压侧发电动机出口断路器实测合闸时间选择	同期复位	同期复位	DC+24V	启动同期工作
ZT-8	ZT-9	ZT-13	ZT-14	ZT-19	ZT-20	ZT-23	ZT-24

JK2 插座使用引脚定义

3	4	5	6
待并发电机TV A相	系统 TV A 相	待并发电机TV 0	系统TV 0
ZT-18	ZT-16	ZT-17	ZT-17

JK4 插座使用引脚定义

1	2	10	12	13	17
合闸	加速	报警	合闸	加速	报警
ZT-3	ZT-11	ZT-1	ZT-4	ZT-12	ZT-2

控制器端子排 ZT

JK4-10	1	故障报警
JK4-17	2	故障报警
JK4-1	3	合闸输出
JK4-12	4	合闸输出
	5	
	6	
	7	
JK3-1	8	主变压器高压侧断路器
JK3-2	9	发电机出口断路器
	10	
JK4-2	11	给调速器加速指令
JK4-13	12	给调速器加速指令
JK3-9	13	断路器辅助开触点
JK3-10	14	断路器辅助开触点
	15	
JK2-4	16	系统TV
JK2-5 JK2-6	17	发电机、系统TV公共端
JK2-3	18	发电机TV
JK3-11	19	复位
JK3-12	20	复位
JK3-2	21	电源+
JK3-1	22	电源-
JK3-17	23	启动同期工作
JK3-18	24	启动同期工作
R S232串口	25	通信接口 网线+
R S232串口	26	通信接口 网线-

图 5-1　SID-2CM 型同步控制器背面接线布置

如发现图纸与现场接线不符，查明后需技术核实，并进行修改。

（2）使用专用的螺钉旋具紧固端子接线，用力应适当，防止用力过猛而将端子或螺钉损坏。

（3）端子接线重新上线时，防止压线皮而造成接触不良。

模块2　同期回路端子及元件接线检查

一、操作说明

同期回路接线检查是防止接线松动、端子或螺钉损坏而造成接触不良，消除因为同期回路接线松动、端子或螺钉损坏而造成装置拒动。回路检查时逐个进行，端子接线在正常情况下不应受外力的影响，若线束松动，则使用尼龙绑线重新绑扎。同期回路控制电缆屏蔽线接地必须可靠。在停电工况下，回路检查工作可独立进行。

二、操作步骤

（1）检查同期回路盘内接线端子安装是否牢固、端正，接线是否紧固，端子螺钉有无脱扣现象，剥开的线皮压接完毕后裸露的金属部分不应过长，端子接线不应有受力现象。

（2）同期控制器与监控系统服务器通信线一般采用双绞线，检查时，紧固螺钉不能用力过大，防止把通信线芯线压伤或压断。

（3）检查各端子接线标号是否齐全、正确，端子接线标号方向是否一致；水平接线端子标号采用从左向右书写顺序，垂直接线端子标号采用从上向下书写顺序。

（4）检查同期表接线端子螺钉杆根部与同期表连接处有无裂纹和松动现象，端子螺钉是否紧固，螺钉有无脱扣现象。MZ10 型组合式同步指示器端子接线如图 5-2 所示。

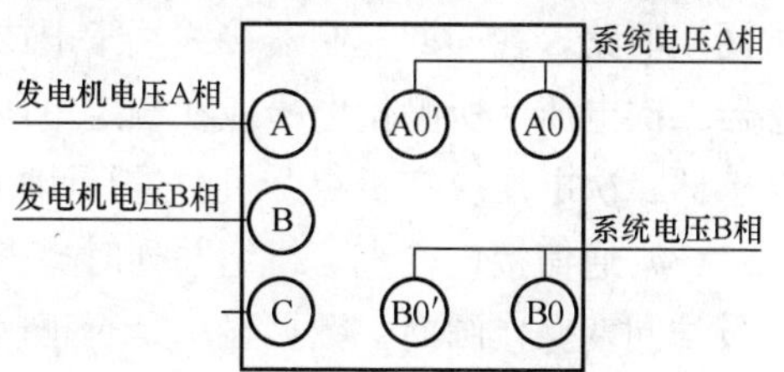

图 5-2　MZ10 型组合式同步指示器端子接线

（5）检查各中间继电器端子接线摵圈方向与继电器接线端子螺钉旋转方向是否一致，继电器接线端子螺钉杆根部与继电器连接处有无裂纹和松动、有无脱扣现象。

（6）检查同期闭锁继电器底座安装是否牢固、有无裂纹，继电器与底座连接是否牢固，接线端子紧固有无松动。

（7）检查同期回路隔离变压器安装是否牢固，端子接线是否紧固，变压器抽头引线有无损坏、断裂现象，抽头位置是否正确。

(8) 进行回路清扫。

(9) 出具同期回路端子及元件接线检查工作报告。

三、操作注意事项

(1) 使用专用的螺钉旋具紧固端子接线，用力应适当，防止用力过猛将端子或螺钉损坏。

(2) 端子接线重新上线时，防止压线皮而造成接触不良。

(3) 注意检查裸露部分的线头有无外伤，如有外伤，则剪断带外伤部分的线头，重新拨开绝缘外皮重新上线。

模块3 同期控制器及回路带电检查

一、操作说明

带电检查时至少应有两人在一起工作，完成保证安全工作的组织措施和技术措施。现以SID-2CM型同步控制器及回路检查为例进行操作说明。

二、操作步骤

(1) 同期控制器工作电源测量。选择数字式万用表直流电压挡500V（若同期控制器工作电源为交流，则数字式万用表电压挡为切换），测量同期控制器直流工作电源接线端子正负极间电压，测量电压应在额定电压的±10%范围内。

(2) 同期控制器系统TV二次电压信号测量。选择数字式万用表交流电压挡250V，在系统电压互感器隔离开关投入时，将系统电压互感器二次侧电压信号引进同期回路，在同期控制器接线端子上或盘内同期中转端子上即可测量系统电压互感器二次电压，所测量电压应在额定电压的±10%范围内。同期控制器发电机电压互感器二次电压应在机组开机时进行测量。

(3) 通信接口检查。机组并列时检查与监控系统服务器通信通道是否畅通，操作员站同期操作画面、数据显示是否正确。

(4) 出具同期控制器及回路带电检查工作报告。

三、操作注意事项

(1) 带电测量同步控制器DC220V工作电源和同期控制器系统电压互感器二次交流电压时注意数字式万用表交流、直流挡位的切换。

(2) 同期控制器系统电压互感器二次交流电压测量时，防止电压互感器二次侧短路。

(3) 防止直流电源短路或接地。

(4) 同期控制器带电时禁止插拔其背后的接线端子。

模块 4　同期控制器参数检查

一、操作说明

同期控制器参数检查的目的是校核同期参数符合定值，防止非同期合闸的一项重要工作。参数检查时必须对照同期参数定值册。必须有监护人在场，禁止单独作业，现以 SID-2CM 型同步控制器及回路检查为例进行操作说明，其操作面板如图 5-3 所示。

图 5-3　SID-2CM 型同步控制器操作面板

二、操作步骤

（1）在同期控制器系统通电状态下，将工作方式开关投在“设置”位置（此时设置灯亮），然后按复位键。或在控制器未通电状态下，先将工作方式开关投在“设置”位置，然后再接通电源。

（2）移动方向键，使显示屏上光标置于“参数查看”项，并进行“确认”。

（3）移动光标选择参数选项，并“确认”，操作画面如图 5-3 所示。

（4）参数检查应按同期参数表进行，如表 5-1 所示。

（5）检查同期参数的设置，同步控制器参数设定值与原始参数参数相同，符合设备固有动作时间。

（6）参数检查完毕，操作同步控制器复归按钮，回到主菜单。

（7）工作完毕按记录检查面板各开关工作位置，将“方式选择”开关置“工作”位置，检查其他开关工作位置正确。

（8）出具同期控制器参数检查工作报告。

三、操作注意事项

（1）参数写保护锁只能由专业人员解开，其他人员不得解锁。

（2）参数不得擅自修改。

（3）修改定值时应有方案，修改或查阅参数时应有专人监护，并做好记录，由第二人检查无误，同期控制器经过试验后，方可投入运行。

表 5-1　　同期控制器参数表

	原始密码	SZZN	使用密码	0000	通道 1	通道 2
					1	2
设置状态	各通道参数整定	输入口令	输入通道号	对 象 类 型	发电机	发电机
				合闸时间	100ms	95ms
				允许频差	±0.1Hz	±0.1Hz
				允许压差	±13%	±12%
				均频控制系数	0.30	0.30
				均压控制系数	0.30	0.30
				允许功角	30°	30°
				待并侧 TV 二次电压额定值	100V	100V
				系统侧 TV 二次电压额定值	100V	100V
				过电压保护值	115%	115%
				自动调频(YES/NO)	NO	NO
				自动调压(YES/NO)	NO	NO
				同频调频脉宽	100	100
				并列点代号	0001	0002
				系统侧应转角	0°	0°
				单侧无压合闸(YES/NO)	NO	NO
				无压空合闸(YES/NO)	NO	NO
				同步表(YES/NO)	YES	YES
	系统参数整定	输入口令		待并侧信号源(外部/内部)	外部	
				系统侧信号源(外部/内部)	外部	
				低压闭锁	80%	
				同频阈值(高/中/低)	中	
				控制方式(现场/遥控)	现场	
				设备号	01	
				波特率	9600	
				接口方式(RS-232/RS-485)	RS-232	

科 目 小 结

本科目面向水电厂同期设备现场维护和检修工作，按照培训目标，以同期系统自动装置维护和检修工作中的技能操作为主要培训内容，对工作电源、同步控制器不带电和带电的检查，同期控制器系统电压互感器二次电压的测量，通信接口检查，同期控制器各个参数的检查等技能操作项目进行了详细的阐述，注重安全施工、安全操作。

通过本科目的技能操作培训，使水电自动装置检修工能正确运用安全规程和维护检修规程，掌握自动装置维护检修工作中规范的维护检修工艺，标准的测量、检查步骤，正确的安装、调试方法。

练 习 题

1. 电压互感器二次回路测量交流电压的注意事项有哪些？
2. 二次回路检查操作的注意事项有哪些？
3. 同期回路的基本结构是什么？
4. 同步控制器参数查阅操作的注意事项有哪些？
5. 如何进行同期控制器不带电和带电检查？
6. 怎样检查同期回路端子及元件接线？

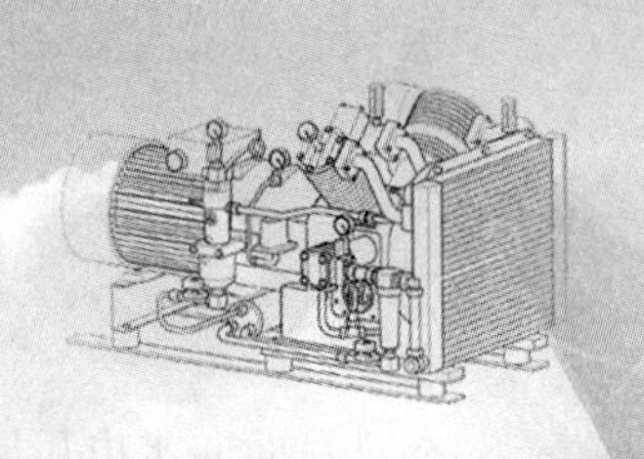

科目六

水力机械自动化系统设备的维护、检修及故障处理

水力机械自动化系统设备的维护、检修及故障处理培训规范

科目名称	水力机械自动化系统设备的维护、检修及故障处理	类别	专业技能
培训方式	实践性/脱产培训	培训学时	实践性184学时/脱产培训92学时
培训目标	1. 掌握水力机械自动化系统的组成、设备的结构，熟知技术图纸。 2. 掌握水力机械自动化设备运行操作的正确方法和步骤。 3. 能运用安全规程、维护检修规程对水力机械自动化设备进行维护和检修。 4. 掌握单一自动化元件及设备的基本测试方法、步骤及标准。 5. 掌握发电机组检修后启动预备试验的试验方法、步骤及标准。		
培训内容	模块1　感温、感烟灭火装置的维护、检修 模块2　桥式起重机电气部分的维护、检修 模块3　微机测速装置的维护、检修 模块4　液位监测元件的维护、检修 模块5　变压器冷却系统控制回路的维护、检修 模块6　测温系统的维护、检修 模块7　压油装置控制回路的维护、检修 模块8　主令开关的检修和调试 模块9　示流信号器的维护、检修 模块10　温度信号器的维护、检修 模块11　压力信号器的维护、检修 模块12　剪断销剪断信号器的维护、检修 模块13　磁翻柱液位计的维护、检修 模块14　顶盖泵控制回路的维护、检修 模块15　低压空气压缩机控制回路的维护、检修 模块16　电磁阀控制回路的维护、检修		

续表

培训内容	模块 17　测温系统检验 模块 18　水泵控制回路的检修和试验 模块 19　尾水门机的检修和调试 模块 20　快速闸门的维护、检修 模块 21　压油装置控制系统设备控制回路试验 模块 22　状态监测装置的检修和调试 模块 23　机组检修后启动预备试验
场地、主要设施、设备和工器具、材料	1. 场地：现场设备所在地、培训室。 2. 主要设施和设备：灭火装置、桥式起重机、测速装置、液位监测元件、变压器冷却系统、测温系统、压油装置、主令开关、示流信号器、温度信号器、压力信号器、剪断信号器、磁翻柱液位计、顶盖泵、低压气机、电磁阀、水泵、尾水门机、快速闸门、状态监测装置等。 3. 主要工器具：二次常用的电工工具 1 套，对线灯 1 只，行灯，两相、三相闸刀及插座板，绝缘电阻表，数字式万用表，指针式万用表，清洁工具包，验电笔，温度计，湿度计等。 4. 主要材料：控制电缆、绝缘软导线、绝缘硬导线、标签、尼龙扎带、抹布等。
安全事项、防护措施	1. 检修前交代作业内容、作业范围、危险点告知、安全措施和注意事项。 2. 戴安全帽，穿工作服（防静电服），穿绝缘鞋，高空作业需佩戴安全带。 3. 加强监护，严格执行电业安全工作规程。 4. 对于需停电检修的设备，要认真进行验电检查，确保无电及安全措施完善后才能开始检修工作。
考核方式	笔试：120 分钟 操作：120 分钟 完成维护和检修任务后，针对模块技能操作评分标准进行考核。

水力机械自动化系统概述

一、水力机械自动化系统的作用

水力机械自动化系统是实现水轮发电机组自动化的装置，也称水力机械自动装置。水力机械自动装置的基本任务是将发电过程中大部分乃至全部的手动操作，都借助于自动化元件及装置来实现，自动对机组操作系统和油、水、气辅助设备系统进行逻辑控制和监视，从而实现单机的生产流程自动化，以达到机组自动开、停和运行工况的转换。目前，水电厂均采用集中控制的方式，根据一个操作指令（可以是人工操作，也可以是其他自动装置或计算机的指令），通过水力机械自动装置，机组能实现迅速而可靠地开机、停机和运行工况的转换等。当机组或辅助设备出现事故或故障时，能迅速、准确地进行判断，及时停机或提示运行人员进行处理。随着电力生产技术的不断发展和自动化水平的提高，机组自动程序控制应与水电厂全厂调节装置、远动装置和计算机监控系统等有良好的接口，以实现全厂综合自动化。

水力机械自动化系统包括下列几个部分：

(1) 水轮发电机组的自动控制。

(2) 水力机械保护。

(3) 快速闸门（或球阀、蝶阀）的自动控制。

(4) 机组辅助设备的自动控制。

(5) 其他设备的自动控制（灭火装置电气元件、桥式起重机、变压器冷却、自动化元件等）。

二、水力机械自动化系统的组成

传统的水力机械自动装置应用许多电磁式继电器及自动化元件实现程序控制，以达到对机组的自动控制。目前，水电厂接线复杂烦琐的继电器控制屏及弱电选线控制方式逐渐被淘汰，而更多地使用功能齐全、操作方便、简单可靠的可编程序控制器（PLC）为基础的机组自动控制装置。该装置在计算机监控系统中可采集机组的有关参数、接收远动装置及计算机控制信号，通常叫做机组现地控制单元（机组LCU或机组RTU）。在机组的程序控制方面，无论采用何种方式、何种装置，其基本逻辑控制原理都是一致的。

三、水力机械自动化系统的检验周期

(1) 设备巡回：每周1～2次。

(2) 小修：每半年一次，工期7～15天。

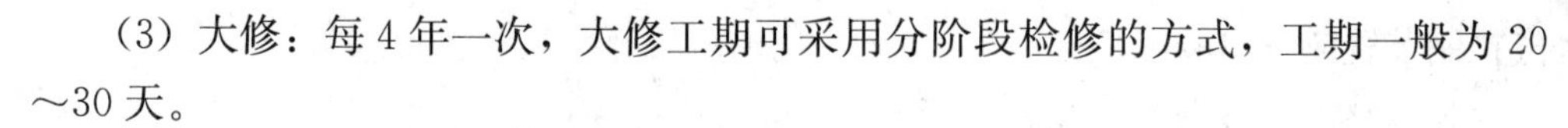

（3）大修：每4年一次，大修工期可采用分阶段检修的方式，工期一般为20～30天。

（4）随生产设备的改造同步进行检修。

（5）根据设备的实际运行情况进行检修。

四、水力机械自动化系统的检修前准备

（1）作业前组织作业人员学习相关标准化作业指导书、技术资料、检修规程，根据运行及试验中发现的设备缺陷及上次检修的情况，确定施工方案及重点检修项目。

（2）准备有关维护、检修技术资料（技术图纸、设备说明书等）、记录（原始记录、缺陷及故障记录、巡回记录）及报告（上次检修报告、上次试验报告、上次技改报告）。

（3）工作负责人填写标准化作业卡，办理工作票。

（4）检查工作组成员健康状况、安全帽、工作服（或防护服）、绝缘鞋、安全器具是否完备和合格。

（5）准备并检查工器具、材料、备品配件、试验和检测设备是否满足要求，并运至现场。

（6）分析现场作业危险点，提出相应的防范措施，并核对现场安全措施是否正确和完善。

（7）确认维护和检修的设备编号、位置和工作状态。

（8）工作负责人由高级工及以上等级人员担任，工作组成员若干名。

模块1　感温、感烟灭火装置的维护、检修

一、操作说明

自动化元件感温、感烟灭火装置是构成安全生产的基本元素，自动化元件能否正常运行，关系到人身、设备及水电厂的安危，对其检修和调试是自动化元件工作状况的重要保证。

感温、感烟灭火装置的检修与试验应按照厂家说明书的有关规定进行。安装或检修后应进行装置的动作试验。

二、操作步骤

（1）确认设备编号。

（2）感温、感烟灭火装置的动作测试。将感温探测器、感烟探测器与电气控制装置按要求接上连线，分别拨动或按感温与感烟探测器开关或按钮进行测试，其电

气控制装置应发出故障信号。

(3) 感温、感烟灭火装置检修：

1) 将探测器的顶盖旋下，用毛刷清扫顶盖。

2) 观察电路板无虚焊及烧焦现象。

3) 将探测器的顶盖恢复。

(4) 感温、感烟灭火装置的动作试验：

1) 点燃一张纸或烟，放在距离感烟探测器下方30cm左右，当烟雾达到一定浓度时，探测器应发出报警声音信号。

2) 使用电吹风，接通电源，将其放在距离感温探测器下方30cm左右直吹，当温度达到整定值时，探测器应发出报警声音信号。

(5) 填写设备维护记录，出具检修工作报告。

三、操作注意事项

(1) 若测量结果与额定值误差超过规定值，则更换自动化元件。

(2) 开工前，必须核对设备名称、型号；检修中必须注意安全；分解元件（或装置）时，要注意各零部件的位置和方向，并做好标记。需要打开线头时，首先应核对图纸与现场是否相符，并做好记录，检修完毕后必须进行验收。

(3) 检修后的元件（或装置），应进行系统检查和试验，确认正确可靠后方可投入运行。

模块2　桥式起重机电气部分的维护、检修

一、操作说明

桥式起重机的电气系统由可编程控制器（PLC），人机界面装置，变频器，主、副钩回馈单元，大、小车制动电阻，编码器，主令手柄开关，主令按钮开关，主令选择开关，限位开关，超速开关，抱闸制动器，空气开关，交流接触器及中间继电器等组成。

(1) 可编程控制器：全系统的控制中心，判断控制指令的来源，输出相应的指令驱动变频器，检测系统的故障内容并进行相应的保护动作。

(2) 人机界面：操作人员与控制系统之间的桥梁，显示可编程控制器的输入、输出状态及系统当前的主要故障信息，显示各变频器的备好信号，显示吊钩的高度等。

(3) 变频器：桥式起重机运行的主要装置，通过输入端子接收可编程控制器的控制信号，通过输出端子将变频器的状态发给可编程控制器信号，通过U、V、W

端子驱动电动机并进行调速。

（4）主、副钩回馈单元：在吊钩下降及减速停车过程中，将变频器直流母线上的多余能量回馈到电网中，防止变频器直流母线上的电压泵升。

（5）大、小车制动电阻：在大、小车减速停车过程中，将变频器直流母线上的多余能量通过热能的形式散发掉，防止变频器直流母线上的电压泵升。

（6）编码器：变频器闭环矢量控制的检测元件，安装在电动机的尾部，将电动机的转速信号转换成脉冲信号，通过 PG-B2 反馈卡送到变频器内部，变频器通过它来检测电动机的转速是否正常。

（7）主令手柄开关、主令按钮开关、主令选择开关：操作桥式起重机的主要元件，通过它可以启动、停止、急停桥式起重机。

（8）限位开关：对设备进行限位保护，主、副钩有 2 级上限开关，大车有左、右限位开关，小车有前、后限位开关。

（9）超速开关：主、副钩电动机的尾部均有超速开关，当电动机的转速超过 800r/min 时，此开关动作，系统将切断相应抱闸的电源，进行吊钩保护。

二、操作步骤

（1）桥式起重机电气部分的日常维护检查：

1）检查电动机是否异常声音及振动。

2）检查是否异常发热。

3）检查周围温度是否过高。

4）检查输出电流监视是否与正常值相差很大。

5）检查变频器下部安装的冷却风扇是否正常运转。

（2）桥式起重机电气部分的定期检查：

1）检查外部端子连接，单元、插件的螺钉和连接是否松动，如有松动则拧紧或重装。

2）检查散热片是否有灰尘，使用吸尘器清洁。

3）检查印刷电路板是否有导电灰尘及油腻吸附，清洁印刷电路板。

4）检查冷却风扇的声音、振动是否异常（累计运行时间超过 2 万 h 后需要更换）。

5）检查功率元件是否有灰尘，清洁功率元件。

6）检查滤波电容是否有异常（如变色，异味），如果不能去除，应更新印刷基板。

（3）变频器各零部件的定期保养：

1）冷却片使用 2～3 年后应更换新的。

2）滤波电介电容使用5年后要进行试验，依据试验结果决定是否更换。

3）制动继电器根据特性试验结果决定是否更换。

4）熔丝在损坏的情况下应更换。

5）由于电厂的使用条件周围温度、负载系数、工作时间都远远高于变频器的正常工作要求，因此上述标准可以进行延长，或根据各厂、局制定的要求进行。

（4）填写设备维护记录，出具检修工作报告。

三、操作注意事项

（1）桥式起重机电气部分的日常维护和检查工作属于高空作业，上下传递物件用绳索拴牢传递，严禁上下抛掷物品。

（2）工作时应使用工具袋。

（3）检查时应注意一定要切断电源并待表面的 LED 全部熄灯，经 1min（30kW 以上的变频器 3min 以上）后再进行。若切断电源后立刻触摸端子，会有触电的危险。

（4）变频器由很多零部件组装构成，为了使长时期持续正常动作，有必要根据这些零部件的使用寿命进行定期检查、保养及更换。

模块3　微机测速装置的维护、检修

一、操作说明

微机测速装置由测速单元及外设机械转速传感器两部分组成。测速装置单元由独立的转速测量和控制系统组成。

微机测速装置一般配有机械转速传感器和电气转速传感器，同时测量机械转速脉冲信号和发电机机端电压频率，实现对发电机组转速的测量和保护控制。在一套装置中同时采用机械、电气两种测速原理，它们既可有机结合，又可单独使用。装置通过可靠的机械转速传感器和电气转速测量，实现对发电机组转速进行监视，并根据机组不同的转速发出不同的转速信号，对机组进行保护和自动控制。

水电厂机组控制中，在以下情况下必须用转速信号：

（1）无论何种情况机组处于非停机态，只要机组转速急速上升至额定转速的140%，测速装置都会发出紧急事故停机和关闭快速闸门的过速保护信号。

（2）当机组处于非停机态，转速达到额定转速的115%，并且遇到有调速器失灵信号时，发出事故停机信号。

（3）当机组转速达到80%～90%时（机组不同，要求不尽相同），发送给励磁装置启励信号。

(4) 机组开机并网的条件之一为机组转速达到90%～95%（机组不同，要求不尽相同）。

(5) 机组停机过程中，当转速下降到额定的25%时，发出制动信号进行机组刹车加闸。

二、操作步骤（以CM-200型微机测速装置为例）

(1) 确认设备编号。

(2) 使用数字式万用表检查工作电源，交流电源电压为85～265V，单相50Hz，直流电源电压为120～360V。

(3) 检测测速信号，电压信号幅值为0.2～250V，电压信号频率为0.5～150Hz，机械转速不大于5000r/min，测量精度为0.01Hz。

设备在正常情况下长期通电，装置由面板电源开关控制。水电站的机组作用是调峰和调频，机组应当随时在备用状态下。该装置适用于长期通电，随机组的开、停而自动投入工作。

(4) 检测输出信号：刻度输出共8路，每路2副动合触点。其中，一副为独立的动合触点，而另一副公用公共端。

1）公用公共端的触点检查方法：用万用表或查线器检查触点，万用表（带蜂鸣器的电阻挡）的一只表笔连接在公共端，用另一只表笔分别测量触点，万用表应显示开路；用查线器检测的方法与万用表基本相同，观察查线器的指示灯不应亮及没有声音。

2）独立触点检查：用表笔或查线器的两端对应触点，成对检查，现象与公用公共端的检查相同（注意：当装置上电后，只能用万用表的直流电压挡检查，且小于额定转速的5%、25%、35%、80%的4个触点为动断触点）。

(5) 检查触点容量：AC 220V/3A，阻性负载。

(6) 测量环境温度：－10～55℃。

(7) 该测速装置与外部设备的连接均通过装置背部插头/座实现，所有电缆屏蔽层必须与大地可靠相连。

(8) 显示方式的查看：通过面板切换按钮切换以下3种方式（循环切换方式）：

1）转速百分比显示$\%n_e$。

2）转速实际值显示n（r/min）。

3）频率实际值显示Hz。

(9) 填写设备维护记录，出具检修工作报告。

三、操作注意事项

(1) 防止触电及短路。

(2) 拆除的裸露部分应用绝缘胶布包好。

模块4 液位监测元件的维护、检修

一、操作说明

液位监测元件可用来监视机组推力轴承油槽和其他油槽内的油位，以及实现集水井和顶盖水水位、调相时水轮机转轮室以下尾水管水位的自动控制。

目前广泛应用的液位监测元件有浮子式液位信号器和电极式信号器。浮子式液位信号器的结构由浮子和触点机构组成；DJ-02型电极式水位信号器由电极、底座和盖组成，共有2个，分别对应上、下限水位。

二、操作步骤

(1) 浮子式信号器的维护、检修：

1) 检查触点不应有氧化、烧伤和尘土油污。

2) 检查浮筒内有无因破漏而进入液体。

3) 检查传动机构有无异常。浮子信号器检修后，用手按下或抬起浮子，传动机构应不发卡，触点切换正确，并能自行复位。

4) 远传式水位计如发现读数不规律或不正确，应检查清洗仪表或更换零部件。

(2) 电极式信号器的维护、检修：

1) 电极应无腐蚀、脱层、污垢，电极管道内无杂物。

2) 电极各固定螺栓完好，无氧化和松动。

3) 电缆完好，连线接触良好。

(3) 检测导电回路的绝缘电阻，应符合要求。

(4) 动作值测试：随机组的检修在现场校核其动作液位，随着液位的高低，能在规定的液位发出信号，并计算其动作误差。

(5) 吹气式、压力式水位计和电容式油位计的检修试验，应按照厂家说明书的规定进行。

(6) 填写设备维护记录，出具检修工作报告。

三、操作注意事项

(1) 检修后的元件（或装置）应进行系统检查和试验，确认正确可靠后方可投入运行。

(2) 液位监测元件动作误差，不得超过厂家规定值。

(3) 数字水位计应随水位的变化显示正确。

模块5　变压器冷却系统控制回路的维护、检修

一、操作说明

冷却系统控制回路的主要功能是用来控制冷却主变压器的温度，使变压器能够安全、稳定地运行，遇到变压器长时间过负荷或者温度升高到危害变压器安全运行时，发出跳闸信号，使主变压器三相开关跳闸，达到保护变压器的目的。

主变压器控制回路控制的设备有潜油泵和冷却用的风机。

二、操作步骤

（1）确认设备编号。

（2）全回路清扫、检查，保证清洁，线头无松动，标号齐全。

（3）检查主变压器冷却器各分箱端子接线螺钉应无松动并全面紧固良好，引线接触可靠。

（4）检查主变压器冷却器各接触器、继电器、示流器触点可靠，无烧损，直流电阻满足要求。

（5）进行主变压器冷却器控制回路绝缘测试，符合要求。

（6）检查主变压器冷却器运行中出现的和检修中发现的各种异常现象，要求查明原因且做好妥善的处理。

（7）分解各开关、按钮，清除各触点的烧损；检查弹簧弹性是否良好，机构清洁是否良好、动作是否正确，机构是否灵活可靠，触点接触是否良好，引线螺钉是否紧固。

（8）各种继电器、磁力启动器、接触器按有关规程检验和检查，测试直流电阻。

（9）填写设备维护记录，出具检修工作报告。

三、操作注意事项

（1）如果设备在运行，且进行操作时出现冷却器全停现象，则必须在20min内恢复运行。

（2）所有工作必须由2人以上完成。

模块6　测温系统的维护、检修

一、操作说明

测温系统由DAS-Ⅳ型多功能巡测子站、各个测点的测温元件组成。

运行人员实时监视定子绕组、上导轴承、上导瓦、推力瓦、上导油槽、推力油槽、冷风、热风等的温度，有利于掌控机组的运行状况。水电厂一般根据机组的设计都设有温度过高作用于事故停机跳闸的保护。多年的运行实践证明，由于测温元件基本是电阻的，当元件开路时，阻值无穷大，造成误跳闸现象时有发生，且正常情况下机组各部件的温度没有极为快速上升的现象，因此现今的水电站都取消了温度过高停机跳闸的回路，一般只设有温度高和温度过高报警，以便于用来分析判断实际运行状况。

该装置能完成温度巡测及温度升高和过高的报警功能，且具有现地显示功能，通过串口与上位机交换数据，能够直接与各种 PLC 或其他监控系统实现通信，便于运行及维护人员的监视和及时发现机组的运行状况。

二、操作步骤（以 DAS-Ⅳ型测温系统为例）

（1）确认设备编号。

（2）检查运行中的测温系统各通道应无报警信号。

（3）机组停电检修前，记录温度巡测仪各测点的温度值。

（4）对温度巡测仪进行外观检查。

（5）进行温度巡测仪的室内校验。

（6）检查测温系统热电阻有无断路或短路。

（7）检查测温系统回路中各端子排的连接情况。

（8）使用绝缘电阻表，进行测温系统绝缘电阻的测量。

（9）现场调试测温仪表。

（10）填写设备维护记录，出具检修工作报告。

三、操作注意事项

（1）仪表必须放在干燥、通风的地方使用或保存，不要接触腐蚀性气体。

（2）仪表可以连续工作，无需经常切断电源。

（3）仪表运行不正常时，检查仪表的设置、接线是否正确，必要时可对仪表重新校准。

模块 7　压油装置控制回路的维护、检修

一、操作说明

控制回路主要是用来控制压油系统中压油罐的油位在正常的工作范围内，为水轮发电机组油系统的安全运行提供可靠的压力油源。根据设定的压力启动、停止、备用启动自动化元件定值，自动完成对压油泵的启动、停止的控制，使压油罐压力

和油位在整定范围内。

压油装置控制回路由小型编程控制器（PLC）、压力开关、软启动器、操作把手、中间继电器、压力表、压力传感器、差压传感器、磁翻柱液位计组成。

以小型编程控制器为控制中心，采集压力开关和压力表的触点，来控制油压装置的压力和油位。当油压降低到启动定值时，PLC启动压油泵将集油槽的油补充到压力油罐；当油压降低到过低位置定值时，启动备用油泵，两台同时工作。压力传感器、差压传感器采集的数据直接上送至监控系统供运行人员监视，磁翻柱液位计直观地显示油罐的油位，便于巡回人员检查。

二、操作步骤

（1）确认设备编号。

（2）压力表断引：打开表头盖，拆除端子引线，做好记录并用绝缘胶布将引线裸露部分包好，防止接地或短路，并做好记录和标记，以备检修后恢复。进行压力表校验。

（3）压力开关接线断引：松开面板4个螺钉，取下面板，断开接线，并用绝缘胶带分别包好，防止接地或短路，恢复面板紧固4个螺钉。进行压力开关定值整定。

（4）传感器接线断引：打开接线侧端盖，测量端子有无电压，分别拆除接线，并用绝缘胶带分别包好，防止接地或短路，恢复接线侧端盖。进行传感器校验。

（5）控制回路清扫、检查：用毛刷清扫控制回路，用查线器或万用表检查控制回路。

（6）设备表面清洁：用吸尘器、毛刷、破布进行灰尘清扫及设备表面清洁。

（7）设备接线应无断折，绝缘无硬化、破裂，接线螺钉无松动。

（8）继电器线圈的测量：断开继电器线圈引线或取下继电器，用万用表电阻挡测量线圈阻值。

（9）PLC输入、输出量检查，输入量动作可靠，状态量反映正确，输出量动作可靠。

（10）监控系统LCU状态量反映正确。

（11）操作把手检查：

1）外部检查。

2）把手形式和切换位置正确、标志清晰。

3）触点清洁，接触良好，切换灵活明显。

4）销钉不脱落，各部螺栓紧固。

5）各元件无缺损。

(12) 填写设备维护记录，出具检修工作报告。

三、操作注意事项

PLC输入、输出量检查时，设专人核对并做记录。

模块8 主令开关的检修和调试

一、操作目的

主令开关由传动钢丝绳、永久磁铁、不锈钢钢管、磁记忆开关、旋转变送器组成。

当导叶动作时，传动钢丝绳带动永久磁铁产生位移，当永久磁铁接近磁记忆开关时，磁记忆开关触点动作产生信号，同时带动旋转变送器，输出与转角成正比例的4～20mA信号。当导叶反向动作时，传动钢丝绳带动永久磁铁反向位移，当永久磁铁接近磁记忆开关时，磁记忆开关触点复归产生信号。

主令开关的作用是反映发电机导叶动作位置，是机组的开机、停机流程中非常重要的条件，导叶的位置关系到机组的状态。

二、操作步骤（以DK-2-ME型主令开关的检修操作为例）

(1) 确认设备编号。

(2) 用吸尘器、毛刷、破布清洁设备表面。

(3) 检查磁记忆开关触点，用磁钢或者移动永久磁铁使磁记忆开关动作。

(4) 在动作触点上用查线器或万用表检测通断状况（检查方法见磁记忆开关）。

(5) 检查旋转变送器，用万用表测量导水叶全关和全开输出的电流值，分别对应4～20mA信号。

(6) 出具检修、调试工作报告。

三、操作注意事项

(1) 禁止传感器接线短路和接地，拆除后使用绝缘胶袋包好。

(2) 工作时戴手套。

模块9 示流信号器的维护、检修

一、操作说明

示流信号器主要用于监视机组轴承油槽冷却水、水导轴承润滑水及冷却水等的流态。水导轴承润滑水示流信号器则用来测量水流流速（流量），当其值发生改变，不在正常定值范围时发出信号，使备用水源投入或延时使机组停机。示流信号是机

组运行当中的一个非常重要的保护信号。

示流信号器的形式有挡板式、磁钢浮子式、差压式等，常用的有 SLX 型挡板式和 SX 型浮子式两种。

示流信号器主要由壳体、挡板、磁铁、湿簧触点、指针等部件组成。

当水流流通时，由水流冲动挡板，使挡板产生位移；在水流达到一定的流速时，使挡板的永久磁钢接近湿簧触点，触点接通发出水流正常信号。水流小于定值时，挡板在自重和弹簧力作用下逐渐返回，湿簧触点断开，发出不畅或中断信号；示流信号器的指针可以指示水的流量。在润滑水的示流信号器上需要有两对触点，分别指示水流的正常、不畅和中断。其他型号的示流信号器虽然机械结构上有所不同，但基本原理是相同的。

二、操作步骤

（1）确认设备编号。

（2）控制回路清扫：用毛刷清扫回路端子。

（3）用毛刷、破布清扫设备表面。

（4）端子排端子及各部分螺钉紧固，用螺钉旋具先将螺钉逆时针方向稍微松动，再顺时针紧固接触可靠，端子如有锈蚀现象，则需要更换端子。

（5）控制回路绝缘检查：用 500V 绝缘电阻表检查回路绝缘状况。

（6）检查外罩是否严密、标记是否清晰。

（7）检查触点有无损伤、连线是否良好。

（8）填写设备维护记录，出具检修工作报告。

三、操作注意事项

（1）操作前，确认机组工作状态为停机状态。

（2）需要 2 人以上完成检修及试验工作。

模块 10　温度信号器的维护、检修

一、操作说明

温度信号器主要用于监视发电机推力、上下导轴承、水轮机导轴承的温度，监视发电机定子绕组、铁芯温度和发电机空气冷却器进出口气温、轴承油槽油温、主变压器温度等。当温度升高至允许上限值时，发出故障信号。

由于铂热电阻 Pt100 稳定性好、精度高，现场普遍应用此种温度信号器元件。另外，锰铜热电阻 Cu50、G53 也有应用。

主变压器温度一般有两种监测方式：一种是膨胀式温度计，随着温度的变化，

感温包内的气体收缩、膨胀改变温度计的指示；另一种是铂热电阻或锰铜热电阻，通过温度巡检装置上送至监控系统，进行报警监视。

温度信号器元件铂热电阻或锰铜热电阻本身不具备报警功能，报警功能是由温度巡检装置或温度显示仪装置完成。

二、操作步骤

（1）确认设备编号。

（2）清扫信号器内、外尘土和污垢。

（3）检查引出导线无断股和短路。

（4）检查触点无氧化物和尘土，并光滑和接触良好。

（5）膨胀型温度计应检查毛细管无挤压和死弯。

（6）用绝缘电阻表测定绝缘电阻值，应不小于规定值（热电阻的感温元件与保护管之间的绝缘电阻应不小于100MΩ/100V，铜热电阻应不小于50MΩ/100V）。

（7）动作值测试：

1）用电动恒温器或用盛有油的铁桶（在箱底加温并不断搅拌），将测温的感温包插入，同时在铁桶平面内插标准温度计多支，进行核对监视。

2）分5次读取被测温度信号器与标准温度计的数值，计算其精度。校验合格的测温元件，其温度误差应不大于+0.5℃。

3）将温度信号器整定到报警位置，记录温度信号器的动作值和标准温度计的指示值。

（8）填写设备维护记录，出具检修工作报告。

三、操作注意事项

（1）动作值测试时，校核的温度信号器精度应不低于1.5级。

（2）标准温度计的精度应不低于0.5级。

模块11 压力信号器的维护、检修

一、操作说明

压力信号器在水电厂油、水、气系统中的应用非常广泛，其种类、形式多种多样。压力信号器的作用是，当压力变化时，根据不同的要求进行报警、启动或停止设备等。

压力信号器一般分为电触点压力信号器和YX型压力信号器。电触点压力信号器是有刻度指示并能发出信号的仪表，由弹簧管、连杆传动机构、电触点等组成；YX型压力信号器是一种无刻度仪表，它是利用弹簧管的变形，通过连杆带动开关

动作发出相应的信号（触点为可调型）。

二、操作步骤

（1）内外清扫擦拭干净，外罩严密。

（2）检查各机构有无异常。分解信号器弹簧管（包括波纹管）或拆卸游丝时要小心仔细，避免人为损坏，发现的设备缺陷应全部消除。

（3）检查触点有无烧损、氧化或烧黑现象。

（4）信号器为水银触点时，检查其触点转换角度应合适，在整定动作压力下，触点应能可靠闭合和断开。

（5）信号器为机械触点时，检查其触点机构应动作灵活，触点应平整光滑，切换正确可靠，触点闭合后要有一定的压缩行程；触点断开后，要有适当的距离。

（6）指针型信号器刻度盘的刻度线及数字、符号标志应齐全清晰；刻度盘应清洁，无龟裂及剥落现象。

（7）检查指针型信号器，其触点应端正，游丝平整均匀；可动触点在压力指针（黑针）上的位置，当正面目视时应在压力指针的正中间，转动时应无抖动及摩擦。

（8）检查弹簧管（包括波纹管）及胶皮垫有无老化或变形，表头连接处不能有泄漏现象。

（9）检查各螺钉有无松动。

（10）检查接线是否完整，有无断股或卡坏现象。

（11）测定导电回路绝缘电阻值。

（12）整定值的测试：

1）年度小修时，在现场校核其动作值，同整定值比较，没有明显变化。

2）机组大修时，应将压力信号器拆下并放在专用的油压校表台上用标准压力表校验，测量其精度或动作误差值。

（13）填写设备维护记录，出具检修工作报告。

三、操作注意事项

（1）校验工作至少应有两人参加，由一人操作、读表，一人监护和记录。

（2）检查要仔细，校验要认真，先了解自动化元件触点的形式等。

（3）若测量结果与额定值误差超过规定值，则更换自动化元件。

（4）各元件（或装置）的检修，通常随机组的大、小修同时进行，不允许在检修中擅自改变元件（或装置）的结构及系统的连接。

（5）各元件（或装置）的检修，应严格执行检修计划。检修、校验和调试均应按有关规程和产品说明书等规定进行，并符合检修工艺要求。

（6）开工前，必须核对设备名称、型号；检修中必须注意安全；分解元件（或装置）时，要注意各零部件的位置和方向，并做好标记；需要打开线头时，首先应核对图纸与现场是否相符，并做好记录；检修完毕后必须进行验收。

（7）对隐蔽的元件，应按计划检修周期随机组检修时进行检查，并做详细的检查记录。

（8）各元件（或装置）在检修后，有关部门应严格按规程和有关规定进行分级验收。

（9）检修后的元件（或装置）应进行系统检查和试验，确认正确可靠后方可投入运行。

模块12 剪断销剪断信号器的维护、检修

一、操作说明

剪断销剪断信号器的作用是监视水轮机导水叶连杆的剪断销是否断裂，在剪断销孔内装设一个剪断销剪断信号器。

剪断销剪断信号器一般有两种触点形式，即动合触点和动断触点，水轮机导叶剪断销内的信号器一般分成一组或两组送至监控系统进行监视。

二、操作步骤

（1）确认设备编号。

（2）清扫脏污和尘土。

（3）检查各连线有无断股、外皮有无损伤，辅助触点及信号继电器是否符合要求。

（4）检查剪断销信号器有无外伤、断裂、错位，固定是否良好。

（5）用绝缘电阻表测定导电回路的绝缘电阻，应不小于规定值。

（6）气动式或其他类型的剪断销剪断信号器的检修，应按有关厂家说明书的规定进行。

（7）填写设备维护记录，出具检修工作报告。

三、操作注意事项

（1）除机组检修期内，在维护和故障处理剪断销剪断信号器时，严禁站在活动导叶上。

（2）信号器与连接线的连接，应进行焊接，禁止缠绕（一般情况下，连接线多为多股软芯线）。

模块13　磁翻柱液位计的维护、检修

一、操作说明

磁翻柱液位计一般应用在油位指示，如油压装置、集油槽、漏油槽、推力油位等处。磁翻柱液位计给运行及维护人员以明显的油位指示，并把模拟量信号和开关量信号输出给监控系统。

二、操作步骤

（1）确认设备编号。

（2）外观检查：

1）传感器接线正确，输出毫安值正确。

2）磁记忆开关安装牢固，定值标志位正确（对照规程规定的实际定值）。

3）用磁铁检查磁记忆开关应能正确动作（动合、动断触点的转换）。

（3）磁翻柱液位计外部检查：

1）磁记忆开关安装牢固，接线牢固，端子完好无损。

2）各磁记忆开关中心线箭头对应的液位计液面高度定值所在的标高位置。

（4）液位计变送器检查：

1）端子接线正确、牢固。

2）电源电压为＋24V，两线制接线。端子“＋”接＋24V，“－”为电流输出端。

3）运行上限、下限值对应变送器输出4、20mA电流输出。

（5）磁记忆开关的功能：

1）需要安装液位控制的装置，将其节点接入控制回路（注意其节点的容量）。

2）磁记忆开关还具有报警的作用，将其接入监控系统可用作报警（增加报警的准确性）。

（6）填写设备维护记录，出具检修工作报告。

三、操作注意事项

（1）模拟量检查时，严禁短路和接地。

（2）磁记忆开关不够灵敏时，需要更换。

模块14 顶盖泵控制回路的维护、检修

一、操作说明

顶盖泵控制回路的用途是当机组顶盖水位上升到规定值时，启动顶盖泵，将水排出。顶盖泵控制回路由小型编程控制器（PLC）、电动机保护器、接触器、操作把手、传感器、中间继电器、浮子组成。

以小型可编程控制器为控制中心，采集浮子触点信号来控制顶盖泵的启动、停止。当顶盖水位上升到启动水位时，浮子触点接通，PLC动作，启动接触器，由自保持回路控制接触器始终励磁，顶盖泵排水。当水位降低到停止位置时，浮子触点接通，小型可编程控制器断开电动机自保持回路，使接触器失磁停泵。当顶盖漏水量很大时，顶盖水位过高，浮子触点接通，小型可编程控制器启动备用顶盖泵，两台顶盖泵同时工作。

自动控制方式：由可编程控制器来完成，两台顶盖泵轮流启动，因此控制把手位置全部在自动位置。

手动控制方式：每台顶盖泵在现地控制盘上都有控制把手，可分别进行自动、停止、手动（启动）3个控制位置，按照把手位置可实现手动控制。

二、操作步骤

（1）确认设备编号。

（2）用毛刷清扫控制回路。

（3）用吸尘器、毛刷、破布进行灰尘清扫及设备表面清洁。

（4）用查线器或万用表检查控制回路。

（5）外回路接线应无断折，绝缘无硬化、破裂，接线螺钉无松动。

（6）检查各端子排接线是否紧固。

（7）检查电动机保护器接线是否牢固。

（8）检查接触器触点是否有烧灼现象，并用砂纸处理。

（9）检查动力电源接线是否紧固。

（10）操作把手检查：

1）把手形式和切换位置正确，标志清晰。

2）触点清洁，接触良好，切换灵活明显。

3）销钉不脱落，各部螺钉紧固。

4）各元件无缺损。

（11）填写设备维护记录，出具检修工作报告。

三、操作注意事项

（1）顶盖泵控制回路因故全停时，应注意机组顶盖的水位情况，不能及时恢复的情况下，应装设临时水泵。

（2）控制导线绝缘检查时，应断开与模件的连接。

模块 15　低压空气压缩机控制回路的维护、检修

一、操作说明

低压空气压缩机控制回路控制低压空气压缩机，当气系统压力降低到规定启动值时，补充压力气罐的压力，保证机组在停机过程中当机组转速降低到规定转速时对机组进行加闸制动。

低压空气压缩机的控制回路由小型欧姆龙 PLC、手动控制把手、SJ-10 型中间继电器和指示灯组成。

二、操作步骤（以 SSR-MM55D 型低压空气压缩机的检修为例）

（1）低压气机的启动、停止操作：

1）复查确认开机（停机）命令。

2）手动匀力垂直迅速按下空气压缩机控制面板的启动/停止按钮（或在空气压缩机控制盘的盘面可通过空气压缩机操作把手控制空气压缩机的启停。操作把手动作迅速果断、用力均匀，严禁用力过猛而损坏），设备启动/停止指示灯亮。

3）观察设备运行现象（听声音、看振动、闻气味、设备是否加载），设备运行正常。

（2）用毛刷清扫控制回路，用吸尘器、毛刷、破布清扫设备表面。

（3）用查线器或万用表检查控制回路，检查端子接线是否牢固。

（4）继电器线圈的测量：断开继电器线圈引线或取下继电器，用万用表电阻挡测量线圈阻值。

（5）将压力表头端子接线断开，做好记录，并用绝缘胶布将引线裸露部分包好，防止接地或短路；进行压力表校验。

（6）打开传感器端盖，测量回路是否带电；将传感器端子接线断开，做好记录，并用绝缘胶布将引线裸露部分包好防止接地或短路；进行传感器校验。

（7）端子排端子及各部分螺钉紧固：用螺钉旋具先将螺钉逆时针方向稍微松动，再顺时针紧固接触可靠；端子如有锈蚀现象，则更换端子。

（8）控制回路绝缘检查：用 500V 绝缘电阻表检查回路绝缘。

（9）动力电源检查：检查动力电源接线是否良好，检查接触器触点及线圈接触

情况。

(10) 检查压力表定值是否符合规程要求。

(11) 检查控制装置可编程控制器工作状态，有无故障信号。

(12) 检查开入、开出信号的正确性。

(13) 检查设备启动、停止定值是否改变。

(14) 填写设备维护记录，出具检修工作报告。

三、注意事项

(1) 严禁传感器的外回路接线短路和接地，避免烧坏电源。

(2) 设备检修、维护时必须确认另一台设备运行正常。

(3) 使用带金属物的清洁工具时，应将金属部分用绝缘胶带包好。

模块16　电磁阀控制回路的维护、检修

一、操作说明

电磁阀（电磁阀、电磁空气阀、电磁配压阀）是通过电磁机构控制阀体来改变管路的通断，从而达到对油、水、风管路的控制，完成机组正常运行及事故停机过程的控制。水电站常用的电磁阀有DF1型电磁阀、DF-50型电磁阀、DK型电磁空气阀及电磁配压阀。

电磁阀由电磁机构和阀体两部分组成，通过改变电磁机构的通电和断电，改变电磁机构的磁场力，进而改变阀体内部的动态。阀体内部的改变有许多要借助实际介质来动作。

二、操作步骤

(1) 确认设备编号。

(2) 检查接线：接线应无断折，绝缘无硬化、破裂，接线螺钉无松动。

(3) 检查电磁铁线圈：线圈无过热现象，导电部分应干燥，无进水和油浸现象。

(4) 检查触点：动合、动断辅助触点应正确反映状态。

(5) 检查内部元件：内部元件接线应良好，无短路现象。

(6) 续流二极管及消弧电容的检查：用万用表检查二极管、电容应性能是否良好。

(7) 电磁机构清洁：各导电连接部分的油污或积垢，应用无水酒精清洗干净；触点有氧化或烧麻时，用零号砂纸或金相砂纸打磨至光滑发亮，或者更换新备品。

(8) 填写设备维护记录，出具检修工作报告。

三、操作注意事项

（1）试验时，对不允许长期通电的电磁阀，其通电时间应尽可能缩短，以防烧坏线圈。

（2）注意试验设备的容量。

模块17　测温系统检验

一、操作说明

测温系统由DAS-Ⅳ型多功能巡测子站、各个测点的测温元件组成。

运行人员实时监视定子卷线、上导轴承、上导瓦、推力瓦、上导油槽、推力油槽、冷风、热风等的温度，有利于控制机组的运行状况。水电厂一般根据机组的设计都设有温度过高作用于事故停机跳闸的保护，多年的运行实践证明，由于测温元件基本是电阻的，当元件开路时，阻值无穷大，造成误跳闸现象时有发生，且正常情况下机组各部件的温度没有极为快速上升的现象，因此现今一般的水电厂都取消了温度过高停机跳闸的回路，一般只设有温度高和温度过高报警，以便于用来分析和判断实际运行状况。

该装置能完成温度巡测及温度升高和过高的报警功能，且具有现地显示功能，通过串口与上位机交换数据，能够直接与各种可编程控制器或其他监控系统实现通信，便于运行及维护人员的监视和及时发现机组的运行状况。

二、操作步骤（以DAS-Ⅳ型测温系统为例）

（1）采用两种不同的测温元件（铂热电阻Pt100和锰铜热电阻Cu50、G53）与多功能巡测子站配置，均采用三线制接线方式。

（2）DAS-Ⅳ系列多功能巡测仪对不同类型的被测信号需要分别调整零点和满度。

（3）同类信号只要调其中一个即可。如电阻信号只要将锰铜热电阻（Cu50）的零点和满度调准即可，铂热电阻（Pt100）和锰铜热电阻（Cu50）则不需要再调准。

（4）存在测温元件断线、短路及回路电阻时大时小的现象时，应对其各部端子排进行检查紧固处理。

（5）用100MΩ/100V绝缘电阻表测量测温系统的绝缘强度，应不小于10MΩ。

（6）若测温系统的绝缘不合格，则应采用分段测量回路的方法进行绝缘检查：

1）如果是测温元件绝缘不好，则更换测温元件。

2）如果是回路绝缘不好，则应检查其回路并进行处理。

(7) 测温系统检验项目全部合格后，恢复正常接线。

(8) 最后测试回路整体绝缘，合格后即可投入运行。

(9) 填写设备维护记录，出具检修工作报告。

三、操作注意事项

(1) DAS-Ⅳ型多功能巡测子站严禁带电插、拔模件。

(2) DAS-Ⅳ型多功能巡测子站通信口如果使用的是RS-232型通信口，则禁止带电插、拔。

(3) 测量绝缘时，严格执行技术规程的规定，且必须将与巡检仪连接部分断开，或者将巡检仪的插件拔出。

模块18　水泵控制回路的检修和试验

一、操作说明

水泵控制回路的主要功能是完成水泵启、停控制，以及对水泵工作电动机的保护。通过设定启动、停止定值，使水泵按照定值需求进行启动、停止运行，来控制水压或者水位，完成水电厂消防、检修工作、机组供水等。

水泵控制回路一般由小型可编程控制器（PLC）、电动机保护器、接触器、操作把手、传感器、中间继电器、浮子等组成。一般情况下都是以小型可编程控制器为控制中心，通过采集传感器、压力表触点、浮子等输出触点，来控制完成水泵的启动、停止。正常状况都设有自动控制和现地手动两种方式。自动控制状态下，控制把手在自动位置，是由可编程控制器来完成水泵的自动控制。手动控制时，每台水泵在现地控制盘上都有控制把手，操作人员可按照把手位置实现手动控制。

二、操作步骤

(1) 确认设备编号。

(2) 水泵控制回路的维护和检修：

1) 控制回路清扫、检查：用毛刷清扫控制回路。

2) 用查线器或万用表检查控制回路。

3) 设备表面清洁：用吸尘器、毛刷、破布进行灰尘清扫及设备表面清洁。

4) 接线应无断折，绝缘无硬化、破裂，接线螺钉无松动。

5) 继电器线圈的测量：断开继电器线圈引线或取下继电器，用万用表电阻挡测量线圈阻值。

6) 传感器接线断引：打开接线侧端盖，测量端子有无电压，分别拆除接线，并用绝缘胶带分别包好，防止接地或短路。校验传感器。

7）检查各端子排接线是否紧固。

8）电动机保护器检查接线是否牢固，整定值是否正确（根据现场电动机的铭牌进行整定）。

9）接触器检查触点是否有烧灼现象，进行处理，损坏严重的应更换。

10）检查动力电源接线是否紧固。

11）操作把手的检查：

a. 外部检查。

b. 把手形式和切换位置正确，标志清晰。

c. 触点清洁，接触良好，切换灵活明显。

d. 销钉不脱落，各部螺钉紧固。

e. 各元件无缺损。

（3）水泵控制系统设备控制回路试验操作：

1）控制回路绝缘检查：用500V绝缘电阻表检查回路绝缘。

2）模拟相应的启动触点、动作操作把手，观察可编程控制器开关量反映是否正确，开出量是否动作正确。

（4）填写设备维护记录，出具检修工作报告。

三、操作注意事项

（1）绝缘检查时断开与模件的连接。

（2）传感器检查时，禁止短路或接地。

模块19　尾水门机的检修和调试

一、操作说明

尾水门机能正确控制完成水电厂在机组检修前将尾水门落下，保证检修时水电厂尾水不能进入尾水管及机组蜗壳，保证检修人员安全地进行设备检修工作，在检修作业完成后安全、顺利地将尾水门提升到水面以上。尾水门机运行工况良好的情况下可以不进行检修，只进行正常的维护及缺陷处理。

尾水门机由显示系统、信号传输及转换系统组成。显示系统包括传感器、主机、显示屏、键盘和控制箱等，信号传输及转换系统包括信号传输电缆和控制电缆等。信号检测系统布置如图6-1所示。

二、操作步骤（以PC104型尾水门机为例）

（1）穿销、就位传感器的检查：

1）穿销、就位传感器负责数据采集工作，由滑块（带有磁体）、不锈钢感应

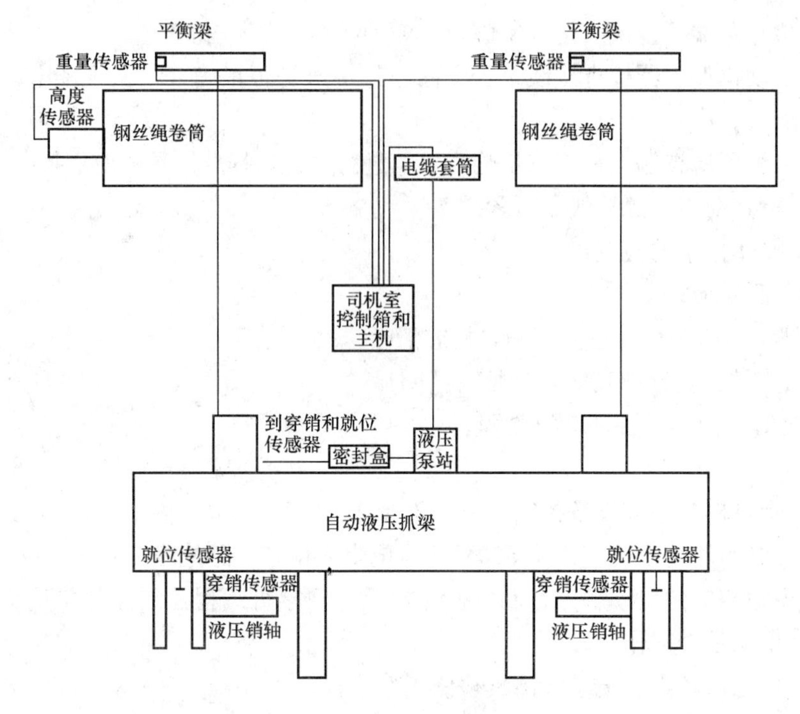

图 6-1　尾水门机信号检测系统布置

棒、信号传输模块和信号传输电缆组成。不锈钢感应棒应紧固在穿销缸壳上。

2）滑块应紧固在穿销外套上，与不锈钢感应棒应保持 2～3min 的距离。

3）检查不锈钢感应棒内部磁敏元件依次被触发的情况。

4）检查信号传输模块及沿传输电缆将数据传送到控制主机的数字信号。

（2）重量传感器的检查：

1）重量传感器采用专为工业用途而设计的工业 A 级 LF 型压式高精度传感器。检测密封传感器工作情况及内充氮气的气密性。

2）检查温度漂移和时间漂移是否符合要求，进行灵敏度补偿和零点补偿。

3）检查环氧酚醛箔式电阻应变计，使用标准：温度范围为－40～60℃，1×10^6h 工作循环无故障，具体安装位置为小车室平衡梁支座下面。

（3）高度传感器的检查：高度传感器采用德国 P＋F 绝对值型旋转式光电编码器。检测绝对值型编码器数字输出信号，编码器在任何位置都有唯一的数字输出与其对应，具有断电记忆功能。具体安装位置在卷筒轴端中心处。

（4）检查浸水传感器（是否进水）的信号输出。

（5）检测计算机处理系统参数设置。PC104 是工业级计算机处理系统（包括 80486CPU、RS-232 串行口、显示输出接口、键盘输入接口等），作用是采集传感器传送的数字信号，通过数据处理折算为穿销移动的实际位置（以实际穿出的长度显示），再通过应用程序转换为图形信号传送到显示屏；同时，PC104 主机还根据设置参数判断定穿销是否到位或者回位，到位或者回位后输出控制信号到控制箱，用来控制油泵电动机启动（停止）和电磁换向阀开（关）。

（6）检查显示屏上显示各种设置数据及穿销实际位置的正确性。

（7）检查控制箱开关电源、控制面板及输出控制信号。

（8）检查深水电缆、信号传输电缆和控制电缆是否连接牢固可靠。

（9）打开控制箱电源开关，待主机启动显示正常后方可进行操作；在坝面上操作穿销和退销各一次，如果门机综合监测仪显示正常，则可正常使用。

（10）使用完毕，关闭控制箱电源。

（11）填写设备维护记录，出具检修工作报告。

三、操作注意事项

（1）操作门机时，服从指挥人员的指挥，抓梁下不能有人。

（2）检查各传感器时，需要系安全带。

（3）在操作穿销和退销过程中，打开时先接启动油泵电动机，再接通电磁换向阀；关闭时先接断开油泵电动机，再断开电磁换向阀。

模块 20　快速闸门的维护、检修

一、操作说明

正常运行情况下，快速闸门处于全开位置；在机组需要检修时，快速闸门关闭，排除闸门至机组中间的水，便于检修。机组在紧急事故的情况下自动快速关闭闸门，防止机组飞逸而对机组造成更大的破坏。快速闸门是水轮发电机组的一个很重要的保护。

快速闸门装置控制回路一般由两套 PLC、一对通信模块、绝对式编码器(842D)、光纤转换器、中间继电器、双位置继电器、电触点压力表、电磁阀等组成。控制回路的工作是由小型可编程控制器完成的。

二、操作步骤

（1）确认设备编号。

（2）控制回路清扫、检查：用毛刷清扫控制回路，用吸尘器、毛刷、破布进行设备表面清洁。

（3）用查线器或万用表检查控制回路。

（4）继电器线圈的测量：断开继电器线圈引线或取下继电器，用万用表电阻挡

测量线圈阻值（参见继电器校验）。

（5）压力表断引：在表头端子拆除引线，做好记录并用绝缘胶布将引线裸露部分包好，防止接地或短路，并做好记录和标记，以备检修后恢复。校验压力表。

（6）绝对式编码器（842D）检查：用一字螺钉旋具松开传感器固定位移钢丝绳，旋转指示盘使输出量与闸门实际位置相符，再用一字螺钉旋具紧固传感器固定位移钢丝绳。

（7）端子排端子及各部分螺栓紧固：用螺钉旋具先将螺栓逆时针方向稍微松动，再顺时针紧固接触可靠；端子如有锈蚀现象，应更换端子。

（8）控制回路绝缘检查：用500V绝缘电阻表检查回路绝缘。

（9）动力电源检查：检查动力电源接线是否良好。

（10）检查接触器触点及线圈。

（11）打开电磁阀上端螺栓，拔除电磁阀接线端盖，用万用表检查电磁阀支流线圈是否符合要求。

（12）现地操作把手的检查：

1）外部检查。

2）把手形式和切换位置正确，标志清晰。

3）触点清洁，接触良好，切换灵活明显。

4）销钉不脱落，各部螺钉紧固。

5）各元件无缺损。

（13）检查控制装置可编程控制器工作状态及有无故障信号。

（14）检查开入、开出信号的正确性，对照装置开入、开出点量表，查看各部分信号是否正常。

（15）检查快闸速门位置是否改变，绝对式编码器（842D）的指示灯是否在亮。

（16）检查快闸速门与可编程控制器之间的通信是否正常。

（17）检查双位置继电器的位置是否正确。

（18）观察设备运行现象（听声音、看振动、闻气味），设备运行是否正常。

（19）快速门升、降控制操作：

1）快速门升、降控制操作前一般要检查油箱油位是否正常，压油泵运行是否正常（电源是否正常；两台油泵的操作把手位置是否正确，是否一台自动、一台备用；各油回路阀门位置是否正确；可编程控制器工作是否正常），操作把手的“升”、“切除”、“降”三个位置是否正确。

2）在现地可以通过控制盘操作把手进行操作。快速门控制继电器在落门位置

时闭锁现地提门回路；现场操作把手操作时，该继电器必须在提门位。

3）在机组间可通过快速闸门控制继电器进行快速门的提起、降落操作。

4）通过操作阀门控制油源进行手动落门（一般由运行人员操作）。

5）手动在快速闸门控制盘的盘面可通过快速闸门操作把手控制快速闸门的升、降。直至快速闸门全开指示灯亮（快速闸门指针指示为全开 6m）或全关（全关现象观察快速闸门指针指示到零），或者在机旁盘匀力垂直按下快速闸门控制继电器进行快速闸门的提起、降落操作按钮（提门条件：现地无防提门措施）。快速闸门控制继电器在落门位置时闭锁现地提门回路。

（20）填写设备维护记录，出具检修工作报告。

三、操作注意事项

（1）检修时，做好必要的检查，防止发生误落门情况。

（2）工作中需要设专人监护。

（3）由于每台机组都有自己对应的快闸速门，而控制快闸速门的可编程控制器只有一组，因此随对应机组的检修，只能进行相应的控制回路及相关设备的检修。

（4）PLC 不能因为一台机组的检修而停电，退出工作状态。这就要求在检修时必须对其他快速闸门的控制回路作必要的防范措施。

模块 21　压油装置控制系统设备控制回路试验

一、操作说明

每台压油泵在现地控制盘上都有控制把手，分别有 4 个控制位置，即备用、自动、停止、手动（启动），按照把手位置可实现手动控制。自动控制由可编程控制器（PLC）来完成，由于两台油泵互为备用，自动运行时操作把手位置为一台自动、另一台备用。

静态试验的目的是检验可编程控制器及控制回路的静态特性是否良好。

动态试验的目的是检验可编程控制器及控制回路实际动作的正确性和控制目标的运行状态，动态试验在压油罐充油时进行。

二、操作步骤

（1）确认设备编号。

（2）静态试验：

1）控制回路检修完毕，可编程控制器装置上电。一次设备没有恢复供电。

2）控制回路绝缘检查：用 500V 绝缘电阻表测量绝缘不能小于 20MΩ。

3）检查动力电源接线是否良好。

4）可编程控制器电源检查：工作电源在合格范围内，交流 220×（1±10%）V。

5）可编程控制器程序检查：PLC 上电，检查装置运行是否正常。对照原始资料检查程序的正确性。

6）可编程控制器输入、输出量状态检查：模拟压力开关、压力表定值触点、动作操作把手，观察可编程控制器开关量反映是否正确，开出量是否动作正确。

（3）动态试验：

1）压力油系统全部检修完毕后，管路及各元件均安装好，经检查验收合格。

2）调速装置检修完毕，其各部件均可投入使用状态。

3）漏油槽的所有设备已检修完毕，油位及油泵的控制系统投入使用。

4）集油槽已充好油。

5）投入水力机械系统的控制电源。

6）分别手动启动单台压油泵，观察压油泵电动机的运行状况。

7）在压油罐充油结束后，手动打开排油阀（油泵启动后关闭排油阀），查看油泵启动、停止值是否符合标准（在各个压力开关的节点上并接查线器，根据压力油油压的额定值，观察查线器的状态，并对照压油装置的压力表数值）。

8）备用泵启动试验：打开排油阀，使油罐压力降低到备用泵启动值，观察备用泵启动状况。

9）试验过程中，检查油位指示器是否正常，监控系统模拟量是否正确。

10）试验结果无异常后，恢复到正常运行状态。

（4）试验拆线，检查所拆动过的端子或部件是否恢复，并清理现场。

（5）整理试验数据（试验时间、天气、试验主要仪器及精度、试验数据、试验人）记录及分析。

（6）出具压油装置控制系统设备控制回路试验报告。

三、操作注意事项

（1）设专人记录启动、停止值。

（2）检查导叶在全关位置，其锁锭在投入状态。

（3）检查快速闸门操作用油的总油阀，其应处于关闭状态。

模块 22　状态监测装置的检修和调试

一、操作说明

为了提高水电机组的经济效益，延长检修周期，减少检修费用，增加可发电时

间，状态检修已经成为发展趋势。开展水电机组的状态检修需要可靠的在线监测装置，凭借人们的经验，充分利用现代化工具和手段，即在线监测分析软件，准确地判断机组的各部件故障、运行状况和劣化趋势。

1. 状态监测装置 PSTA2000 硬件系统的硬件组成及体系结构

PSTA2000 系统体系结构如图 6-2 所示。从网络结构上看，PSTA2000 系统由状态监测局域网和电厂局域网两套 TCP/IP 局域网组成。电厂局域网采用电厂已建立的 MIS 系统的硬件和网络平台，也是 PSTA2000 系统的重要组成部分。

从信号处理的角度看，PSTA2000 系统由传感器层、信号采集层、信号预处理层、服务器层、BS 浏览器终端五层结构组成。在某些地方，信号采集层和信号预处理两层功能可能由同一个硬件完成。

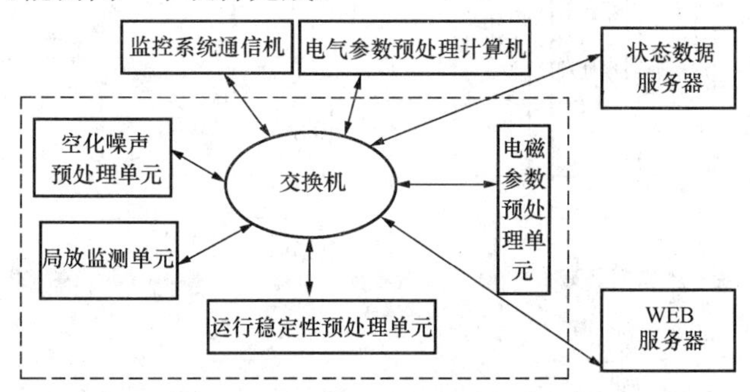

图 6-2　PSTA2000 系统体系结构

各预处理计算机与服务器之间的网络通信关系如图 6-3 所示。

2. 状态监测装置 PSTA2000 系统的软件组成

PSTA2000 系统的软件主要由数据采集及预处理、网络通信及数据转换、应用服务程序模块、系统配置程序模块、客户端软件模块、组态工具模块等模块组成。

现地单元分别由信号采集及预处理单元（SPU）、传感器工作电源箱、液晶显示器、共享器和 UPS 等单元组成。

二、操作步骤

（1）预处理机的操作：

1）开启逆变电源。整个系统通过逆变电源供电，在插好不间断电源系统（UPS）的电源插销后，按一下上方“逆变开关”按钮，同时，逆变电源将自动进行自检。此时，交流灯亮，如果一切均为正常，一段时间之后，逆变灯变亮后，表示逆变电源已将直流 220V 逆变为交流 220V，即为工作正常，逆变电源开始向设备提供交流 220V 电源。当直流 220V 电源掉电后，逆变电源自动转为交流 220V 旁路供电，同时逆变灯灭，旁路灯亮。当交流 220V 电源掉电，而只有直流 220V

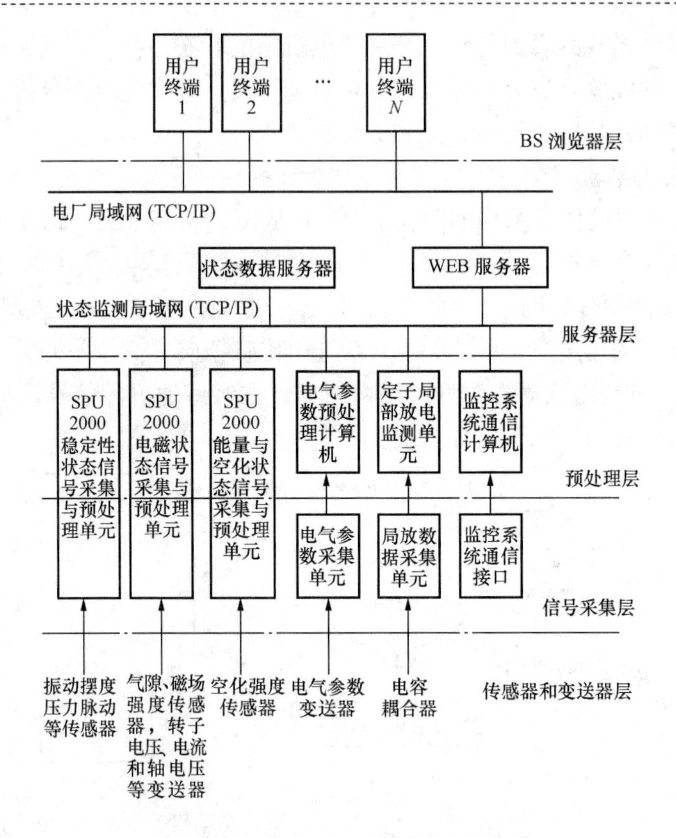

图6-3　PSTA2000系统网络通信关系

时，直流灯亮，交流灯灭，逆变电源仍然会工作正常。

负荷条形图显示逆变电源所带负荷量，各指示灯自下而上分别为25%、50%、75%、100%、125%、150%。

2）关闭逆变电源。正常情况下先关闭各计算机及电源箱，再按下“逆变开关”按钮关闭逆变电源，若有紧急情况，可直接关闭机柜内交、直流空气开关。

3）电源故障：当故障灯亮时，即表示逆变电源存在故障。

（2）接通传感器电源箱电源：电源箱的作用是对各传感器、开关量信号提供工作电源，其位置设在机柜的最上部，以便于观察供电是否正常，电源箱的供电开关放置于端子排，为单相接地开关。如果传感器或电缆损坏需要检查或更换，必须先切断电源箱的电源，然后再进行下一步操作，禁止带电操作，以防发生短路而损坏电源设备。

（3）开启数据采集及预处理单元（SPU）：当（1）、（2）步操作及显示均正常后，即可打开“数据采集及预处理单元”，将数据采集及预处理单元电源开关至开

位，将自动运行。运行正常后单元面板如图 6-4 所示。

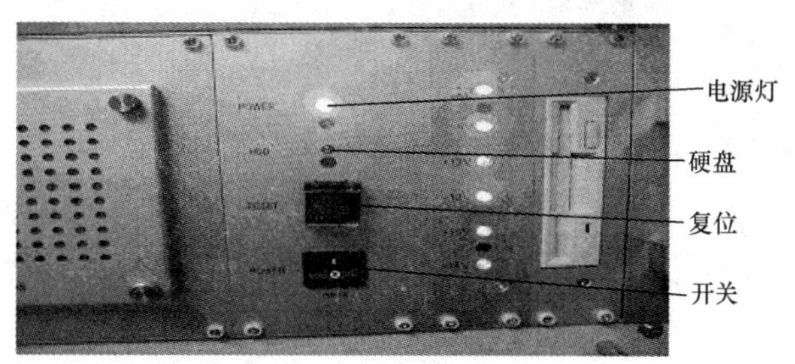

图 6-4　预处理机面板

（4）日常维护检查：

1）检查传感器电源：观察传感器电源箱表头的显示数值是否与标称值吻合，必要时用万用表复查电源箱输出。如果传感器电源箱工作异常，应及时与生产厂家联系，也可考虑用备用电源箱替换。

2）检查逆变电源，观察逆变电源面板显示情况，检查逆变电源工作是否正常。

3）各信号采集和预处理单元工作情况检查。经常切换显示器共享器工作按钮，检查各台预处理计算机是否正常运行，观察预处理程序的监视窗口，检查各计算机之间的通信是否畅通，检查各传感器通道的某一监测数据（振动、摆度、压力脉动、气隙、磁场强度等），判断传感器工作是否异常。

（5）传感器的检查和标定：

1）每次小修时检查传感器安装支架是否有松动现象。若小修中拆卸过传感器，重新安装后应检查安装质量和调整间隙。

2）传感器应在每次大修时送往电力试验研究所进行标定，原则上传感器一年标定一次，若条件有限，应坚持 2～3 年标定一次。更换新的传感器前，必须对新传感器进行标定，并修改预处理机上的标定数据。传感器标定后，若没有发现超标现象，不必修改预处理计算机上的通道标定数据。

（6）每次大修时，应对信号采集单元的所有测试通道进行重新标定，若发现差异太大，应进行维修。

（7）客户端软件组成及操作。客户端可以是专用计算机，也可以是个人使用的计算机，水电厂工作人员可通过 MIS 网在各自的终端机上对机组的运行状态进行监测分析、报告制作、邮件发送等。操作平台为 Windows98/2000/XP 及其以上操作系统。

1）计算机名的工作组用户可自己定义。

2）网络 IP 地址设置没有特别要求，一般只要可以任意访问 MIS 即可。

3）鼠标双击桌面状态监测客户端软件图标启动程序，通过用户名认证，进入服务器选择界面。

4）选定特定主机，点击“登录”进入检测分析主界面。

5）根据需要进行实时检测、数据分析、自动/手动报告制作、邮件发送等工

作，根据不同的部门或分工，使用不同的模块。

（8）填写设备维护记录，出具检修工作报告。

三、操作注意事项

（1）除差压传感器外，其余传感器的检修均需在机组停机状态下进行。

（2）信号采集单元的检修应遵守计算机检修规程。

（3）逆变电源的检修按照逆变电源维护手册进行。

（4）软件操作由厂家完成。

模块23　机组检修后启动预备试验

一、操作说明

机组经过检修，各个部件重新安装测试后，需要整体检验机组运行状况。启动预备试验主要用于检验检修后机组的整体运行状况，检测各个部件及各装置的工作运行情况是否符合交入系统运行的标准，是一次全面的检查和校验。

二、操作步骤

（一）充水试验

（1）机组检修工作全部结束。机组模拟试验交票，运行恢复措施操作完毕。

（2）在充水前检查确认蜗壳进人孔处于关闭状态。

（3）调速器、导水机构处于关闭状态。

（4）接力器锁锭投入。

（5）提起尾水门。

（6）确认具备提进口门条件并做好进口门提门措施后，提进口门。

（7）机组充水试验时，检查各部密封情况，确认无渗漏现象发生。

（8）检查油、水、风系统是否恢复备用，发电机是否具备开机试验条件。

（二）研磨励磁机整流子及碳刷

（1）机组模拟试验交票，运行恢复措施操作完毕。

（2）做好现地无励自动开机相关措施。做好研磨励磁机整流子及碳刷相关工作。准备表格记录机组各部瓦温。

（3）在现地LCU侧无励自动开机至额定转速，检查机组自动开机流程是否正确，电磁阀动作是否可靠。

（4）研磨励磁机整流子。

（5）在研磨整流子的过程中，密切监视机组各部瓦温升高情况，监视水导轴承运行情况。遇有瓦温异常升高或水导轴承运行异常，立即停机检查。

（6）整流子研磨工作结束后，在现地控制单元侧无励自动停机，检查机组自动停机流程是否正确，电磁阀动作是否可靠。

（7）停机后，进行检查，安装励磁机碳刷。

（8）碳刷安装工作结束后，在现地控制单元侧无励自动开机至额定转速，研磨碳刷。

（9）在研磨碳刷的过程中，监视水导轴承运行情况，监视并记录3h内机组各部瓦温升高情况，开始每10min记录一次，待稳定后1h记录一次。遇有水导轴承运行异常或瓦温异常升高，立即停机检查。

（10）用点温仪严格监视各部件温度，遇有温度异常升高，立即停机检查。

（11）工作结束后，在现地控制单元侧无励自动停机，停机后用吸尘器吸碳粉，用高压风吹扫励磁机。

（三）试验工作结束

（1）试验拆线，检查所拆动过的端子或部件是否恢复，并清理现场。

（2）整理试验数据（试验时间、天气、试验主要仪器及精度、试验数据、试验人）记录及分析。

（3）出具压油装置控制系统设备控制回路试验报告。

三、操作注意事项

（1）调速器试验按照制订方案和调速器试验操作标准进行。

（2）励磁系统试验按照励磁相关试验操作进行。

（3）假并试验按照监控系统试验的操作要求进行。

科　目　小　结

本科目面向水电厂自动装置现场维护和检修工作，按照培训目标，以自动装置维护和检修工作中的基本技能操作为主要培训内容，对水力机械自动化系统的组成、设备的结构，水力机械自动化设备运行操作的正确方法和步骤，水力机械自动化设备的维护和检修，单一自动化元件及设备的基本测试方法、步骤，机组检修后启动预备试验的方法、步骤等专业技能操作项目进行了详细的阐述。

通过本科目的技能操作培训，使水电自动装置检修工能正确运用安全规程和维护检修规程，掌握自动装置维护检修工作中规范的维护检修工艺，标准的测量、检查步骤，正确的安装、调试方法。

练　习　题

1. 微机测速装置电气试验的步骤是什么？

2. 微机测速装置如何采集信号？

3. 示流信号器由几部分组成？其作用是什么？

4. 试叙述示流信号器的调试过程和标准。

5. 桥式起重机具有并车联动功能，如何进行并车操作？

6. 主变压器控制系统设备控制回路静态试验的条件和操作项目分别是什么？

7. 剪断销剪断信号器、浮子式信号器检修的内容有哪些？

8. 如何进行磁翻柱液位计磁记忆开关模拟试验？

9. 顶盖泵控制系统设备控制回路静态试验的操作步骤是什么？

10. 如何检修水泵控制系统操作把手？

11. 尾水门机装置信号传输及转换系统是如何工作的？

12. 主令开关、磁记忆开关的位置如何确定？

13. 传感器输出上、下限值如何确定？